THE CAT ENCYCLOPEDIA

終極貓百科

The Definitive Visual Guide 最完整的貓種圖鑑與養育指南

DK

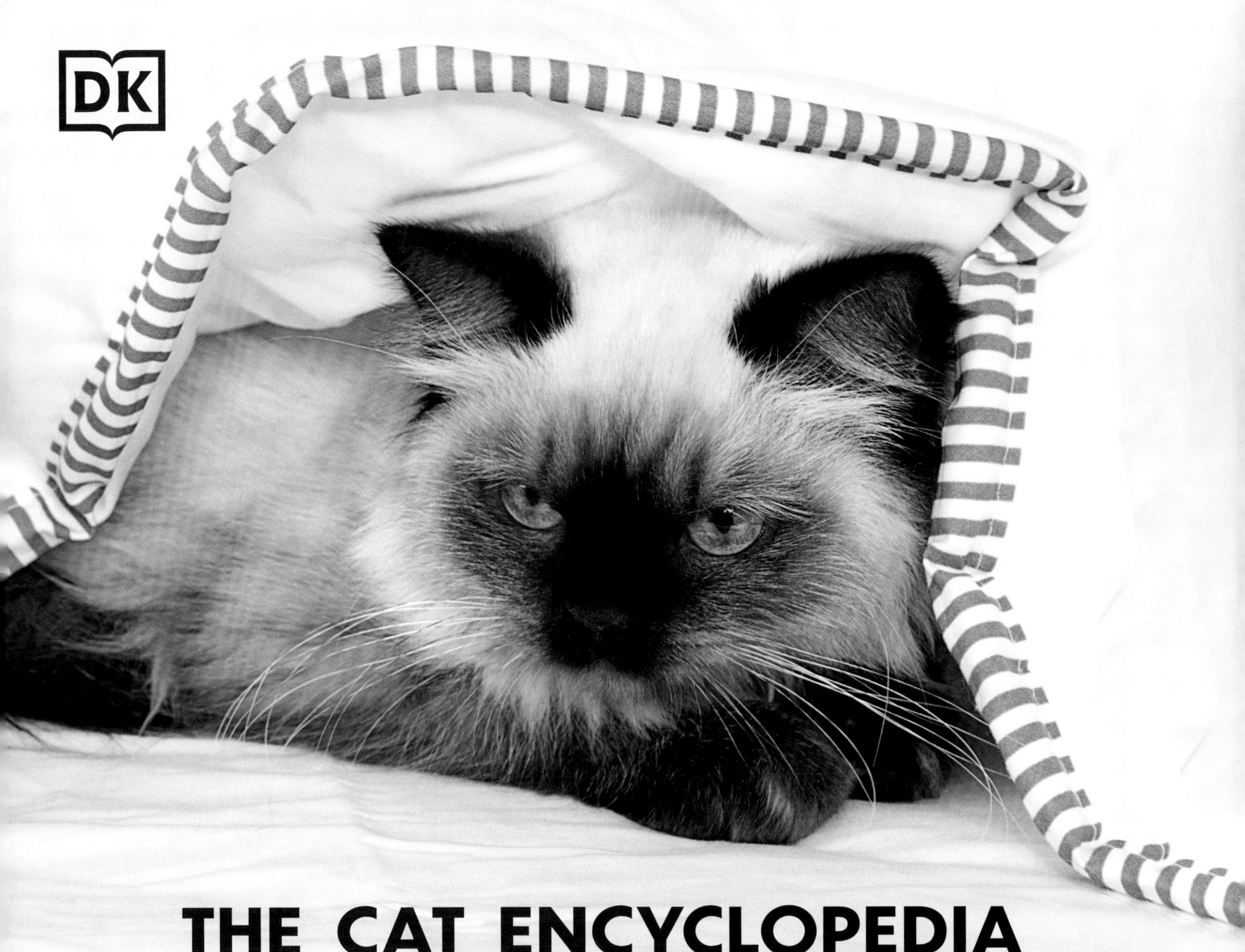

THE CAT ENCYCLOPEDIA

終極貓百科

The Definitive Visual Guide

最完整的貓種圖鑑與養育指南

翻譯／韓絜光、孫曉卿

Boulder Media 大石文化

終極貓百科
最完整的貓種圖鑑與養育指南

作　　者：DK 出版社編輯群　發 行 人：熊曉鴿
翻　　譯：韓絜光、孫曉卿　總 編 輯：李永適
主　　編：黃正綱　發行副總：鄭允娟
資深編輯：魏靖儀　印務經理：蔡佩欣
美術編輯：吳立新　圖書企畫：林祐世
圖書版權：吳怡慧

出版者：大石國際文化有限公司
地址：新北市汐止區新台五路一段 97 號 14 樓之 10
電話：（02）2697-1600
傳真：（02）8797-1736
印刷：群鋒企業有限公司
2024 年（民 113）5 月二版
定價：新臺幣 1500 元
本書正體中文版由 Dorling Kindersley Limited
授權大石國際文化有限公司出版
版權所有，翻印必究
ISBN：978-626-98271-6-9（精裝）
＊本書如有破損、缺頁、裝訂錯誤，請寄回本公司更換
總代理：大和書報圖書股份有限公司
地　址：新北市新莊區五工五路 2 號
電　話：（02）8990-2588
傳　真：（02）2299-7900

國家圖書館出版品預行編目（CIP）資料

終極貓百科 - 最完整的貓種圖鑑與養育指南
DK 出版社編輯群 作；韓絜光、孫曉卿 翻譯 . -- 二版 . --
新北市：大石國際文化，
民 113.4　320 頁；23.5× 28 公分
譯自：The cat encyclopedia : the definitive visual guide.
ISBN 978-626-98271-6-9（精裝）

1.CST: 貓 2.CST: 寵物飼養 3.CST: 動物圖鑑
437.364　113004061

免責聲明

本書已善盡一切努力確保訊息精確。任何因採取本書提供的作法或採納書中的任何建議，而導致人員或貓咪受到任何傷害，本書作者群、編譯群或出版方皆不負任何法律責任。愛貓生病或出現行為問題，請尋求獸醫師、動物行為專家等專業人士的協助。

目錄

1 貓的基礎知識

2 貓與文化

3 貓的生物學

4 貓種介紹

5 貓的照顧與訓練

第一章

貓的基礎知識

世界各地的貓科動物

野生貓科動物優雅、強壯、神出鬼沒，體型有大有小，有的能發出獅吼，有的則會像家貓一樣呼嚕呼嚕叫。牠們是打獵高手，適應力強，能在乾燥的沙漠順利生存，也能在茂密的熱帶雨林活得精采。

貓是捕食性的狩獵者，分類上屬於食肉目，跟所有食肉動物一樣，擅長跟蹤、捕捉、吃掉其他動物。例如，牠們都有巨大的犬齒和發達的下顎肌肉。

貓科（Felidae）底下含野生貓科動物與家貓（*Felis catus*）共有46個種，全都擁有類似的特徵：爪子可以伸縮自如、臉部頗為扁平、聽覺敏銳，大大的眼睛讓牠們可以在夜晚狩獵。生活在開闊地形的貓科動物通常是沙黃色，生活在林地與森林的貓則多半擁有美麗的斑紋，可以模糊牠們的身體輪廓，讓獵物察覺不到牠們。

貓科又分成兩大類：豹屬（Pantherinae）和貓屬（Felinae）。長久以來，人們都假定豹屬（大貓）與其他貓科動物的區別在於大貓會吼叫（見左下方欄位），而其他體型較小的貓只會喵喵叫。近年來，科學家已經掌握了基因證據，更加了解小型貓科動物之間的關係，於是進一步把牠們細分為七個群，又稱為譜系（lineage）。

野貓稱得上是演化成功的物種，因為牠們過去分布極廣，許多不同的棲地都有牠們的蹤影，但如今多數野生品種不是瀕危就是面臨威脅。相對之下，全世界的家貓估計有6億隻。

貓的版圖

這張地圖標記出七種貓屬動物的地理分布。近年科學界根據解剖與基因分析界定出七個譜系，這裡的七種貓各代表其中一個譜系。

北美洲

南美洲

美洲獅（Puma）

學名：*Puma concolor*

美洲獅譜系下有三種貓，美洲獅是其中一種，另外兩種分別是分布於南美洲的細腰貓（jaguarundi，又稱懶貓），以及分布於非洲和亞洲的獵豹（cheetah）。美洲獅在變化多端的環境都能生存，地理分布廣泛，海拔高達4000公尺的山區也可見其蹤跡。不過，美洲獅必須有鹿之類的大型獵物為食，才能繁衍興旺。

美洲豹貓（Ocelot）

學名：*Leopardus pardalis*

美洲豹貓譜系由13種貓組成，全都歸類為美洲豹貓屬（Leopardus），生活在中南美洲，只有美洲豹貓的分布範圍延伸到更北方的美國德州西南部。美洲豹貓主要以地棲性的齧齒動物為食，習於在夜間狩獵，會悄悄等待獵物經過。

大貓

俗稱大貓的豹屬共包含七種動物——獅、豹、虎、雪豹、兩種雲豹，以及美洲豹。獅與豹分布最廣，非洲和亞洲都有。老虎、雪豹和雲豹亞洲才有，而美洲的大貓就只有美洲豹。雖然一般都說大貓會發出吼聲，但其實會吼叫的只有部分物種，例如獅子。這是因為比起小型貓科動物，牠們喉部的聲帶結構較為複雜，而且更有彈性（見59頁）。

歐亞大山貓（Eurasian Lynx）
學名：*Lynx lynx*

山貓譜系包含三種山貓（又稱猞猁）和美國大山貓（bobcat）。歐亞大山貓的分布範圍橫跨大半個歐亞大陸，伊比利亞山貓（Iberian lynx）分布於西班牙和葡萄牙，加拿大山貓（Canadian lynx）和美國大山貓則分布於北美洲。短尾、耳朵有簇生毛是山貓的共同特徵，除了歐亞大山貓獵食山羚（chamois）等小型有蹄類動物以外，所有山貓都以兔子和野兔為食。

圖示
- 美洲獅 *Puma concolor*
- 美洲豹貓 *Leopardus pardalis*
- 歐亞大山貓 *Lynx lynx*
- 獰貓 *Caracal caracal*
- 雲貓 *Pardofelis marmorata*
- 豹貓 *Prionailurus bengalensis*
- 野貓 *Felis silvestris*

野貓（Wildcat）
學名：*Felis silvestris*

家貓譜系包含野貓和另外六種貓屬動物。此一分類下的貓生活在非洲或歐亞大陸，只有野貓擴散到西歐。野貓有若干個亞種，體型大小與毛皮花色各不相同。跟很多小型貓一樣，野貓也以齧齒動物為主食，但只要抓得到，牠們也會吃兔子、爬蟲類和兩棲動物。

豹貓（Leopard cat）
學名：*Prionailurus bengalensis*

這一分類包含六個亞洲小型貓種，其中豹貓分布最廣，也是最為常見的一種，生活在海拔高度可達3000公尺的森林棲地。豹貓體型比一般家貓還小，以多種小型獵物為食，包括齧齒動物、鳥類、爬蟲類、兩棲類和無脊椎動物。

雲貓（Marbled cat）
學名：*Pardofelis marmorata*

雲貓與同屬此一分類的婆羅洲金貓（bay cat）和亞洲金貓（Asian golden cat）一樣，以森林為家，因此也是攀爬高手，主要以鳥類為食，但也會捕捉齧齒動物。雲貓的體型大小與家貓相似，但尾巴非常長，有助於在林間穿梭時保持平衡。

獰貓（Caracal）
學名：*Caracal caracal*

獰貓出沒於非洲與西亞的旱林地、乾草原和高度可達2500公尺的山區，是獰貓屬三個貓種當中分布最廣的一種，藪貓（serval）和非洲金貓（African golden cat）都只生活在非洲。獰貓很好辨別，耳朵裡有長長的簇生毛，體毛為紅色或沙黃色。牠們主要以小型哺乳動物為食，但也會捕捉鳥類。

什麼是貓？

現代貓的祖先比今日的貓科動物更多樣化。大貓最先形成一個獨特的分類族群，後來才以驚人速度分化出小型貓科動物族群。家貓是整個演化樹中最晚出現的族群。

貓科動物是一種肉食性哺乳動物，肉食動物的共同祖先以昆蟲為食，據信長得像現在的樹鼩，生活在距今超過6500萬年前的白堊紀晚期。這種動物被命名為Cimolestes，已具有一些肉食動物的基本特徵，牙齒像剪刀一樣可以切割，是撕裂骨肉的必要工具，因此這種動物可以從吃昆蟲改為吃肉。從這種小動物演化出兩種肉食性哺乳動物——肉齒目動物和細齒獸，兩者現今都已滅絕。先出現的肉齒目動物是最早會吃肉的動物，占據的生態區位跟許多後來的肉食動物一樣。接著細齒獸取而代之，後來細齒獸的一個分支演化出所謂「真正的」肉食動物。

早期祖先

細齒獸是生活在始新世的哺乳動物，距今約5580萬年到3390萬年。有些是像貂一樣的小型樹棲動物，有些則比較像貓狗，大部分時間都在地面活動。細齒獸經過快速的演化輻射，大約在4800萬年前出現最早的「真」肉食動物外觀，可以分成兩組。一組是舊大陸的小型食肉

現代貓的早期演化史

這張樹狀圖說明早期的食肉哺乳動物源於食蟲目動物，而後發展出肉食動物（小型食肉目）的祖先，再演化成現代的貓。樹狀圖下方對應地質年代，以說明各族群出現的先後順序，以及牠們從生存到滅絕的時間。例如肉齒目動物出現於古新世晚期，到中新世中期至晚期才滅絕，生存時間比細齒獸長很多。現存的貓科動物在圖中以直線表示，現代貓的細部分類與族群之間的親緣關係請見第12頁。

肉齒目（Creodonts）

Cimolestes

Cimolestes
這種食蟲目哺乳動物最早出現咬合面平整的臼齒，作用有如一把剪刀，日後演化成裂齒，是所有食肉目哺乳動物的共同特徵。

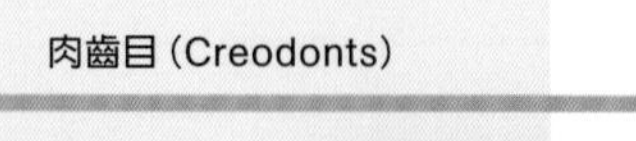

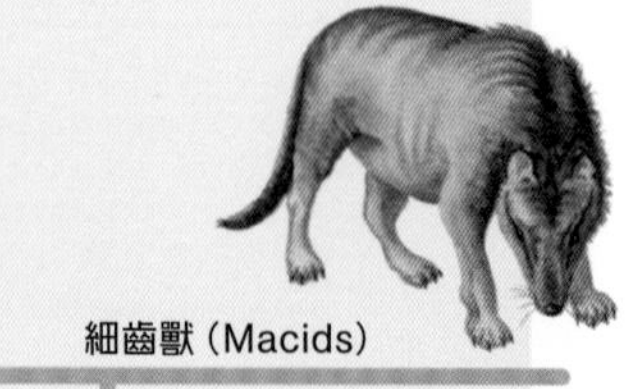

細齒獸（Macids）

細齒獸（Macids）
這個族群的哺乳動物之所以重要，主要是因為有些物種具有犬型肉食動物（未列於圖表內）的特徵，其他物種則比較像貓，並演化為食肉目動物。

肉齒目（Creodonts）
肉齒目動物一度被視為肉食動物的祖先，現在已知在演化上有所不同。肉齒目動物的腕骨不像肉食動物一樣融為一體，裂齒的特徵也不相同。

獵貓科（Nimravids）

原貓屬（Proailurus）

劍齒虎（Sabre-toothed cat）

假貓屬（*Pseudailurus*）

小型食肉目（Viverravines）

貓型亞目（Feliformes）

近代貓

小型食肉目（Viverravines）
現今小型食肉目動物包含四類肉食動物——鬣狗、獴、靈貓、貓。因為化石證據尚不完整，貓科（貓型亞目）和獵貓科之間的親緣關係還不明朗（以虛線表示）。圖中把獵貓屬標示為與「真貓」平行演化。

假貓屬（*Pseudailurus*）
有些物種體型沒比家貓大多少，有些則有美洲獅那麼大，且擁有巨大的犬齒。劍齒虎很可能就是由後者演化而來的。

近代貓
阿提卡貓（*Felis attica*）出現在大約340萬年前，體型小，貌似山貓。近代貓科物種，如盧那貓（*F. lunensis*）和兔猻（*F. manul*），據信就是從這種貓演化而來的。

白堊紀晚期	古新世	始新世	漸新世	中新世	上新世	更新世	全新世
9960萬-6650萬年前	6650萬-5580萬年前	5580萬-3390萬年前	3390萬-2203萬年前	2203萬-533萬2千年前	533萬2千-180萬6千年前	180萬6千-1萬1700年前	1萬1700年前至今

獵貓科

獵貓科動物又稱為假劍齒虎，是外形像貓的哺乳動物，曾與近代貓科動物的祖先共存。獵貓雖然同樣有可伸縮的爪子，但頭骨形狀與「真貓」有別。牠們最早出現在始新世，距今大約3600萬年，當時森林大範圍覆蓋了北美洲和歐亞大陸。中新世以後，氣候日漸乾燥，森林縮減成草原，獵貓的數量也大幅減少，在大約500萬年前的中新世晚期絕跡。

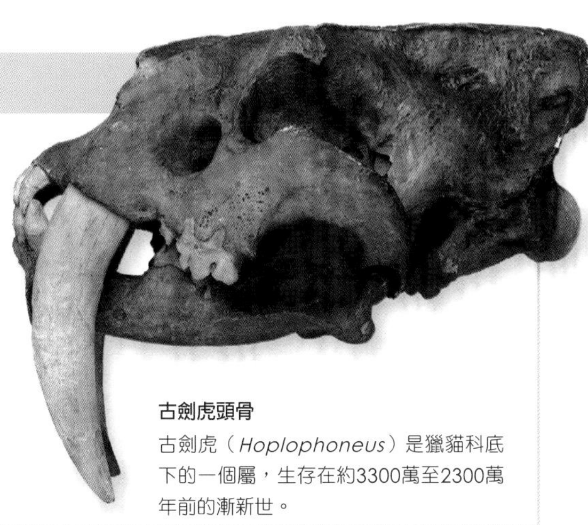

古劍虎頭骨
古劍虎（*Hoplophoneus*）是獵貓科底下的一個屬，生存在約3300萬至2300萬年前的漸新世。

目動物，後來演化成獵貓科動物，又稱為「假劍齒虎」（見上方欄位），以及貓型肉食動物（包括鬣狗、靈貓和獴）。另一組則是新大陸的擬狐獸（miacines），最後演化成犬型肉食動物，包括狼和熊。

最早的真貓

一般認為，近代貓科動物最早的祖先是名為原貓（*Proailurus*，意為「在貓之前」）的肉食性哺乳動物，於3400萬至2300萬年前的漸新世出現在現今的歐亞大陸。關於原貓目前所知甚少，但從化石看來，原貓的體型不比家貓大多少，四肢短、身體長、尾巴長，爪子至少能夠部分收起，可能擅於爬樹，大概會在樹林間跟蹤獵物。

大約2000萬年前，原貓還是另外一個跟牠很像的物種演化出假貓（*Pseudailurus*），這種捕食動物據信是第一種真正的貓科動物。假貓比祖先更常在地面活動，背脊修長而有彈性，後腿比前腿長。這種早期的貓很重要，原因有二。第一，牠演化出三個類別的貓，包括兩個近代的——豹屬和貓屬，以及現已絕種的劍齒虎亞科（Machairodontinae）。豹屬包括所有大型貓科動物，貓屬則涵蓋較小的野生貓科動物和家貓。第二，白令陸橋曾連結阿拉斯加和西伯利亞，假貓是最早通過白令陸橋遷徙到北美洲的貓。

漸新世之後，進入距今2300萬到530萬年前的中新世，這個時期氣候較為溫暖乾燥，環境變化對假貓的後代有利。森林生態系衰減，如草原等較開闊的棲地增加，有蹄類哺乳動物因此得以多樣演化，獵食有蹄動物的貓也跟著變得多樣化。

劍齒虎

自從貓的始祖Cimolestes在白堊紀晚期出現以來，長有劍齒的肉食動物曾於三個時期出現在三類不同的肉食動物當中。最早是肉齒目動物，然後是獵貓科動物，最後則是劍齒虎亞科動物，包括斯劍虎（Smilodon）。一般認為，這些物種與生活在現代的貓都沒有直接的血緣關聯。

劍齒虎出現在中新世之初，一直存活到大約1萬1000年前，表示早期人類應該見過牠們。劍齒虎下顎長有向後彎曲的犬齒，長度驚人，最長可達15公分，闔上嘴巴時，犬齒會露出在下顎外面。為了有效利用這種牙齒，劍齒虎有一張血盆大口，可以把嘴巴張開到120度左右。因為實在太大的緣故，「劍齒」比其他牙齒更容易折斷，但它鋸齒狀的邊緣可以咬穿強韌的獸皮，或咬下大塊大塊肉。

沒有人知道劍齒虎滅絕的原因。有些科學家認為是獵物數量衰減所導致，但已有證據否定這項理論。另一派則認

尖牙利嘴
斯劍虎是劍齒虎亞科動物，大小和獅子相當，曾經生活在北美洲，擅長捕獵體型龐大、行動緩慢的獵物，例如美洲野牛和猛瑪象。在1萬年前左右絕種。

為，劍齒虎曾與後來演化出來的豹屬動物和獵豹共存，因為競爭不過才會滅絕。確實，較新的貓狩獵時更加敏捷，而且牙齒也比較不易折斷。

開枝散葉

貓科動物是所有肉食動物當中最老練的殺手，生理結構也經過高度特化，某些種類能夠獵殺比自己大的獵物。豹屬的大貓最晚在1080萬年前就已經存在，牠們體型大、速度快、生性凶猛，令人望而生畏。此後，940萬年前先是在非洲出現金貓，接著在850萬年前，非洲又出現了獰貓。美洲豹貓出現在大約800萬年前，巴拿馬地峽形成後，又跨海進入南美洲。巴拿馬地峽有如一條公路，讓源自北美洲和中美洲的小型貓（現今只能由化石證據得知）能遷徙至南美洲，並繁衍出多樣物種。南美洲現存的貓種十有九種是美洲豹貓屬，牠們特別的地方在於只有36個染色體（18對），不像一般有38個染色體。

山貓和美洲獅各自在720萬年和670萬年前出現，包含的物種散布在不同大陸，可見發生過幾次物種遷徙，這當中包括獵豹。獵豹的血統源自北美洲的美洲獅，後來飄洋過海來到亞洲和非洲，生存至今。豹貓和家貓最晚才加入演貓科家族，且都只見於歐亞大陸。第一個近代貓屬物種據信是盧那貓，出現在大約250萬年前的上新世。牠們後來演化出野貓，其中歐洲的血統最古老，可追溯至大約25萬年前。哪裡有合適的棲地和足以維生的獵物足，牠們就往哪裡遷徙。非洲野貓（*Felis lybica*）大約在20萬年前形成分支，而家貓大概就在8000年前從牠們演化而來。

穴獅

歐洲穴獅（*Panthera spelaea*）可能是地球上出現過最大的貓。這種可怕的獵者比現代獅子大上25%，肩膀高度超過125公分，是當時最常見的一種捕食動物，會用長腿撲倒馬、鹿和其他大型有蹄動物。穴獅約於40萬年前出現在歐洲，一直存活到大約1萬2000年前，也就是最後一次冰期接近尾聲的時候。目前已知北美洲也有過類似的大貓，一般認為是經白令陸橋遷徙至阿拉斯加的歐洲穴獅的後代。

貓科一家

就地質時間而言，小型和中型的貓（貓屬）分化得非常快速——只花了大約320萬年。豹屬，或稱大貓，分支演化的時間至少早了140萬年。近來的基因分析顯示，貓屬可分成七個不同的族群，如圖所示。最晚演化出來的家貓和豹貓排在最上面，最早演化的金貓則排在豹屬之上。家貓和豹貓彼此的血緣最接近，與下面比較古老的族群血緣較遠。家貓支線上的「轉折」代表340萬年前出現的阿提卡貓，近代的貓種及至家貓即由阿提卡貓演化而來。

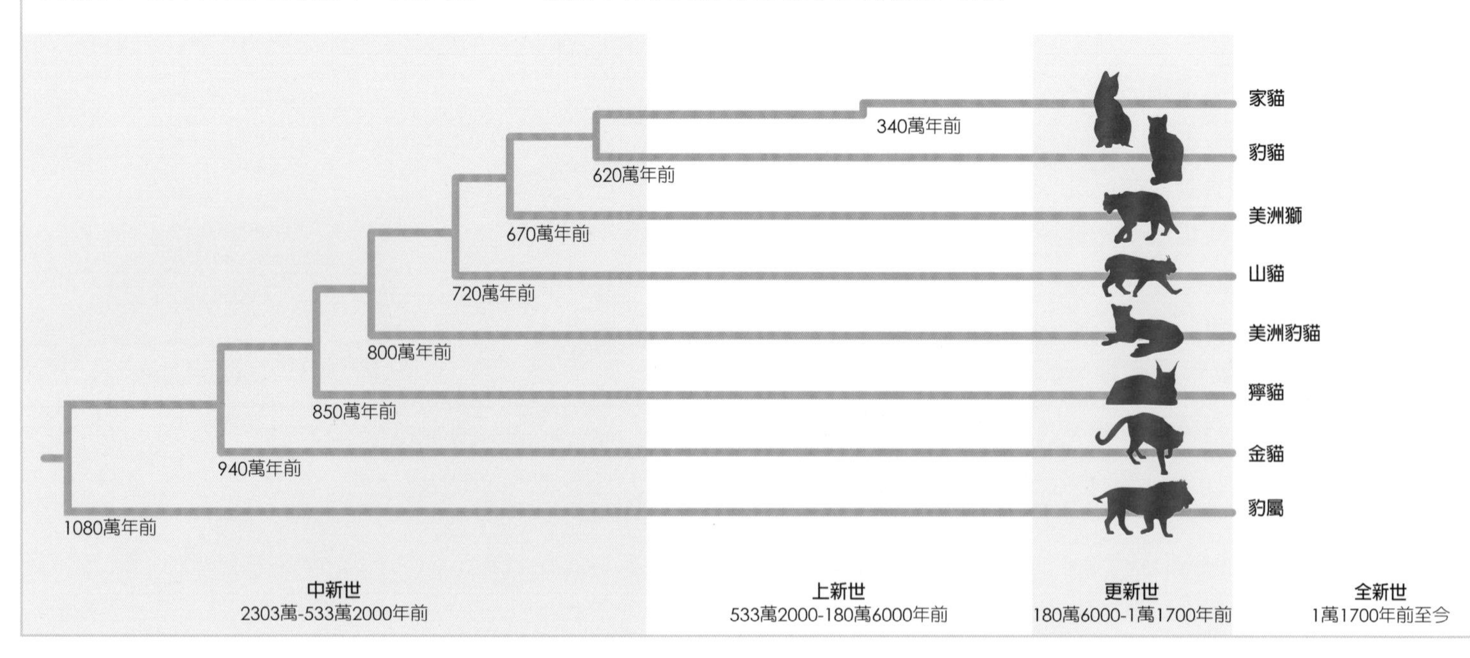

貓的祖先

非洲野貓埋伏在草叢裡準備狩獵。牠是家貓與現已滅絕的史前先祖之間血脈傳承的最後一道環節。

從野貓到家貓

貓接受人類馴養是出於互惠而不是奴役：早期農業社會裡，貓捉老鼠的本事對人類有益，貓也能為自己換來庇護，又不至於失去自由。

人類與貓的關係可以追溯到好幾千年前，雖然與馴養其他動物相比，馴養貓的過程並不在人類意料之中。例如，人類馴養馬、牛和狗以前，就已經發現養這些動物好處多多，因為牠們具有實用價值。於是人類挑選優良品種，悉心培育某些特徵，依特殊用途進行育種，讓這些動物變得更加實用。但當第一批貓從野外晃進人類的生活圈時（因為住在人類聚落附近有利牠們生存），牠們雖然證明了自己有捕殺害蟲的本領，人類卻不覺得牠們是什麼有價值的資產。

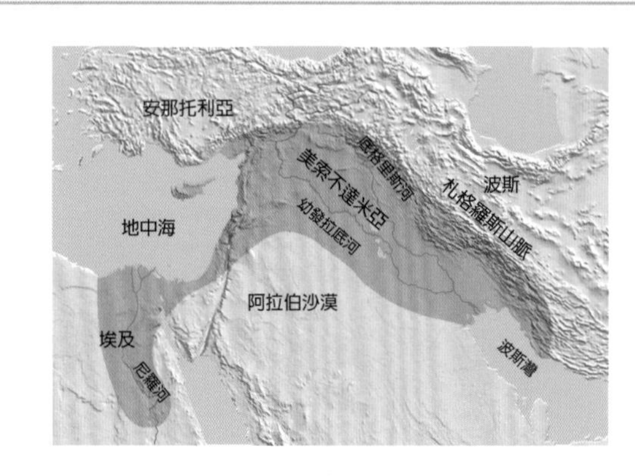

家貓發源地
這個名叫「肥沃月彎」的古老地區呈圓弧狀，從尼羅河延伸到波斯灣，據信是馴養家貓的發源地。非洲野貓（所有家貓的祖先）的自然分布範圍有一部分跟該地區重疊。

貓無法提供充足的肉當食物，而且雖然可以馴養至習慣人類撫摸，但即使經過訓練，貓也不會服從命令或聽命行事。貓的早期歷史中，也沒有明顯的證據顯示人類曾經刻意擇優汰劣，或設法「改良」貓的行為和外觀。事實上，貓最早馴化成真正的家貓，可能是自己選擇的結果，某些貓比其他貓更容易學會信任人類，也有足夠的安全感，願意在人類的屋簷下哺育小貓。

最早的關聯

直到不久前，關於家貓歷史的文獻大多同意，貓與人類共居一室的證據最早可追溯至大約4000年前的古埃及社會。但近幾年的考古發現暗示，貓和人可能在更早以前就有關聯了。

公元2000年代初，考古學家在賽普勒斯挖掘一處新石器時代的聚落，結果意外發現了一座墳墓，人類的遺骸旁有一副完整的貓骨骸。由於墓中擺放了許多貴重物品，例如石器和其他工藝品，因此這個人可能經過某種下葬儀式。研究者認為，這隻估計約八個月大的貓可能具有某種特殊意義，才被刻意殺死陪葬。真是這樣的話，不論是把貓當

家族一員
一隻虎斑貓出現在古埃及一位名叫內巴蒙（Nebamun）的小官員的墓室壁畫中（公元前1350年左右）。畫中的內巴蒙正在尼羅河的沼澤中打獵。這個時期的埃及，貓在家中的寵物地位已經十分穩固。

成地位象徵還是寵物，人類飼養貓的證據都往後跳了一大步，可以回溯到公元前9500年。賽普勒斯這隻貓特徵很像家貓的祖先：非洲野貓（見第9頁及第12-13頁）。假如確實是同一種貓，那麼牠就不是這座島上的原生種，而是被人帶過來的。

考古學家最近也在中國中部一處5000年前的農耕聚落挖掘出小型貓科動物的骨頭。詳細的分析暗示，這些貓獵食吃穀類的嚙齒動物，因此顯然與人類聚落有某種關聯，但究竟是出於偶然還是經人類馴養，則無法確認。

這些最新發現雖然很吸引人，但還遠遠不能拿來當作確切證據，說明人類養貓的歷史比原先以為的更久遠。不過，人類在馴養貓的的過程裡，很可能曾經歷過幾次失敗。

馴養大貓

所有大貓當中，只有獵豹證明有可能被人類馴養。古埃及人和亞述人都曾馴養獵豹，用於打獵，數百年後印度蒙兀兒帝國的皇帝也有此一舉。這種美麗的動物習慣人類之後可以變得非常溫馴——古代的獵人訓練牠們佩戴頸圈和皮帶，追獵結束後要回到獵人身邊。但即便這些人有本事馴養獵豹，獵豹仍始終不是普遍的寵物。這很可能是因為，人類直到最近都還不夠了解牠們的生殖行為，因此無法成功繁殖豢養的獵豹。代替的動物又多尋自野外，所以從未像世代誕生在人類聚落、經人類照顧長大的動物一樣，發展出寵物的性情。

印度皇帝阿克巴爾和獵豹一起狩獵

進入家中

貓第一次踏進人類家中，可能是在人類從集獵者轉型成農耕者的時候。栽種莊稼勢必要儲藏穀物，穀倉又會吸引大量鼠類前來大飽口福，連帶也為當地的野貓族群提供了源源不絕又好抓的獵物。

近代家貓正是起源於農業的誕生地：一塊肥沃的農地，人稱「肥沃月灣」，從尼羅河谷延展到地中海東部，南抵波斯灣（見左頁地圖）。公元前2000多年前，當古埃及人在尼羅河岸建立起目前已知最早的有組織農耕社會時，當地的非洲野貓也已經準備好，可以進駐這個新的生態區位。

開始出現在肥沃月灣農耕聚落的貓，大多是帶斑點的小型虎斑貓，跟現在許多家庭裡的寵物貓很像。這些貓起初雖是不請自來，但農人後來就開始發現，有貓在場控制鼠患不乏好處。現行的理論認為，人類主動用剩菜剩飯當餌，鼓勵貓在穀倉裡定居下來。此後便不難想像，愈來愈社會化的貓最後會進入人類的家裡生活。

獨特魅力
野外的貓最終放下對人類的戒心，定居在人類聚落附近。可作為寵物和玩物的魅力，想必也有助於貓打進人類家庭。

有地方躲避大型掠食動物等自然威脅，貓不只能大量繁殖，後代也有更大的機會存活到成年。

一窩出生在居家環境裡的小貓，極有可能從很小的時候就被人撫摸，因此應該不難被家庭接納成為寵物。

古埃及文明崛起，埃及貓的地位也隨之提升，最終從捕鼠幫手化為神聖的象徵，繪畫、雕像和木乃伊充分記錄了這個轉變過程（見24-25頁）。不過，直到公元前大約500年，貓從肥沃月灣向外傳播以前（見18-19頁），把貓當成真正的家畜馴養的觀念，並未拓展到這裡以外的地區。

一窩小野貓
雖然長得像家中的虎斑貓，但這些年幼的印度沙漠貓（*Felis lybica ornata*）其實是野生物種，分布範圍從中亞延伸到印度東北部。

家貓的傳播

貓是世界公民，從發源地北非和地中海東部，足跡逐步拓展至全球。雖然貓並不重視疆界，某些早期的家貓很可能自己想去哪就去哪，但大部分還是跟隨人類前往牠們被帶去的地方。就算在從沒出現過野生貓種的地區，例如澳洲，家貓似乎也能輕鬆適應新環境。

有超過2000年時間，家貓幾乎完全只有埃及才有（見第14-15頁）。貓在埃及的地位崇高，出口到外國至少理論上是嚴格禁止的事。然而，貓的自主性很強，馴化或至少半馴化的埃及貓很可能自行流浪到其他地區。一般認為，貓循著地中海沿岸的商貿路線遊走到了希臘與今日的伊拉克，甚至可能抵達歐洲。

出埃及記

第一次有為數龐大的家貓展開世界之旅，大概發生在2500年前，主要經由腓尼基人的商船，從肥沃月灣（特別是埃及）出走。腓尼基民族擅長航海與殖民，數百年來主宰地中海東岸的海洋貿易，根據推測，他們可能更早以前就已經開始運輸家貓或野貓。

貓在古埃及是珍貴的商品。腓尼基人可能用以物易物或走私偷渡的方式取得貓，甚至可能是不經意載到偷偷溜上船的貓，再於前往西班牙、義大利和地中海小島的貿易航線上，把貓拿來出售或交換貨物。後來，絲路打開了歐亞交通，貓也隨探險商隊東來西往。古埃及人自己可能也曾把貓當成貢品，進獻給

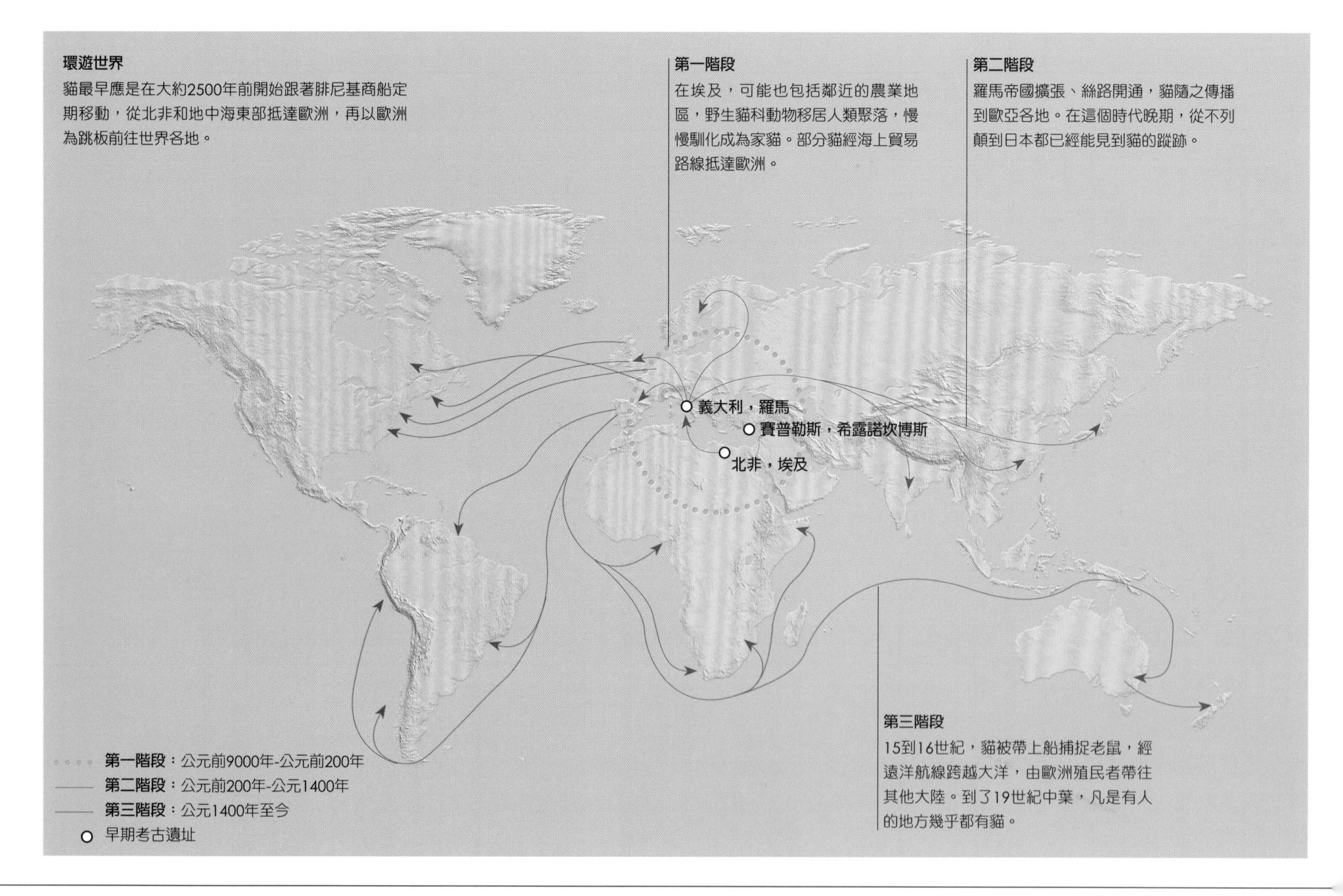

環遊世界
貓最早應是在大約2500年前開始跟著腓尼基商船定期移動，從北非和地中海東部抵達歐洲，再以歐洲為跳板前往世界各地。

第一階段
在埃及，可能也包括鄰近的農業地區，野生貓科動物移居人類聚落，慢慢馴化成為家貓。部分貓經海上貿易路線抵達歐洲。

第二階段
羅馬帝國擴張、絲路開通，貓隨之傳播到歐亞各地。在這個時代晚期，從不列顛到日本都已經能見到貓的蹤跡。

第三階段
15到16世紀，貓被帶上船捕捉老鼠，經遠洋航線跨越大洋，由歐洲殖民者帶往其他大陸。到了19世紀中葉，凡是有人的地方幾乎都有貓。

船上的貓

貓大多靠乘船來到今日所在的地方。自古代離開埃及以來，貓就搭著商人、殖民者和探險者的船飄洋過海，環遊世界。貓有時會被當成貿易商品帶上船，不過大部分都用來防治害蟲。只要有人在新大陸靠岸，貓也一定會跟著下船。如今只有船員個人還保有在船上養貓的習慣。現代商船和軍艦都不再允許養貓，下圖是1940年代英國皇家海軍戰艦「厭戰號」（HMS Warspite）的吉祥貓「斑斑」。

中國皇帝或是在北非愈來愈強大的羅馬帝國。

家貓來到羅馬以後，羅馬帝國開疆闢土之餘，也把貓更進一步帶到了西歐各地。到了羅馬帝國時代晚期，貓應該已經遍布不列顛群島，在那裡與人類和平共存了數百年，直到在中世紀失寵（見24-27頁）。

前往新大陸

15世紀以後，歐洲邁入航海大發現以及殖民的時代。家貓被帶上帆船以減低鼠害，這是家貓首度跨越大西洋。前往美洲的航程漫長，牠們有充裕的時間生育小貓，貓口快速增長。船抵達港口後，很多貓就這樣跳船，也可能被人拿去與當地聚落交易，其餘的貓則跟隨拓荒先鋒進入新世界內陸。

在世界的另一頭，貓也乘著囚船隨殖民者前往澳洲。地方上流傳一段故事，真實性有待商榷，說第一波抵達澳洲的貓，是17世紀中葉一艘荷蘭遇難船的倖存者。

遷徙突變
美國東岸常見的多趾貓，祖先可能是17世紀由英國清教徒殖民者橫渡大西洋帶到波士頓的貓。

全球養貓風潮

到了19世紀中，全世界有點規模的陸塊上幾乎都有家貓的蹤跡，家貓也已演化分支出獨特的種類。異國長相的貓被引進歐美，引起人們很大的興趣，例如暹羅貓和土耳其安哥拉貓。民眾原本覺得貓只是在農場上抓老鼠或是被當成寵物養，但此時也開始用一種新的眼光看待貓咪。自從古埃及時代以來，這幾乎是貓咪第一次再度成為人類的貴重資產和地位象徵。

觀念相近的飼主組成愛貓俱樂部，暢談自己的獨特愛好，討論不同品種的優點。這些「愛貓人士」──或是後來所謂的「貓迷」──會舉辦貓展，激起很多人競相較量，繁殖品種更優良的貓，突顯更具體的特徵。

培育純種貓的熱潮，加上育種水準日益改良，開啟了貓在全球移動的新篇章。邁入20世紀中葉以後，全球移動愈來愈容易，因此愛貓人士乃至於一般觀光客便開始發現「新品種」，例如土耳其梵貓或日本截尾貓，但事實上，這些貓已經在少有人到訪的地區發展演化了幾百年。愛好者把這些貓帶回英國和美國以後，就用牠們來展開積極的育種計畫和跨越大西洋的交易。就連在原生母國，貓的流動性也很高，有的原本只存在於特定地區、相對沒有名氣，後來卻變得在全國都受歡迎，進而獲得國際認可，例如德文捲毛貓或緬因貓。

21世紀，貓依然在大西洋兩岸來回穿梭，異國的奇特品種接二連三地流行起來。新品種雜交又產生更多變種。有些（但並非全部）在原生地之外大受歡迎，因此貓的全球遷徙也持續下去。最新的一項發展趨勢是要讓貓回歸到野貓的原始模樣，因此飼養者培育出斑點貓，外表與4000年前初成為人類寵物的貓相去無幾。可以說，家貓的壯遊把貓又帶回了出發點。

橫跨大西洋的貓
這是不同國家的貓血統融合的一個現代案例。精靈貓（Elf）是原產於加拿大但在荷蘭培育的斯芬克斯無毛貓（hairless Sphynx）與美國捲毛貓混種交配的結果。

野貓

家貓的後代若鮮少與人類接觸或從未接觸過人類，或者曾經是寵物，但因為各種原因而流落街頭，就稱為「野貓」或「流浪貓」。野貓雖然過著野性的生活，但與分布在世界各地的真野貓物種並無關聯。

貓是善於謀生的動物，即使流浪在外或遭飼主遺棄，只要回復野性，往往都有辦法自食其力存活下來。貓大多擁有發達的狩獵本能，可以靠獵食鳥類和齧齒動物等小型獵物維生，不少貓也會撿食或接受善心愛貓人士給予的食物來補充營養。這樣的貓通常已經學會提防人類，但因為有馴化的背景，有時要重新馴養牠們還是有可能的。

真正的野貓出生在野外，從未與人類接觸，成年以後，就算不是不可能，也已很難馴化。野外的小貓假如很小的時候就被救起，假以時間和耐心，有時還是能學會與人互動。但小貓只要幾週大就會對人類產生自然的戒心，這時恐怕就為時已晚了。

成群結黨

大多數家貓習慣單獨生活，討厭或害怕與其他貓爭搶食物、地盤和居所。不過，兩隻以上的貓如果共享一個家，還是能成為朋友，尤其是同窩出生的兄弟姊妹。其他情況下，兩隻貓頂多只會停止交戰，彼此河水不犯井水。野貓的社會中則有更多社交行為。由於食物來源可能稀少而不穩定，因此同一範圍內的所有野貓通常會受到同一個食物來源吸引，例如某一處垃圾堆、流浪動物協會設置的餵食站，或是老鼠橫行的廢棄房屋。受現實所迫，這些貓會互相容忍，把敵意降到最小，分享資源。

幾隻野貓一起生活的地方可能會形成一個族群，世代間互相交配，經年累月可以有幾十隻貓。凡是未結紮的母貓都會吸引公貓，頻繁交配的話，每隻母貓一年可產下兩窩以上的小貓。

建立已久的族群多為母系社會，核心由母貓組成，彼此之間通常關係緊密。曾有人觀察到母貓在同一個窩裡生產，合作哺育小貓，輪流在其他母貓出外獵食的時候看望一家大小。母貓甚至會聯合陣線，趕走來襲的公貓。因為公

生活在遺跡

位於今日土耳其西部的愛奧尼亞古城艾費蘇斯（Ephesus），一隻貓蹲踞在遺跡前方。這類觀光客眾多的景點常會有掉落的食物殘渣，容易吸引野貓族群。

暫別飢餓

野貓排排坐在希臘的一座港口邊。夏天漁船會帶回魚渣，加上有觀光客餵食或留下剩菜剩飯，所以野貓族群可以過上幾個月好日子。入冬之後，生活就艱苦得多了。

農家避風港
雖然永遠不會成為家中寵物，但穀倉野貓要過得幸福，還是有賴人類給予住處和關懷。人類提供的基本照顧能吸引野貓留下來，協助控制鼠患。

貓是隨時存在的威脅，意欲殺害小貓，使母貓回到可再交配的發情期。

當野貓族群擴大，內部的權力平衡也會隨之改變，強壯的公貓會趕走較弱的對手，後者之後不是在邊緣徘徊，就是獨自離開闖蕩，尋找更投其所好的地盤。有時候，在族群內出生的公貓確實會被年長的成員接納，但這純粹是因為熟識。若是陌生的公貓想混入族群，通常會受到嚴厲拒絕。

控制數量

野貓族群裡的生活很艱辛，而且往往很短暫。受到悉心照料的寵物貓多半能活到十幾歲，但野貓能活過三、四歲就算幸運了。野貓容易生病，而且疾病傳染得很快。營養也往往不足，族群變得愈大，每隻貓能分得的食物就愈少。母貓不斷生育導致身體衰弱，特別容易生病死亡，留下生病無依的小貓。交通事故和公貓之間打架會造成受傷感染（見304-305頁），且無法接受治療。

環境威脅

根據估計，全球野貓的數量共有將近1億隻。保育人士擔心野貓族群會對當地野生動物造成影響。島嶼的環境風險又特別高，有些物種被野貓捕食至瀕臨滅絕，例如地上造巢性的鳥類。鴞鸚鵡就是一個例子，牠是紐西蘭一種罕見不會飛的原生鸚鵡，但在貓和雪貂等捕食者被當成寵物引入之後，幾乎被獵殺殆盡。僅存少數幾隻現今被保護在島上的收容所，所內完全沒有貓，但鴞鸚鵡依然極度瀕危。

現今大多數國家都有管理野貓族群數量的政策，這既是基於人道考量，也是為了防止野貓形成環境問題。比起大規模撲殺，很多流浪貓救援協會或動物保護團體採行較為人所接受的三階段做法。首先在不傷害貓的前提下把貓抓起來，替貓結紮（並剪耳做記號以利未來辨識），再把貓放回原地。只可惜，這種做法往往治標不治本。野貓數量或許會暫時減少，但終究會有未結紮的貓加入族群。就算只有一對貓可生育，還是能在一年內恢復族群數量。

結紮計畫
野貓注射過鎮靜劑，準備接受結紮手術的同時，獸醫剃掉一邊耳朵的毛，隨後會在上面剪一個小缺口，當作已結紮的記號。康復以後，貓會被放回原本所屬的族群。

穀倉貓

在鄉間，野貓有時很受農夫和地主歡迎，不需要多加照顧，就能替馬廄、穀倉和飼料店控制老鼠數量。有些流浪貓收養中心利用這一點，集中照顧野貓再提供給農人。只要管理得當，當野貓族群過大或因為健康因素需要重新安置時，這種做法不失為有效的解決方法。雖然不被當作寵物，但「領養」野貓的人必須承諾提供最低限度的住處，每天供給小量貓食，當作野貓狩獵捕食之外的補充，必要時也要給予醫療照顧。

第二章

貓與文化

貓與宗教信仰

不管是被捧上天、被貶下地、還是單純受到冷落，整體而言，宗教信仰並沒有給貓帶來什麼好處。古代異教信仰雖然把貓視為神聖的動物，地位直逼眾神，但也注定使千百萬隻貓為了犧牲獻祭而斷送性命。基督教興盛以後，貓的處境更加危險。中世紀時期，人類把貓與惡魔崇拜畫上關聯，在教會大力迫害之下，歐洲的貓幾乎被消滅殆盡。

埃及女神

貓與宗教信仰的關聯，最早的歷史文獻可追溯到數千年前的古埃及。公元前大約1500年，與貓之女神芭絲泰特（Bastet，亦稱芭絲特）相關的信仰逐漸形成。芭絲泰特原本被尊為獅子女神，化成更溫和的形象以後大受歡迎，吸引了虔誠的信眾，尤以婦女居多。她的雕像通常是貓首人身的女性，身邊有時環繞著一群小型貓或幼貓。古埃及人對貓的高度敬意，很有可能就是源自芭絲泰特信仰。當家中的貓死去時，飼主會悲慟欲裂，如果夠富裕的話，還會把貓製成木乃伊，精心裝飾後放入華美的石棺。任何人就算只是失手殺了貓，也有可能判處死刑。

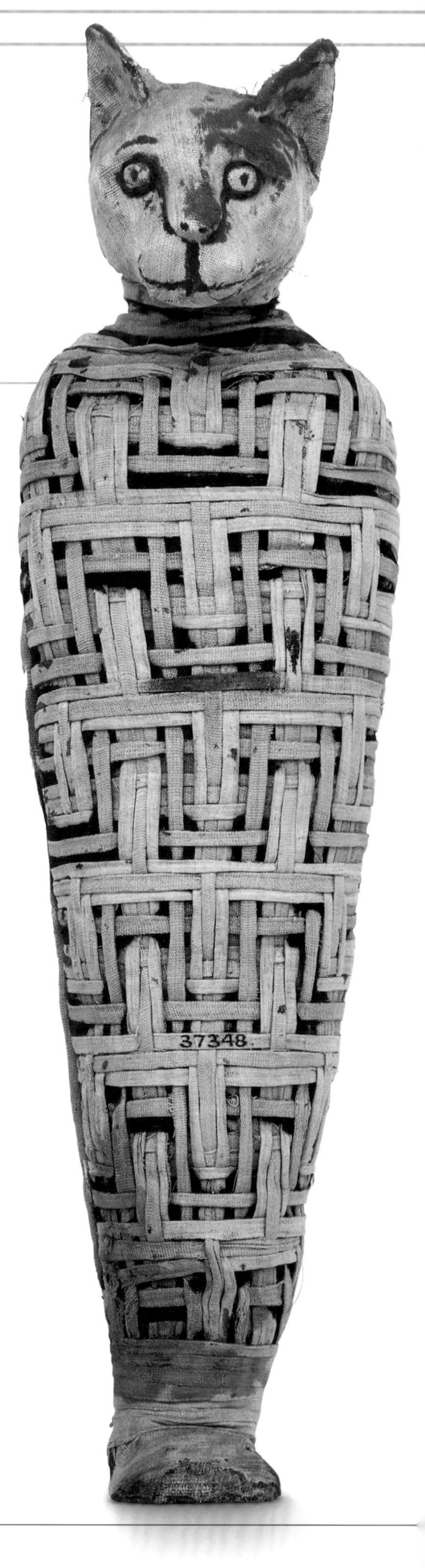

公元1世紀左右的貓木乃伊
經過防腐處理的貓屍，裹上層層亞麻布條，頭部套上面具，在古埃及神廟是很常見的商品，用來當作獻給貓之女神芭絲泰特的供品。

矛盾的是，儘管貓的地位崇高，卻未能阻止人類以宗教信仰為由大規模屠殺貓。考古學家挖掘古埃及遺址時，除了發現許多貓的雕像外，還發現龐大的貓塚，葬著數以十萬計的貓木乃伊。部分遺體經X光檢驗，發現這些貓都還很年輕，幾乎還是幼貓，死因都是脖子折斷。牠們很顯然不是家中的寵物，而是蓄意屠殺的受害者。許多研究推斷，這些貓是神廟祭司飼養的，特別用於犧牲獻祭及製作木乃伊，再賣給朝聖者當作祭拜神明的供品。

神聖象徵

在埃及以外的地方，貓從未獲得這麼高的宗教地位，不過在其他信仰體系裡倒曾扮演次要角色。北歐諸神之中的女神弗蕾亞也愛貓，駕馭

弗蕾亞的貓戰車
北歐神話中掌管愛與生育的女神弗蕾亞格外喜歡貓。現代飼育者喜歡把現在的挪威森林貓（見222-223頁）跟傳說中替女神拉戰車的那一對孔武有力的貓聯想在一起。

與獅同行
威廉・布雷克・瑞奇蒙爵士（William Blake Richmond）在維多利亞時代晚期所繪的這幅畫作中，古羅馬的愛神維納斯與一頭公獅和一頭母獅一同漫步林間，所經之處，寒冬化為春天。

一輛由兩隻巨大灰貓拉動的戰車，那是雷神索爾送給她的禮物。古羅馬人據說非常尊敬貓，貓是唯一能進入神殿的動物，有時更被視為家中神明，象徵家庭平安而備受禮遇。

美洲的原住民文明沒有家貓這種東西，因為家貓尚未跨越大西洋由歐洲傳入美洲，但不少當地神明都跟大貓有關。馬雅人和印加人都崇拜化身為美洲豹的神。今日的各大信仰已經很少把貓當成神聖象徵。印度的薩希蒂女神（Shashthi）是少數例外之一，她是幼童的守護神，經常被描繪成騎在一隻貓背上的模樣。在佛教的某些宗派裡，得道高人死後據說會投胎到貓的身上。還有一項古老傳統流傳至今，有些和尚會養貓，特別是白貓，當作廟宇的守護者。

基督教迫害

不論好壞，《聖經》裡都完全沒有提到貓，不像其他動物。公元7世紀，布魯塞爾近郊一間本篤教會的女修道院院長聖潔如（St Gertrude）被視為貓的守護聖人，是貓與基督教之間出現正面關係的一個罕見案例。她的肖像有時會畫她抱著一隻貓，或身旁圍繞著老鼠。有證據指出，在鼠疫猖獗的年代，聖潔如的修道院裡神奇地沒有半隻老鼠，她也因此出名，這想必要歸功於她養的貓。另一項討喜的關聯是一段可愛的傳說：耶穌誕生時，馬廄裡剛好有一隻母貓和牠初生的一窩小貓，聖母瑪利亞撫摩貓咪，就在貓額頭留下了M字記號——這是虎斑貓毛皮最經典的紋路。基督教會對貓的偏見行之有年，且記錄詳盡，動機應該至少有一部分是因為教會決意剷除早期異教信仰的遺風舊俗。教會高層把貓視為魔鬼的手下，尤其養貓者又常是他們眼中的女巫（見26-27頁），因此教會對待貓毫無人道——截肢、虐殺、吊死和焚燒等殘忍行為，全都受到認可。對貓的迫害在中世紀達到高峰，令人訝異的是，還一直持續到近代。

祕魯美洲獅
這尊美洲獅的黃金雕像對祕魯的莫切人（Moche）而言具有宗教意義，莫切人的社會興盛於公元100至800年間。美洲獅神在很多早期美洲文明裡都很常見。

伊斯蘭祝福

細數歷史上所有貓與宗教信仰的關係，穆斯林文化對貓的接納程度是最高的，因為仁慈對待動物是伊斯蘭信仰的重要教誨。先知穆罕默德就曾以身作則，他在七世紀時口授神諭，形成日後的《古蘭經》。許多文獻記錄了他對自己寵物的關懷和敬重。根據伊斯蘭版本的說法，虎斑貓額頭上的M字形，是先知觸摸後留下來的。

定居寺廟
很多佛寺都有流浪貓群聚，例如照片中這隻貓就在泰國芭達雅附近的大佛寺落腳。像這樣的動物深受僧人敬重，會提供牠們食物和庇護。

傳說與迷信

貓是高深莫測的動物，身上有股魔法氣息。對從前的人來說，貓真的有魔法，而現代貓奴眼中那些逗趣又奇妙的行為與特質，對以前的人來說卻是很邪門的，往往帶有惡意。與貓有關的傳說與迷信眾說紛紜，流傳既廣且久，有些一直流傳到現代。少有幾個國家沒有黑貓吉利（或不吉利）的傳說。

女巫的密友

在夜色下潛行，眨眼間出現或消失，人長年以來一直相信貓是超自然的生物，與鬼魂和邪靈過從甚密。中世紀的人普遍會把貓——特別是黑貓——跟黑暗力量聯想在一起，且這種現象一直持續到18世紀。很多無辜的老婦人因為養貓為伴而被疑為女巫，當時的人相信，每個女巫都有一名「密友」——也就是一隻化身為小動物的惡魔僕從，可能是蟾蜍或兔子，也可能是貓頭鷹，但多半是貓。更駭人的說法是，動物很可能就是女巫的化身，所以假如看到陌生的貓，最好不要亂說話。在歐洲，有數以百萬計貓跟所有被指控為女巫的人一樣，遭逢悲慘的命運，面臨嚴刑拷問，假如判定有罪就被活活燒死。

惡名昭彰
中世紀的歐洲人相信貓不是女巫的化身，就是在女巫手下擔任溝通媒介的魔靈。恐懼和猜疑導致貓遭到大規模屠殺。

趨吉納福

與黑貓有關的迷信，在某些文化雖然換成了白貓，但意外的是在世界大多數地方都根深蒂固，不是把貓看成吉兆，就是看成凶兆。這些信仰往往互相矛盾，隨著國家地區而各有不同，可能還牽涉到複雜的傳統。比方說，光是一個人遇到一隻黑貓的方式，就可能有不同影響：貓在眼前是從右到左經過，還是從左到右經過，這一天運氣是好是壞就完全不一樣。還有，貓接近人會帶來好運，但若貓是往相反方向溜走，運氣就會轉壞。

在美國和歐洲部分地區，迷信的人認為黑貓不祥。美國很多收容中心表示黑貓很難再找到新的人家收養。在英國，黑貓是吉利的象徵，製成擺飾或吊飾都是很受歡迎的婚禮紀念品。日本是另一個認為黑貓帶來好運的國家，不過黑貓在這裡只能退居次位，最受喜愛的是繽紛的招財貓。紀念品店到處擺滿招財貓瓷偶，有一張洋娃娃似的臉孔，單舉一隻手掌，常被擺在玄關迎接賓客。傳說招財貓的原型是一隻廟裡的貓，牠邀請一位路過的藩主入廟躲雨，藩主因此得救，免於受困在暴風雨之中。

招來好運
招財貓娃娃在日本隨處可見，舉右掌會招來好運，舉左掌則表示歡迎光臨或是為商家吸引客人上門。

超凡魔力

不少傳說把貓和天氣串聯在一起。據說，貓抓家具會引起暴風雨，打噴嚏或清理耳背則代表即將下雨。這些傳說有的可能出自於海上的水手，他們不只得隨時注意天候變化，長久以來也是出了名的極度迷信。傳統上，船員習慣在船上養貓，以求風調雨順。日本船員認為玳瑁貓預警風暴的效果最好。要是沒有小心對待船上的貓，也可能招致厄運。按照習俗，絕對不能在船上叫喚貓的名字，否則保證遭殃。萬一發生最壞的情況，貓跌落海裡，那麼不久後颳起大風甚至沉船都是意料中的事。

民間廣為流傳的九命怪貓這種說法，至少16世紀起就已存在。1595年，莎士比亞想必覺得大眾對這種比喻已經夠熟悉了，可以寫進《羅密歐與茱麗葉》劇中人物莫古修（Mercutio）的俏皮對白裡。在當時，這種看法具有一定的

符畫

中國古代有用貓保護珍貴蠶蟲的習俗。人們相信具有法力的符畫也一樣有用，畫中若是吉祥的玳瑁貓則尤其有效，例如這幅畫中的玳瑁白貓。

可信度。因為貓反應快、身手矯捷，摔落到半空中還能扭轉身體、調整重心，看上去確實有化險為夷的非凡的能力。在從前的人眼裡，這確實很能夠證明貓擁有超自然力量，發生致命意外後還能重獲新生。

雖然自馴化以來，貓長久以來一直有形象不佳的問題，但偶爾還是有被視為守護神的時候，只是這不見得對貓有好處。歐洲各地都曾在古老房舍的梁柱間發現木乃伊化的貓屍，人們把貓填封在牆壁，相信這樣能嚇退老鼠。在歐洲和東南亞，人也會把貓埋在田裡，以求穀物豐收。要說比較不可怕的例子，中國古代的蠶農會養貓或張貼貓的符畫，保護蠶吐絲結繭。稻作地區則有一個古老風俗，就是把貓放在提籃裡挨家挨戶拜訪，讓每戶人家在貓身上灑水，祈求雨水豐沛。

聖加道克與貓

歐洲有幾個古老的傳說提到，魔鬼會搭建橋梁，奪走第一個過橋者的靈魂。畫中，威爾斯的聖人聖加道克（St. Cadoc）把一隻貓獻給魔鬼，讓牠第一個過橋，就這麼破解了魔鬼的計謀。

民間傳說與童話故事

貓在傳統民間故事裡名聲毀譽參半，有的聰明能幹，有的狡猾鬼祟。貓在故事裡的形象，反映出歷代以來不同國家的人對於一般家貓性格的理解，或者常常是誤解。貓抓老鼠的主題尤其普遍，廣泛出現在不同文化的古老傳說故事當中，歷久不衰。

大道理

早期關於貓的故事，出現在收錄了200多則寓言的《伊索寓言》中，相傳由古希臘時代的奴隸伊索（生於公元前大約620至560年）所作。這些故事旨在闡述普世真理，其中〈維納斯與貓〉這一則寓言點出了「江山易改，本性難移」的道理。有一隻貓渴望獲得一名少年的青睞，於是請求希臘的愛神維納斯把牠變成美麗的少女。愛神答應了貓的願望，撮合佳偶。但婚禮過後，新娘子忘記自己已經是人，情不自禁地撲抓老鼠。維納斯見狀大為光火，又把她變回了一隻貓。俗話說「給貓掛鈴鐺── 鋌而走險」，典故也出自伊索的另一則寓言故事，名為〈老鼠開會〉。故事透過一隻年老的老鼠道出寓意，那就是提議冒險很容易，但找人執行就難了。

THE CAT AND VENUS

MIGHT his Cat be a woman", he said:
Venus changed her: the couple were wed:
But a mouse in her sight
Metamorphosed her quite,
And, for bride, a cat found he instead.

: NATURE WILL OUT :

MICE IN COUNCIL

AGAINST Cat sat a Council of Mice.
Every Mouse came out prompt with advice;
And a bell on Cat's throat
Would have met a round vote,
Had the bell-hanger not been so nice.

THE BEST POLICY OFTEN TURNS ON AN IF :

伊索的貓
1887年版的《伊索寓言》，以簡單的韻文為小朋友說故事，書裡收錄了兩篇主角是貓的知名寓言：〈維納斯與貓〉和〈老鼠開會〉。提供內頁版畫的是英國著名書籍插畫家華特・克雷恩（Walter Crane，1845-1915）。

貓朋友

19世紀初，德國的格林兄弟雅各和威廉既是學者也是出色的說書人，他們蒐集並改寫了眾多民間故事，其中很多都跟貓有關。在《貓鼠一窩》這篇故事中，如篇名所述，一隻貓和一隻老鼠一起做窩。老鼠包辦家事，可是貪心的貓卻處心積慮設下騙局，把冬天的存糧全部吃光。老鼠起疑心時已經太晚了，她一邊哭喊「全都沒了」，隨即也被大口吞下。故事結尾寫道：「世界就是這樣。」不過，在格林兄弟的另一篇故事《布萊梅樂隊》裡，貓、驢子、狗和公雞的合作關係就是基於相互尊重了。這四隻動物用各自的叫聲一起發出怪吼，加上爪子、牙齒和踢腿攻擊，成功嚇跑一幫強盜，占領了他們舒適的小屋。

貓和老鼠會一起出現在這麼多古老故事當中，並不令人意外。因為一直到19世紀末，人類養貓主要還是為了防治鼠害。不論在歐洲、非洲或中東，即使地域不同，一樣都能找到貓智取老鼠（偶爾也被老鼠智取）的傳說故事。

音樂同好

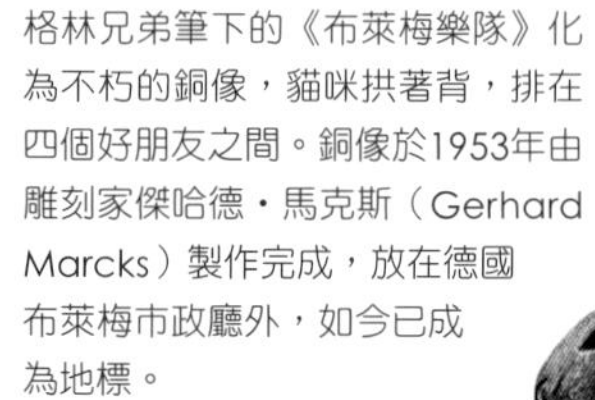
格林兄弟筆下的《布萊梅樂隊》化為不朽的銅像，貓咪拱著背，排在四個好朋友之間。銅像於1953年由雕刻家傑哈德・馬克斯（Gerhard Marcks）製作完成，放在德國布萊梅市政廳外，如今已成為地標。

攀龍附鳳

童話故事裡的貓也擅長哄騙人類，當中翹楚當屬大名鼎鼎的《穿長靴的貓》。這最初是一則古老的法國童話，原名《Le Chat Botté》，由夏爾・貝侯（Charles Perrault）所作，1697年首度出版，後來成為耶誕節長年流行的童話劇。故事的主人翁靴貓威利（Wily Puss）捏造身分，稱他一貧如洗的主人是加拉巴斯侯爵，使這個身無分文的小人物最後像童話故事常有的劇情一樣，娶到了國王的女兒。經由替主人撮合良緣，靴貓自己也過上榮華富貴的生活。

另一篇廣受歡迎的童話劇改寫自迪克・惠廷頓（Dick Whittington）的真人真事，他生在14世紀中葉，曾數度當選倫敦市長。沒有史料記載惠廷頓養過貓，但故事裡頭，迪克身邊總是跟著一隻大無畏的貓，幫助他獲得名利。現在倫敦海格區（Highgate Hill）還立有一尊貓的雕像，據說迪克當年垂頭喪氣、步履沉重地走回家時，就是在這個地點聽見教堂的鐘聲，要他回頭再試一次。

靴貓郵票

法國1997年發行的一張郵票，主角是神氣活現的靴貓，圖畫取自19世紀由古斯塔夫・多雷（Gustav Dore）繪製的插畫。

貓的故事

最引人入勝的貓傳說，有不少是在解釋貓為什麼會有今日的外表和行為。諾亞方舟的故事解釋過貓的起源。諾亞請求上帝讓方舟上的老鼠別再大量繁殖，於是上帝要他讓獅子打噴嚏，世上第一隻貓就從獅子的鼻孔裡噴了出來。在另一段諾亞方舟的故事裡，曼島貓（見164-165頁）上船時姍姍來遲，諾亞大力關上艙門，夾斷了牠的尾巴。

古暹羅（現在的泰國）流傳一則寓言，說的是暹羅貓尾巴的故事。從前，很多暹羅貓的尾巴都有明顯的彎鉤，還生著鬥雞眼，這些特徵因為不討喜，後來都在人工繁殖下淘汰。根據故事描述，有一隻暹羅貓替國王守護金杯，牠用尾巴緊握珍寶，守了好久好久，尾巴因此形成彎鉤，眼睛也成了斜視。還有一則傳統猶太民間故事解釋貓狗為什麼是世仇。創世之初，剛被創造出來的貓和狗本是朋友。但好景不常，冬天到了以後，貓進到亞當的屋裡躲避寒風，卻自私地拒絕與狗分享空間。亞當被貓狗的爭執搞得氣急敗壞，預言貓狗此後將再也不會和睦相處。

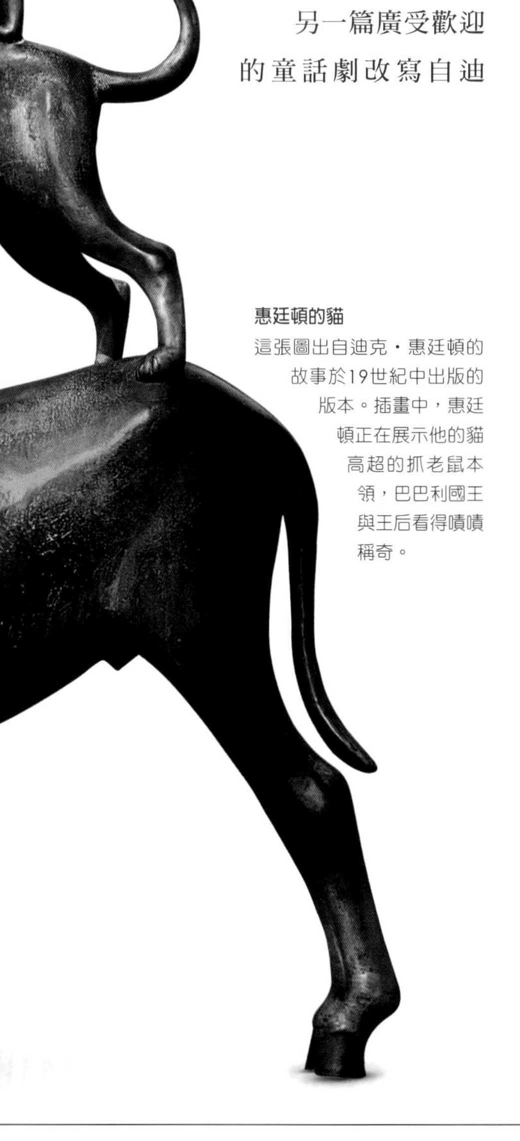

惠廷頓的貓

這張圖出自迪克・惠廷頓的故事於19世紀中出版的版本。插畫中，惠廷頓正在展示他的貓高超的抓老鼠本領，巴巴利國王與王后看得嘖嘖稱奇。

貓與文學

貓在成人文學裡大多數時候都無足輕重，多半在童書才會躍居要角。文學作品裡的貓有些寫實，有些奇幻，但就算是最奇幻的角色，通常也擁有一些特質，讓人一眼就能看出是貓。創作者往往用自家寵物當作靈感來源，創造出虛構的貓。

經典文學裡的貓

許多關於貓的故事和詩作被納為經典，即使翻譯成數十種語言，歷經無數版本，依然無損其永恆魅力。所有虛構的貓角色當中，最廣為人知的應該是《愛麗絲夢遊仙境》（1865年）中的柴郡貓，這本書由路易斯・卡洛爾（Lewis Carroll）所著，永遠改變了兒童文學的面貌。這隻瘋狂又有點詭異的貓可以任意隱身，忽隱忽現，有時只剩下一張嘻嘻笑的嘴巴，讓愛麗絲感到「頭昏眼花」。不過，「像柴郡貓一樣咧嘴而笑」這句諺語並非由卡洛爾所創，出現時間比愛麗絲還早了半個多世紀。其他比較正常的貓在愛麗絲故事的續作《愛麗絲鏡中奇遇》（1871年）中只扮演小角色，還有一隻調皮搗蛋的小黑貓因為外出探險而挨罵。

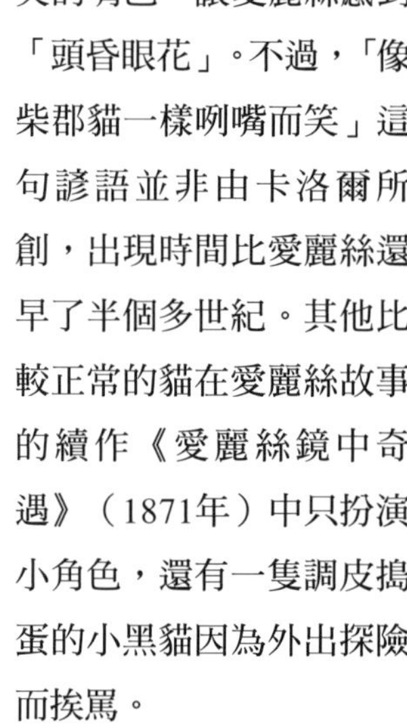

碧翠絲・波特（Beatrix Potter）故事中的大貓小貓，取材自生活在作者位於英國湖區的農莊附近的貓，但個性大概源自於她認識的小孩子。在《小貓湯姆的故事》（1907年）裡，湯姆和妹妹弄髒了他們最好的衣服，落得一身狼狽。但湯姆的遭遇在《老鼠山繆的故事》（1908年）裡更慘，他全身裹滿麵糊，被做成了「貓布丁」，等著給一對老鼠當晚餐。波特筆下的這些貓，包括湯姆、泰比莎、毛胚小姐、《格洛斯特的裁縫》（1903年）裡的辛普金，還有動作慢吞吞的商店老闆金薑，不只家喻戶曉，日後也成了無數寵物的名字。

柴郡貓的笑容
在約翰・坦尼爾（John Tenniel）為《愛麗絲夢遊仙境》繪製的經典插畫中，愛麗絲與「柴郡喵」（Cheshire Puss）——她緊張之下這麼叫他——展開令人迷惑的對話。這隻咧嘴而笑、宣稱自己瘋了的貓，成了兒童文學的一大代表。

〈獨來獨往的貓〉收錄在吉卜林的《原來如此故事集》（1902年），主角是一隻冷靜自持、精於算計的貓，「搖著野性的尾巴，踽踽獨行。」他聰明地說服一個人類家庭在營火邊給他一個容身之處。不像已經被馴養的狗、馬和乳牛，這隻貓既不是朋友，也不是僕役或牲畜，但他知道如何遵守協議，同時維持自身的獨立。

當代在英美取得接近經典地位的一本書，是芭芭拉・史雷（Barbara Sleigh）的《卡波內爾》（Carbonel，1955年）。故事裡，貓國王卡波內爾被女巫綁架，離開了他統治的王國。卡波內爾個性傲慢易怒，幫助他復位的兩個孩子一路上被捲入魔法與貓的爭端，結果發現這個貓同伴有時候很難相處。史雷還寫了兩本沒那麼紅的續集，敘述卡波內爾後代的冒險。筆名蘇斯博士（Dr. Seuss）的西奧多・蓋索（Theodore Giesel）創作的漫畫《魔法靈貓》（The Cat in the Hat），教導好幾個世代的小朋友學會閱讀。這本書最早於1950年代在美國出版，至今仍大受歡迎，瘦削、擬人化的魔法靈貓曾在多本書中登場，這是其中之一。魔法靈貓的打扮怪誕，脖子圍著圍巾，頭戴一頂條紋高帽，是歡樂的搗蛋大王。書中以簡單通順的韻文敘述魔法靈貓的英勇事蹟，他四處惹麻煩、搞破壞，全是為了在下雨天逗無聊的孩子開心。

魔鬼與偵探

針對成年讀者所寫的小說裡，貓很少是主角。少數幾個令人難忘的例子當中，最嚇人的應該就屬俄國作家米海爾・布爾加科夫（Mikhail Bulgakov）魔幻慧黠的諷刺小說《大師與瑪格麗特》（作者死後才於1967年出版）一書中，那隻體型龐大、陰氣逼人、蠻橫強勢的巨大黑貓。至於說到純粹的恐怖，少有人比得過愛倫坡的短篇故事〈黑貓〉（1843年）。故事裡，遭主人殺害的貓陰魂不散，糾纏酗酒的主人。

邪惡巨獸

米海爾・布爾加科夫的諷刺小說《大師與瑪格麗特》當中那隻用兩條腿走路的巨大黑貓名叫「河馬」（Behemoth），是撒旦身邊不太受到尊敬的隨從。他的名字取自《舊約聖經》中〈約伯記〉裡描述的巨獸。

海明威的貓

美國作家恩斯特・海明威也是愛貓之人，他在佛州基威斯特的家裡養了幾隻多趾貓。這些貓的後代有4、50隻還生活在現今的海明威紀念館附近，其中很多是多趾貓。

近幾十年來，偵探小說的文類裡，利用貓翻轉劇情的體裁已經廣受歡迎，一般稱之為「貓咪推理」。類似的書接二連三出版，細節雖然有所變化，但主題大多不外是小鎮上的新手偵探與機靈的貓助手搭檔辦案。這類小說在書店架上日益氾濫，與傳統的犯罪小說陳列在一起。

詩中的貓

不同於小說家，詩人倒是從貓身上獲得不少靈感。湯瑪斯・格雷（Thomas Gray）以〈弔愛貓溺死金魚缸中〉（1748年）一詩為寵物哀悼，濟慈的〈致貓的十四行詩〉（約1818年）則流露真情，感念一隻身形憔悴、氣喘吁吁的棄貓。威廉・華滋華斯（1770-1850）也曾受到小貓與樹葉玩耍的情景感動，提筆作詩。比起上述作品，更常被引用的是愛德華・李爾（Edward Lear）無俚頭的打油詩〈貓頭鷹與貓〉（1871年）。近代以貓為題的詩中，最有趣的一些出自T.S.・艾略特的詩作《老負鼠的貓經》（1939年）。艾略特這首詩和李爾一樣是為孩童所寫，但他筆下的貓，性格聰慧逗趣，老少咸宜。

作家的謬思

包括艾略特在內，很多作家在孤獨的寫作生活中都選擇養貓為伴。以編纂《詹森英語辭典》（1755年）聞名的山繆・詹森博士（Samuel Johnson）最喜歡的貓叫霍吉（Hodge），如今已化為銅像，放在倫敦的詹森故居外。查爾斯・狄更斯（1812-1870）在小說裡認為貓和他筆下一些猥瑣的角色是天作之合，但他本人其實很愛貓，寵物死後，他因為太過思念，把貓掌製成標本擺在案頭。海明威（1899-1961）沒有拿他養的六趾貓「雪球」的腳掌做標本，但雪球的後代倒是還留在佛羅里達州基威斯特，生活在已改建成紀念館的海明威故居，成了那裡的觀光名勝。

詹森博士的愛貓「霍吉」

倫敦一座安靜的廣場上，山繆・詹森博士的愛貓霍吉的銅像坐在主人故居屋外，腳邊散落著牡蠣殼，是牠平常吃剩的食物。

貓與藝術

自古埃及時代以來，貓不時會出現在象徵畫或宗教藝術作品之中，但一直要到18世紀，貓才以寵物之姿入畫。長久以來，西方藝術家不斷努力想透過繪畫捕捉貓飄忽不定的天性，但大多失敗。反而是東方藝術超前領先，畫出貓的真實樣貌。到了現代，對貓的詮釋就和藝術家的想像力一樣千變萬化。

由於涉及魔法妖術（見第26頁），貓是中世紀歐洲最不受歡迎的馴化動物，因此直到邁入近代以前，貓都鮮少出現在歐洲藝術中。中世紀教堂和主教座堂內的浮雕尚能發現一些早期的貓形象，呈現貓在迴廊間或齋堂內捉老鼠的畫面。中世紀最美的某些貓插畫出現在「動物寓言集」（bestiary）裡，這是一種有泥金裝飾的手稿，描繪的動物既有真實的也有幻想的。這類手稿不是中世紀的野外觀察圖鑑，也不關乎自然歷史，而是用來教人道德觀念。貓也出現在中世紀的聖詠經和時禱書的頁邊插畫中。

文藝復興時期

文藝復興時代的大藝術家偶爾會把貓畫入作品，當成不起眼的細節。荷蘭畫家耶羅尼米斯・波希（Hieronymus Bosch，約1450-1516年）繪有三聯畫《塵世樂園》（Garden of Earthly Delights），擁擠的寓言場景一角，可以看見一隻斑點貓嘴上叼著一隻老鼠。波希的另一幅畫《聖安東尼的誘惑》裡，有一隻貓從帷幕下探出身子抓魚。牠嘴巴大張，雙耳尖長，看起來不像貓，更像一隻小魔鬼。

日本木版畫

歌川國芳（1798-1861年）是日本最有名的畫家之一，他色彩美麗的印刷畫裡常常能見到貓。進入現代之前，日本藝術家在描繪貓的個性方面是技高一籌的。

文藝復興時期的貓

多明尼可・巴托羅（Domenico di Bartolo）的壁畫《照料病人》（1440年左右）是典型文藝復興時期的作品，貓在畫中的角色無足輕重。這幅畫裡，義大利西埃納聖母教堂醫院的醫生和病患都無視一旁即將開打的貓狗大戰。

達文西（1452-1519年）非常著迷於動物的動作。他曾在一張繪有各種動物（包括一頭小龍）的手稿裡，素描貓玩耍、打架、清理身體、潛行和睡覺的姿態。他在《聖母與聖子》畫中也加了一隻貓，很可能是為之後要畫的主題做研究。畫中嬰兒耶穌坐在母親膝頭，手裡緊抓著一隻貓，貓拼命想要掙脫。

中世紀宗教畫作裡的貓，可能潛伏在椅腳後面，可能躲在桌子底下，往往都被解讀成罪衍的象徵，例如淫慾、欺騙和異端邪說。不過，以現代眼光看這些畫時，不免會猜想，這些藝術家讓貓入畫說

貓咪的午餐
這隻由人服侍用餐的貓，被瑪格麗特・傑拉德（Marguerite Gérard）畫了下來，她的妹婿是知名洛可可藝術家尚－奧諾雷・福拉哥納爾（Jean-Honore Fragonard）。跟很多那個時代的藝術家一樣，傑拉德雖然筆觸細膩，貓毛幾乎根根分明，卻未能畫出貓的神韻。

不定純粹因為貓是家庭生活的尋常一景。就算沒有特別喜歡貓，也隨時能拿貓當臨摹對象。至少，在威尼斯畫家保羅・威羅內塞（Paolo Veronese，1528-88年）以耶穌的某一次神蹟為題材創作的畫作《迦拿的婚禮》（The Wedding at Cana）中，那隻在酒甕旁嬉戲的貓看上去只是愛玩，並不邪惡。

貓伴侶

到了18世紀，貓作為家庭寵物的地位逐漸穩固，不再只被視為抓老鼠的工具。以肖像畫的主題來說，貓受歡迎的程度仍遠遠不及狗和馬，但至少當時一些一流的藝術家曾短暫注意到貓，尤其在英格蘭。威廉・霍加斯（William Hograth，1697-1764年）就把一隻虎斑家貓畫進肖像畫《格蘭姆的孩子》，他所繪的一幅倫敦街景裡，也出現一對打架的貓，牠們被人從尾巴吊在街燈柱上，點出了時人習以為常的殘忍行為。擅長畫鄉村風光的喬治・莫蘭（George Morland，1763-1804年）畫過自己養的貓，貓明顯吃得很好。動物畫大師喬治・史塔布斯（George Stubbs，1724-1806年）所畫的小貓，複製畫在21世紀炙手可熱。在法國，尚－奧諾雷・福拉哥納爾（Jean-Honore Fragonard，1732-1806年）的作品甚受上流社會喜愛，他發現替年輕仕女畫肖像時，貓有時是很好的陪襯。

18世紀，較不知名的藝術家繪製的貓畫像也大量增加，這些畫平庸無奇，畫中的貓通常是小孩的玩伴，有些故作滑稽的場景裡會看到貓被人穿上洋娃娃的服裝或被迫跳舞，尊嚴盡失。蓬鬆雪白的貓似乎是最受歡迎的模特兒，形似今天的安哥拉貓。這類肖像雖然大多把貓的毛髮與身體特徵畫得十足精細，但貓微妙的神韻和動作顯然難倒了藝術家。畫中的貓依然僵硬得古怪，既不優雅也不美麗。

波希的貓
在耶羅尼米斯・波希的寓言畫《塵世樂園》裡（1500年左右），角落裡叼著老鼠溜走的貓為狂野又奇幻的場景增添了一抹微小而清晰的日常感。

活靈活現
這隻胖嘟嘟又自得其樂的虎斑貓畫得簡單卻極度寫實，是東方藝術家為貓畫的諸多可愛肖像當中有趣的一例。這幅畫大約繪於19世紀中葉。

東方表現

好幾世紀以來，貓一直是東方藝術的重要題材。整體而言，即便在其他地區的貓都遭到懷疑與厭惡的時期，亞洲的貓仍受到很大的敬重。東方畫家比西方畫

《三隻貓》（1913年）
表現主義藝術家法蘭茲・馬克用強而有力的幾何線條與鮮豔的色彩畫貓，貓的形象在背景反覆交疊，形成分割不了的整體。這幅畫大膽奔放，描摹出貓變幻無窮的動作姿態，令人驚豔。

家更早懂得懷抱同情與理解之心來描繪貓。最細膩的貓畫和貓印刷品，部分出自於18至19世紀的日本藝術家之手。這些日本貓以極其輕柔的水彩筆觸，或利用木版印刷，印繪在絲帛和羊皮紙上，只見牠們在花間嬉戲、用雙掌拍擊玩具、站立搗蛋，或有美人在旁撫摸或責備。不論是睡是醒，這些貓都栩栩如生，表現出貓科動物所有活潑又神祕的天性，這點在同時期的歐洲藝術中是極度缺乏的。

印象派的貓

大約19世紀中葉起，藝術家看貓的方式漸漸有所不同，不再只專精於毛髮和鬍鬚，而更著重貓的特色，為貓注入了生命。法國印象派運動最為人稱道的一位藝術家雷諾瓦（Pierre-Auguste Renoir，1841-1919年），就多次畫出成功的貓。儘管他畫中的主角看起來大多昏昏欲睡，例如《酣睡的貓》裡頭那隻虎斑貓，但雷諾瓦畫的貓依然成功表現出所有貓科動物與生俱來的那股沉著自持。另一位法國藝術家馬內（Edouard Manet，1832-1883年），作品涵蓋印象主義和寫實主義元素，他也把自家的貓畫進幾幅畫中，例如馬內妻子的肖像畫《女人與貓》（La Femme au Chat）。這隻怡然自得的米克斯簡直就是高尚品性的代表。不過，馬內《奧林匹亞》（Olympia）這幅畫裡的黑貓，意義就截然不同。這幅畫在1863年首度展出時引起公眾譁然。黑貓拱起後背，不安地站在一名姿態撩人的裸體妓女腳邊，暗示畫家再次把貓當成了淫慾的象徵。

當19世紀邁入最後十年，後印象主義風起雲湧之際，藝術家仍持續陶醉於貓的性格魅力。他們的詮釋方式都很有個人色彩，雖然有些知名的貓畫還是相當傳統，例如高更（Paul Gauguin，1846-1903年）那幅可愛的《咪咪與她的貓》（Mimi et son chat），畫中一個胖嘟嘟的幼兒正在和一隻黃白花貓玩耍。亨利・盧梭（Henri Rousseau，1844-1910年）畫的多半是大貓——眼神瘋狂的獅子老虎，棲息在如夢似幻的異國叢林。但盧梭的作畫題材也包括比較居家的動物，例如《虎貓》（Tiger Cat）和《皮耶・洛蒂的肖像畫》（Portrait of Pierre Loti）中那些表情木然的虎斑寵物貓。

現代的貓

到了20世紀初，藝術作品中的貓經歷了更劇烈的風格變化。皮耶・波納爾（Pierre Bonnard，1867-1947年）所畫的《白貓》沒有任何熟悉的家居感，這隻幽默古怪的生物弓著背而立，四腳長得不像話、活像高蹺一樣，眼睛瞇成兩道陰險的狹縫。德國表現主義畫家法蘭茲・馬克（Franz Marc，1880-1916年）

《皮耶・洛蒂的肖像畫》（1891年）
無師自通的畫家亨利・盧梭，在這幅替法國作家皮耶・洛蒂與寵物所繪的雙人肖像畫中，用獨特的風格完美捕捉到貓與人的直率性情。

以高明的手法捕捉到貓的體態和動作，但全用鮮艷的藍、黃、紅色和彎曲的幾何形狀來表現。畢卡索（Pablo Picasso，1881-1973年）愛貓，貓在他的作品裡反覆出現，多幅貓把小鳥撕成碎片的陰森畫作突顯了貓的殺手本能。貓的獵人身分也是其他現代藝術家探討的主題，包括保羅・克利（Paul Klee，1879-1940年），他的《貓與鳥》（Cat and Bird）把主題表現得一清二楚，風格化的貓從畫布上向外瞪視，腦袋裡明顯想著一隻鳥。

安迪・沃荷（Andy Warhol，1928-1987年）是1960年代普普藝術運動的開山祖師，熱衷養貓，擁有好幾隻貓（似乎全都叫「山姆」）。他也是一位喜歡鮮明色彩的藝術家，他那一系列五彩繽紛、姿勢各異的貓，是描畫照片再著色而成，如今是他最受歡迎的印刷品。

並非所有現代藝術裡的貓都是風格化或脫離傳統的，但有些平凡的貓卻是出現在令人不安的場景中。例如，在法國藝術家巴爾蒂斯（Balthus，1908-2001年）筆下，尋常無比的貓在青春期少女身邊休憩徘徊，大幅提昇了畫中的情慾氛圍。巴爾蒂斯還畫過一幅自畫像，取名為《貓中之王》，畫中的他是個傲慢慵懶的年輕人，一隻胖大虎斑貓在他腳邊乞憐，一根馴獸師的皮鞭近在手邊。但可能少有幾幅貓畫能像佛洛伊德（Lucian Freud，1922-2011年）的《女孩與小貓》那麼令人不安。畫裡的女孩以佛洛伊德的第一任妻子琪蒂・嘉曼為模特兒，只見她緊張僵硬，似乎渾然不覺自己正勒著貓的脖子，貓則毫無反抗、眼神空洞。

相對於這些引人遐思的意象，大衛・哈克尼（David Hockney，1937年生）的雙人肖像畫《克拉克夫婦和波西》中，那隻暫時被取名「波西」的白貓看似十分平常，蹲坐在克拉克先生的大腿上。然而，這並未阻止評論者給波西的存在添上象徵意義，包括貓代表不忠這個老掉牙的說法。

《黑貓》（1896年）
西奧菲・史坦倫繪製的廣告海報，恰如其分地表現出這間巴黎夜總會沙龍淫靡的氛圍。上頭的黑貓成了海報藝術的經典圖案，來到21世紀依然魅力不減。

海報人物

貓的繪畫和素描並不侷限於主流藝術。長久以來，貓一直都是海報和賀卡等一般印刷品插畫家熱愛的題材。維多利亞時代晚期，面向大眾市場最多產的貓藝術家是路易斯・韋恩（Louis Wain，1860-1939）。他為卡片、書籍和雜誌畫了大量逗趣且富有想像力的貓咪插圖，至今仍有不少收藏家四處蒐集。韋恩最知名的代表作品多以擬人化的貓為主角，打扮得人模人樣，會玩撲克牌，整體而言享受著跟人類一樣的社交生活。

另一位作品流傳逾百年的通俗插畫家，是瑞士畫家西奧菲・史坦倫（Theophile Steinlen，1859-1923年）。他常畫貓，留下不少自然寫實的細膩素描，但他最出名的是海報藝術。史坦倫於19世紀為巴黎一家夜總會兼藝文沙龍繪製的新藝術風格廣告海報「黑貓」已經成了一個熟悉的圖像，經常被印在托特包、明信片和T恤上。

21世紀靈感來源

貓在21世紀依然是藝術家的靈感泉源。牠們出現在繪畫、印刷品、照片和影片中，傳統的、媚俗的、詭異的、荒誕的都有。大型藝廊舉辦展覽，展示幾個世紀以來的「貓藝術」。任何養貓的人只要付一點錢，就能委託動物肖像畫家為珍愛的寵物留下永恆身影，風格任君選擇。網路瘋行把貓合成到世界名畫裡，也為愛貓人帶來不少樂趣。在大師的傑作裡加入一隻胖嘟嘟的大黃貓，頓時有了「畫龍點睛」之效，作品包括達文西的《蒙娜麗莎》和波提切利的《維納斯的誕生》，甚至是達利的《蜜蜂的飛行》（Dream）——在這裡，超現實主義畫家筆下原本跳躍咆哮的猛虎，變成了溫良得多的貓咪。

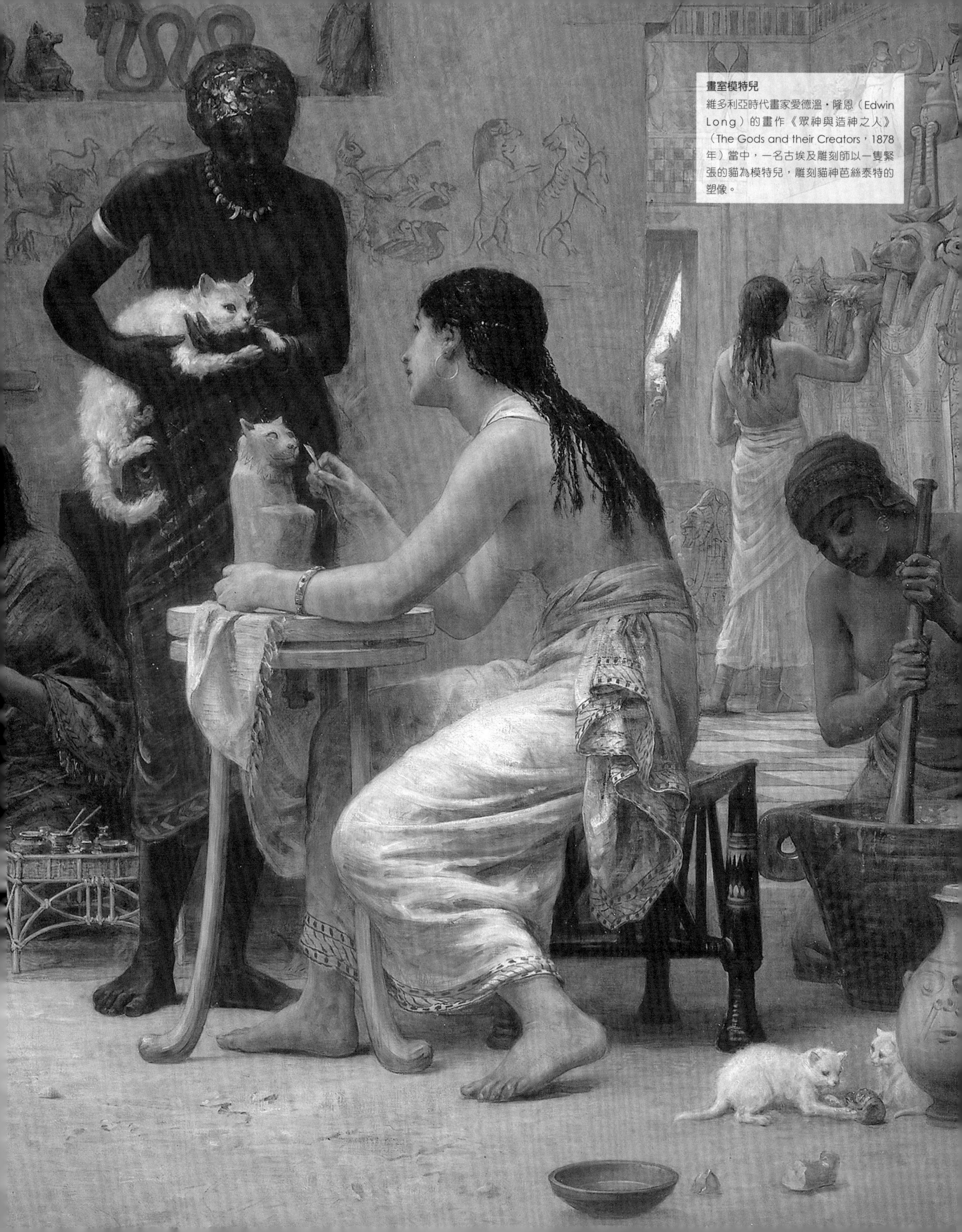

畫室模特兒

維多利亞時代畫家愛德溫・隆恩（Edwin Long）的畫作《眾神與造神之人》（The Gods and their Creators，1878年）當中，一名古埃及雕刻師以一隻緊張的貓為模特兒，雕刻貓神芭絲泰特的塑像。

貓與大眾娛樂

貓雖然迷人，但因為遠不及狗兒聽話，在影視娛樂界並未和狗一樣躋身超級巨星。不過，貓的個性和怪癖使牠們成為許多卡通人物的靈感來源，廣告人也都很清楚貓具有什麼樣的視覺魅力。新一代「貓咪網紅」的崛起，是貓在21世紀的成功故事。

電影明星

服從命令不是貓的天性，貓最擅長的是我行我素。電影導演並未放過運用貓這項才能的機會，很多演員都曾和貓一齊登上大銀幕，這些貓光靠現身就能搶盡風采。一個經典的例子是電影《第凡內早餐》（1961年）裡，與貪圖享樂的女孩荷莉・葛萊特利（奧黛麗・赫本飾）結為好友的那隻令人難忘的橘色公貓。更近一點還有另一隻橘子貓──蓬蓬鬆鬆、鼻子扁塌的「歪腿」，在《哈利波特》系列電影中飾演的小角色使牠知名度大開，首度亮相是在《哈利波特與阿茲卡班的逃犯》（2004年）。歪腿事實上由兩隻貓飾演，貓演員多半會共演一個角色，有時一個角色會由多達四、五隻外表相似的貓演出。

把貓和壞人組合在一起是一種老掉牙的電影橋段。包括《雷霆谷》（1967年）和《007：金剛鑽》（1971年）在內，很多部龐德電影的大反派都是性情殘酷、殺人如麻的恩斯特・布洛費，他會一面撫摸他那隻雪白美麗的波斯貓，一面謀畫統治世界。《王牌大賤諜》系列電影（1997、1999和2002年）惡搞了貓與壞蛋同盟的主題，片中的斯芬克斯無毛貓「畢勾沃斯先生」（絕對不能惹牠不高興）是自大狂「邪惡博士」的寵物，兩個一樣無毛。

卡通人物

真實世界的貓明星雖然很少，但很多卡通貓都在影史上爭得了一席之地。菲力貓（Felix the cat）是所有卡通貓的原型，這個精靈古怪的小角色在1920年代因卡通默劇走紅，至今仍在漫畫和電視上備受歡迎。菲力貓之後，有卡通《樂一通》（Looney Tunes）裡的黑白丑角貓「傻大貓」（Sylvester）。《樂一通》是1930年代到60年代晚期由華納兄弟娛樂公司製播的一系列卡通短片。傻大貓兩頰長著蓬鬆的鬍鬚，講話口齒不清，老是浪費大把精力想抓到金絲雀崔弟（Tweety Pie）。同樣倒楣的還有《湯姆貓與傑利鼠》的湯姆貓，從1940年代到2000年代，卡通已經不知播了多少集，湯姆貓還是鬥不贏傑利鼠。所有卡通貓之中，最有名的也許是動畫《小姐與流氓》（1955年）裡那一對壞心眼的暹羅

無名貓
電影《第凡內早餐》中，意外與荷莉・葛萊特利（奧黛麗・赫本飾）成為室友的流浪貓沒有名字。這隻可愛的橘貓在現實生活中名叫「阿橘」，是經驗豐富的演員，演出過許多角色。

美貓與野獸
龐德電影中的大魔頭恩斯特・布洛費（照片為《007：金剛鑽》劇照，由查爾斯・葛雷飾演），雖然是瘋狂冷血的殺手，但也愛貓成癡。他的代表寵物是一隻雍容華貴的白波斯貓。

貓。在牠們的重頭戲裡，牠們若無其事地把客廳搞得一團亂，留下主角可卡犬「小姐」獨自挨罵。大獲好評的《怪貓菲力茲》（Fritz the Cat，1972年）則是一部黑暗得多的卡通喜劇，描述一隻生活在紐約、整天吃喝玩樂的貓，由於內容公然涉及政治和性，因此屬於限制級。《鞋貓劍客》（2011年）是古老童話（見28-29頁）的現代改編，神氣活現的鞋貓劍客在片中遇上眾多其他童話故事的角色，例如蛋頭先生和《傑克與豌豆》裡的傑克。

劇場的貓

比起電影，貓在劇場舞臺更不可能挑大樑擔任主角。但安德魯・韋伯的獲獎音樂劇《貓》，劇中演員把貓演得唯妙唯肖、傳神到位，自1981年在倫敦首演以來，吸引無數觀眾為之著迷。改編自T.S.・艾略特的《老負鼠的貓經》（見30頁），劇作巡迴全球，掀起讚譽。

另一方面，「劇院貓」倒是由來已久。曾經有一段時期，幾乎每間大型劇院都有貓坐鎮抓老鼠。觀眾席散落垃圾會吸引老鼠，這些貓有助於抑制鼠輩數量，受到演員和舞臺工作人員一致喜愛。劇院的貓在演出期間漫不經心地散步到舞臺上，在腳燈前梳洗身體，或是大鬧道具室，這類故事多有耳聞。現在防治害蟲有了其他手段，極少數留在劇院裡的鎮院老貓，往往嚴格禁止接近舞臺。

「貓咪馬戲團」是貓在演藝事業上比較新的發展，但也備受爭議。巡迴演出的貓咪馬戲團近來在美國和莫斯科特別受歡迎。俄羅斯最大的一間公司，旗下有大約120隻貓受訓表演雜技。馬戲團會配合各式主題，安排浮誇的表演，包括貓走鋼索、貓騎木馬、貓踩大球。不論受到多麼人道的對待，但讓貓為了娛樂觀眾而表演，道德上仍有極大的爭議。

芭蕾舞角色

貓的身體柔韌，儀態優雅，但不論是古典或現代芭蕾舞劇，都沒有多少貓的角色，這點或許令人詫異。芭蕾舞劇中的少數貓，有兩隻出現在柴可夫斯基《睡美人》（1890年首演）劇中最後一幕，剛甦醒過來的奧蘿拉公主舉行婚宴，眾多童話故事角色翩翩起舞，靴貓也與一隻白貓跳起雙人舞。至於《愛麗絲夢遊仙境》（2011）一劇中，在舞臺上下詭異飄浮的巨大柴郡貓並不是舞蹈角色，貓的頭和身體由一整套各自獨立的零件組成，由傀儡師幕後操作。

哥倆好，一對寶
卡通史上名氣最響亮的貓和老鼠，湯姆貓與傑利鼠，從1940年代起就開始鬥智鬥勇，偶爾也會產生短暫的友情。

Black Cat®

黑貓牌
選擇用一隻黑貓來當煙火的品牌圖案似乎很奇怪，因為貓大多害怕爆炸巨響，但這個幸運符號顯然發揮了功效。黑貓牌煙火是目前全世界規模最大、經營最成功的煙火製造商之一。

銷售能力

廣告界用貓宣傳已有超過一個世紀的歷史。早在1904年，就有香菸品牌採用黑貓當作商品形象。如今，兩隻巨大的黑貓雕像立在這家菸草公司位於倫敦的舊工廠入口。寵物食品用各種貓當商標，除此之外，貓還是代表舒適自在的絕佳意象，因此自然也是推銷厚絨地毯、精品家具和室內暖氣系統的首選。在時尚攝影界，苗條的純種貓是高貴風格的代表，與優雅的模特兒一起入鏡為香水、服飾和珠寶打廣告，是最完美的組合。

網路紅星

21世紀有個現象，就是網路上貓咪的照片和影片暴增。張貼古怪逗趣的貓咪短片起初只是一種風潮，對少數人而言卻演變成了大商機，尤其在美國。某部影片在網路瘋傳以後，某隻擁有醒目特徵的貓，又或是一隻會「彈琴」表演才藝的貓，就會一夕爆紅，吸引忠實粉絲訂閱追蹤，有些還能因此接到酬勞豐厚的廣告合約、電視節目通告或個人出場活動，有能力賺進百萬美元。同樣在網路上人氣極旺的，還有線條簡單的動畫影集「西蒙貓」（Simon's Cat，2008年起公開），素描畫風的喜劇短片，記錄一名老是被耍的主人還有他愛引人注意的貓咪之間的滑稽趣事。

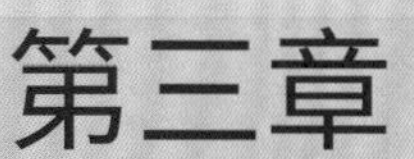

第三章

貓的生物學

腦與神經系統

神經系統控制貓的身體，由神經細胞（神經元）與神經纖維組成，神經纖維連接身體各個部位，傳遞又稱為電信號的神經衝動。腦會分析貓的眼睛和耳朵等感覺器官所接收到的刺激，以及發自貓體內的訊息，再透過刺激肌肉活動或促使身體釋放化學傳導物，改變身體動作。這些化學傳導物稱為激素，可調節體內化學作用。

貓的腦部結構與其他哺乳動物相似，最大的區塊是大腦，掌管行為、學習、記憶及解讀感官訊息。大腦分成左右兩個大腦半球，由各具功能的腦葉組成。位在腦部後方的小腦負責微調軀幹與四肢的運動。腦內其他結構還包括松果腺、下視丘和腦下垂體，這些也是內分泌系統的一部分。腦幹連接腦部與脊髓，脊髓沿著俗稱脊椎骨的脊柱向下延伸。

皮質褶皺

一隻貓的腦可重達30克左右，還不到全身體重的百分之一，與人腦（占體重百分之2）比起來相對小，甚至也比狗的腦（占體重百分之1.2）來得小。家貓的腦也比近親野貓小了25%左右。之所以會縮小，主要是因為野貓用以量測大範圍狩獵地盤的腦部區塊，對家貓而言已不再需要，畢竟家貓大部分的食物愈來愈仰賴人類提供。貓的大腦表層（皮層）褶皺比狗多上許多，皮質褶皺讓囊括神經元細胞體（又名「灰質」）的大腦皮層數量大幅增加，使頭骨有限的空間內能容納進更多細胞。一隻貓的大腦皮層有大約3億個神經元，幾乎是狗的兩倍。皮質褶皺愈多，腦部運作能力愈強，在人類看來代表智力愈高。

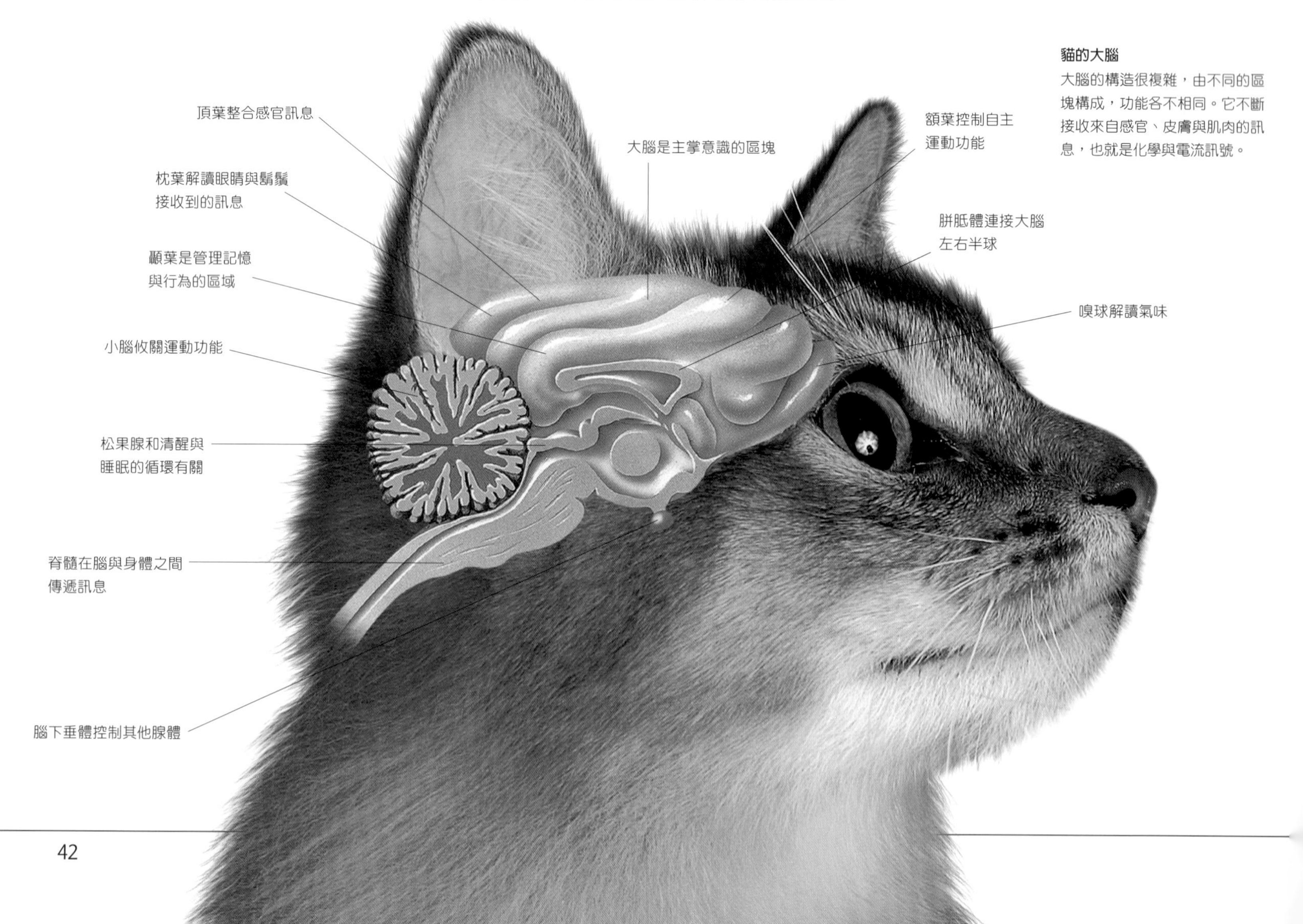

貓的大腦
大腦的構造很複雜，由不同的區塊構成，功能各不相同。它不斷接收來自感官、皮膚與肌肉的訊息，也就是化學與電流訊號。

發達區塊

腦部負責解讀感官訊息的區塊，在貓身上特別發達。舉例來說，貓接收眼睛訊號輸入的視覺皮層，包含的神經元比人腦的相通區塊還多。視覺是貓狩獵時最重要的感官。控制貓掌運動抓握的區塊也很精細，所以貓掌出奇地靈巧，貓在抓取或擺弄獵物和玩具時，操控腳掌的方式幾乎就像人的手。這項能力與其他狩獵行為，例如潛行、猛撲和啃咬，似乎是貓腦內預設的本能。小貓與同窩的兄弟姊妹玩耍時，會自然而然地練習起打獵技巧。接觸不到野生獵物的家貓，一樣會利用玩具鍛鍊捕食技巧。

貓的腦部有內建的方向羅盤。腦前額一個區塊含有鐵鹽，能感測地球磁場。這副天生的指南針有助於貓巡視地盤，或許也能解釋為什麼有些貓被拋棄在外，依然有辦法走數百公里回到原來的家。貓的腦部也能依照太陽運行辨認出不同時間。有這樣的生理時鐘，貓很快就學會每天應該何時出來覓食。

中樞神經與周邊神經系統

腦與脊髓（包含大量神經纖維）合稱中樞神經系統（CNS）。其他神經系統，包括從中樞神經系統分支出來的神經纖維，以及名為神經節的細胞叢集，則稱作周邊神經系統（PNS）。周邊神經系統經四肢和身體器官與中樞神經系統相連。周邊神經系統有部分神經纖維會傳送電信號到中樞神經系統進行分析，其他神經纖維則把信號往反方向送，觸發身體反應。周邊神經系統某些部分受自主意識控制，例如讓貓能搖尾巴表示生氣或撲抓老鼠的神經，其他部分則不受自主控制，在無意識的狀態下影響身體內部運作，例如調節心跳或消化機能。

周邊神經

皮膚、肌肉和其他身體內部器官的神經纖維，會傳送電子信號給中樞神經系統分析，再由中樞神經系統回傳指令信號。

顏面神經控制表情

腦神經控制頭部

橈神經是前腿的主要神經

大量神經通往腳掌

脊髓被脊柱包覆，隸屬於中樞神經系統

周邊神經替中樞神經系統來回傳遞訊息

成對的脊髓神經

薦神經和腰神經控制臀部

尾椎神經協助移動尾巴

陰部神經支配生殖器官

股神經是後腿的主要神經

激素

神經系統與內分泌系統配合密切。由腦部腦下垂體分泌的激素，左右著其他許多激素的生成，如調節新陳代謝、壓力反應和性行為的激素也都包含在內。

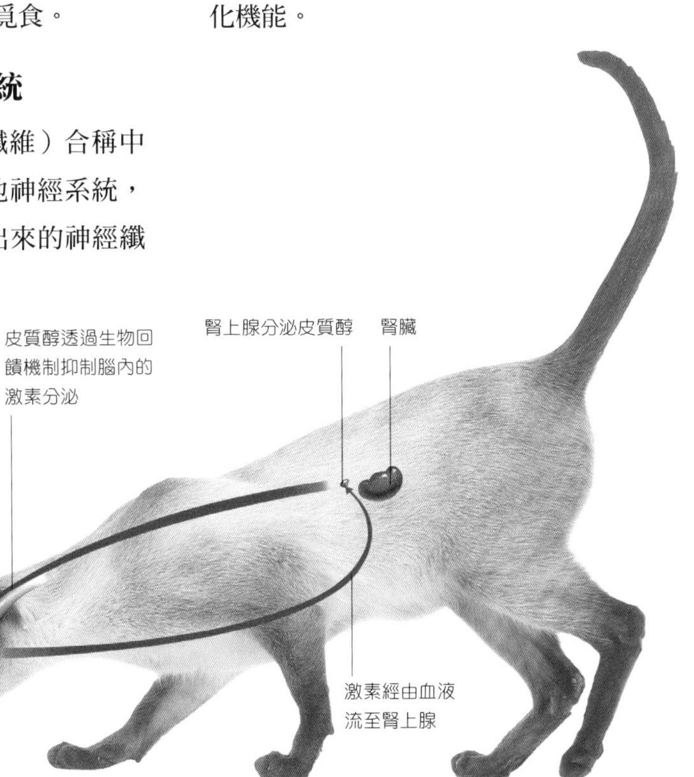

生物回饋

一聞到隱含危險的氣味，激素連鎖反應就會觸發貓戰鬥或逃跑的反應。一旦威脅解除，皮質醇就會透過生物回饋機制，抑制原本觸發反應的激素分泌。

淺眠易醒

貓出了名地愛睡覺，睡眠時間長，一天能睡上16小時。但這當中有大約七成的時間，貓的腦部會繼續感知聲音和氣味，萬一遇上危險或出現獵物，貓就能立刻起身行動。

貓的感官知覺

貓和人類一樣，透過視覺、聽覺、嗅覺、味覺、觸覺這五種感官來了解外在世界。這些感覺器官蒐集訊息，經由神經傳送到腦部接受解讀。數百萬年來，貓的感官歷經演化，以適應未馴化前的生活型態——夜行獵者，擁有優異的夜間視力和絕佳的聽覺與嗅覺。

視覺

貓有一雙大眼睛，夜晚能發揮最大功效，因為貓的主要獵物老鼠在夜間最為活躍。視桿細胞是負責在微弱光線下呈現黑白影像的感光體，在貓的視網膜上，視桿細胞數量多於視錐細胞（負責彩色影像），比例為25:1（人類是4:1）。貓看得到顏色，但對貓而言，顏色的重要性不及夜間視力。貓看得到藍色和黃色，但紅色和綠色看來大概都是灰的。白天在日光下，貓的瞳孔會縮成一道垂直細縫，保護眼睛免於強光照射。

貓的視覺比人類敏銳很多。這麼大一雙眼睛要聚焦很費力，因此貓普遍有遠視，看不清楚眼前30公分以內的物體。貓的眼睛比較擅於偵測動態。與其他很多捕食者一樣，貓的雙眼朝向正面，總視野範圍大約200度，兩眼之間重疊140度，重疊處有雙眼視覺，讓貓能看出景深，進而能精準判斷距離，這是狩獵成功不可或缺的條件。

聽覺

貓的聽力絕佳，從40赫茲到6萬5000赫茲的音頻範圍都聽得到，比人類能聽見的聲音（最高2萬赫茲）高了兩個八度，已進入超音波範圍。這麼廣的頻率涵蓋了所有對貓而言重要的聲響，包括其他貓和天敵的叫聲，還有老鼠窸窣的腳步聲和高頻的吱吱聲。貓可以個別轉動外耳殼，對準聲音來源，最多能轉180度。耳廓的構造也讓貓得以判斷傳出聲音的高度，這對需

夜間視力

貓在黑暗中，瞳孔會放大成人類瞳孔放大時的三到四倍，讓最細微的光線也能進入眼睛。貓的視網膜後方還有一層名為閃光毯的反射層，能進一步提升貓的夜間視力。只要是進入眼睛但視網膜沒捕捉到的光線，都會經閃光毯反彈，重新通過視網膜，讓貓眼的感光度提高多達40%。

入夜之後
夜裡有光線照射到貓的眼睛時，閃光毯看起來就像一個明亮的金色或綠色圓盤。

超級感官
貓以超級感官出名：眼睛有夜視能力，耳朵能聽見人類聽不到的高頻音，鼻子嗅覺敏銳，還有鬍子能讓牠們在全然的黑暗中摸黑前進。

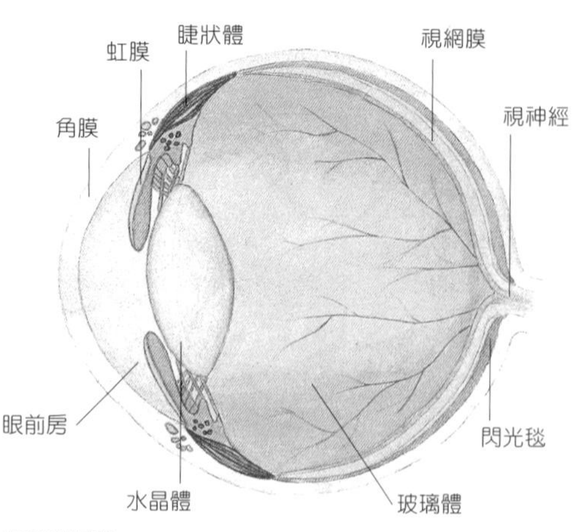

眼睛與視覺
貓眼是一個中空的球體，裡面裝滿光線可以通過的透明液體。光線經由角膜和水晶體聚焦，在感光的視網膜上形成影像。

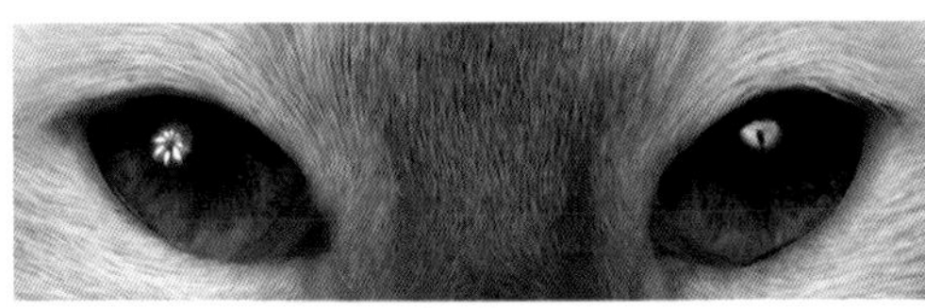
藍色杏眼

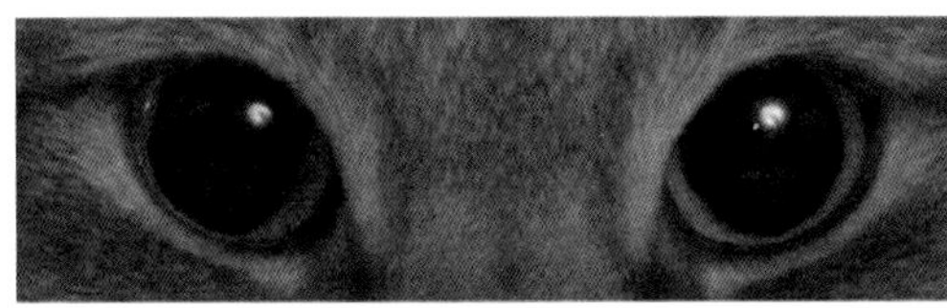
綠色鳳眼

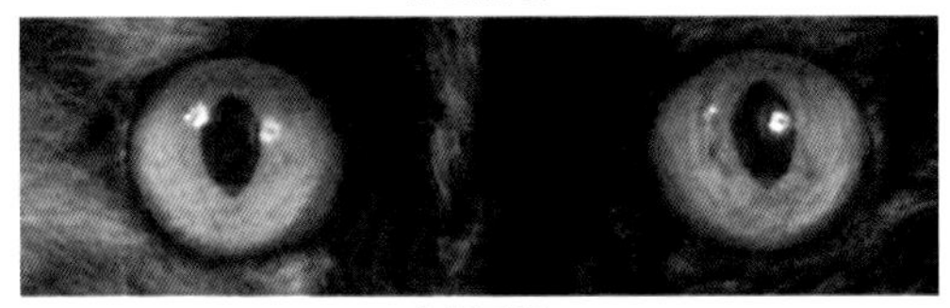
金色圓眼

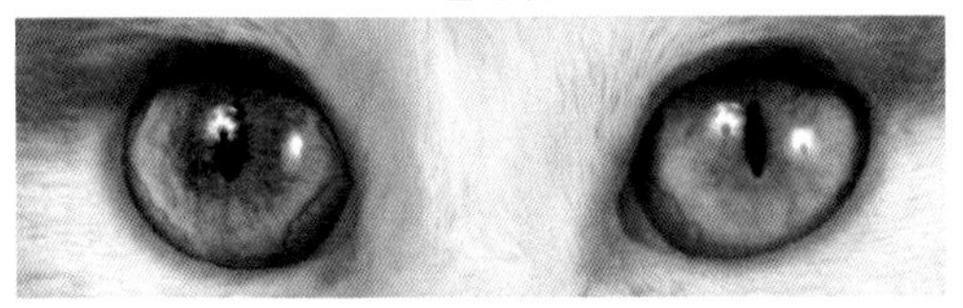
異色圓眼

眼睛的顏色與形狀
貓的眼睛有橘色、綠色和藍色三種色調之分，有的貓雙眼異色。眼睛形狀從圓形到斜吊的鳳眼都有，部分東方品種有明顯的鳳眼。

圓耳

尖耳

摺耳

捲耳

耳朵形狀
大多數的貓耳朵都是直立的，耳尖不是尖的就是圓的。少數品種（如美國捲耳貓和蘇格蘭摺耳貓）因為基因突變，耳朵形狀奇特。

要攀爬的動物非常實用。內耳有前庭裝置，亦稱平衡器，能感知方向和速度變化，讓貓自高處跌落時能調整身體重心（見第54-55頁）。貓也用耳朵傳達心情，例如把耳朵轉向後方壓平，代表生氣或害怕。貓對音量極度敏感，約比人類高出10倍。這也是為什麼貓不喜歡噪音環境，受煙火等聲響干擾時也會焦慮不安。

嗅覺和味覺

貓的嗅覺靈敏，雖然比不上狗，但遠比人類敏銳。鼻道是鼻子留住氣味的部位，貓鼻道內部的感覺黏膜是人類相同區塊的五倍大。貓靠氣味分辨彼此，也靠氣味來追蹤獵物，還會利用尿液、糞便和腺體的氣味標記地盤，警告其他貓要保持距離，或用以昭告發情狀態。嗅覺與味覺息息相關。貓在進食以前通常會嗅聞一下，確定食物可以吃。分布於舌頭上部表層的味蕾，主要對食物裡產生苦味、酸味和鹹味的化學物質有反應。貓也吃得出甜味，但貓是完全的肉食動物，對糖分需求不大。

貓的口腔頂壁有一個名為犁鼻器的感覺器官，又稱為茄考生氏器（Jacobson's organ）。貓有時看似張著嘴巴在扮鬼臉，其實是正在用犁鼻器接收氣味，通常是其他貓性行為留下的氣味，這種表現稱為「裂唇嗅反應」（flehmen response）。

觸覺

貓身上沒有毛的部位，如鼻子、腳掌肉球和舌頭，對觸覺都高度敏感，就和鬍子一樣。鬍子（whisker）是深植於毛囊內的變形毛髮，技術上稱為貓鬚（vibrissa）。最顯眼的鬍鬚長在鼻子兩側，臉頰、眼睛上方和前腿後側長有比較細小的鬍鬚。鬍鬚有助於貓在黑暗中移動，還能代替無法聚焦的眼睛「看見」近處的物體。長在頭部的鬍鬚也能幫助貓判斷縫隙的寬度是否足以讓身體通過。

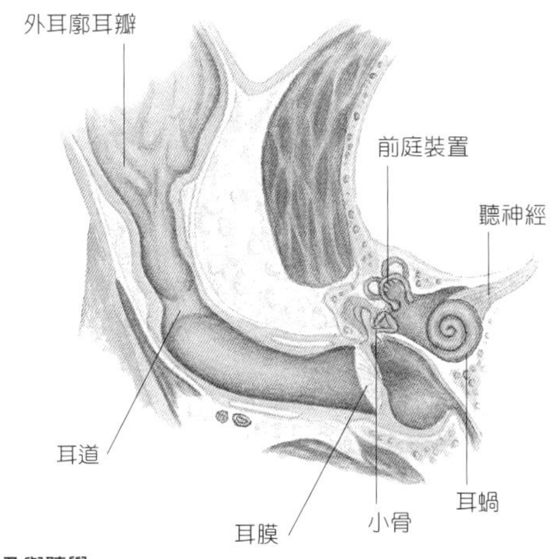

耳朵與聽覺
聲波進入耳道後，通過耳膜和小骨進入耳蝸，觸發神經衝動傳送至腦部。

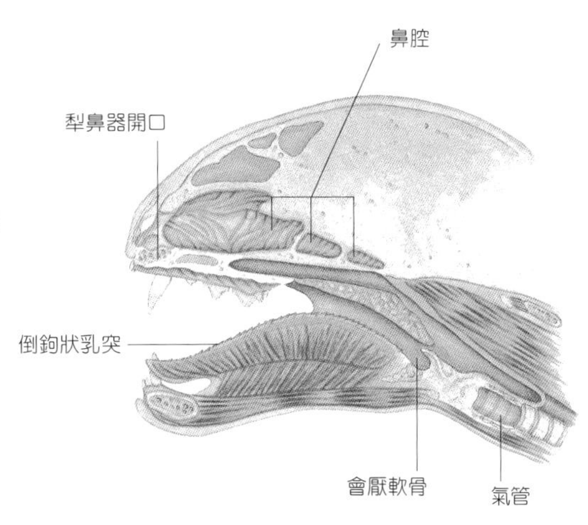

味覺與嗅覺
位於舌頭乳突上的味蕾會偵測食物裡的化學物質。嗅覺黏膜會捕捉進入鼻腔和犁鼻器內的氣味分子。

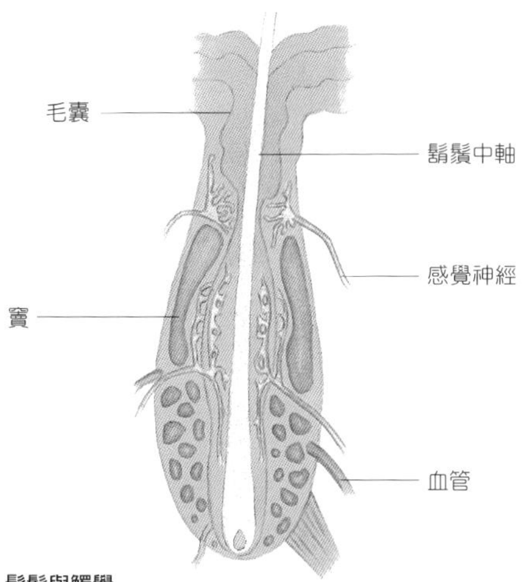

鬍鬚與觸覺
鬍鬚根部受血囊（竇）包圍，拂過物體時，深埋在皮膚內的鬚根會透過感覺神經末梢把訊息傳送至腦部。

敏銳感官

貓是天生的打獵好手，擁有良好的夜間視力、靈敏的嗅覺、精確的聽覺、敏感的鬍鬚，能幫助牠們精準地找出獵物的位置。

骨骼與體型

貓的骨架重量輕但構造結實，生來兼顧速度和敏捷。頭骨具有狩獵動物的特徵，四肢適於撲抓和衝刺。脊椎非常有彈性、四肢靈活，所以用腳掌、舌頭或牙齒理毛時，碰得到身體的大多數部位。不同的貓種之間身型各有差別，但變異程度遠不及在狗身上看到的那麼大。

骨骼

貓的骨架跟所有哺乳類動物一樣，由骨頭組合而成，其間靠關節相連，能做出多種不同動作，且經過演化，能適應肉食動物的生活型態。骨骼為牽動骨頭的肌肉提供了一副框架，也賦予貓獨特的身形。其他功能還包括保護心、肺等脆弱的內臟。

貓的頭骨容納了腦和眼睛、耳朵和鼻子等感覺器官，這三者除了具備其他功用之外，還能幫助貓有效察覺獵物。貓的眼眶很大，且多半向後張開，留出空間給強壯有力的下顎肌肉，下顎肌肉就位在眼眶後方，與頭骨相連。貓可以180度轉頭，梳理背部的毛髮。舌骨位於貓的喉部，支撐舌頭和喉頭，一般認為也和貓能發出呼嚕聲有關（見59頁）。

貓有7節頸椎，與絕大多數哺乳動物的頸椎數目一樣，不過相對於體型來說，貓的背脊很長，共有13節胸椎，胸椎連著肋骨。脊椎的節數與結構能增加脊椎的彈性，椎間空間的大小也有影響，椎間生有椎間盤和軟骨，使鄰接的骨頭之間保有一定的活動空間。尾巴是脊椎的延伸，大多數貓種的尾巴由大約23塊骨頭組成，有助於攀爬時維持平衡。肋骨與胸部的脊椎相連，能保護心臟、肺、胃、肝和腎臟。

貓的前肢是「懸浮」的，因為貓的鎖骨大小已經大幅退化，肩胛骨只靠肌肉和韌帶支撐。這樣的構造讓貓的肩膀能大範圍活動，也讓貓能輕鬆自若地穿

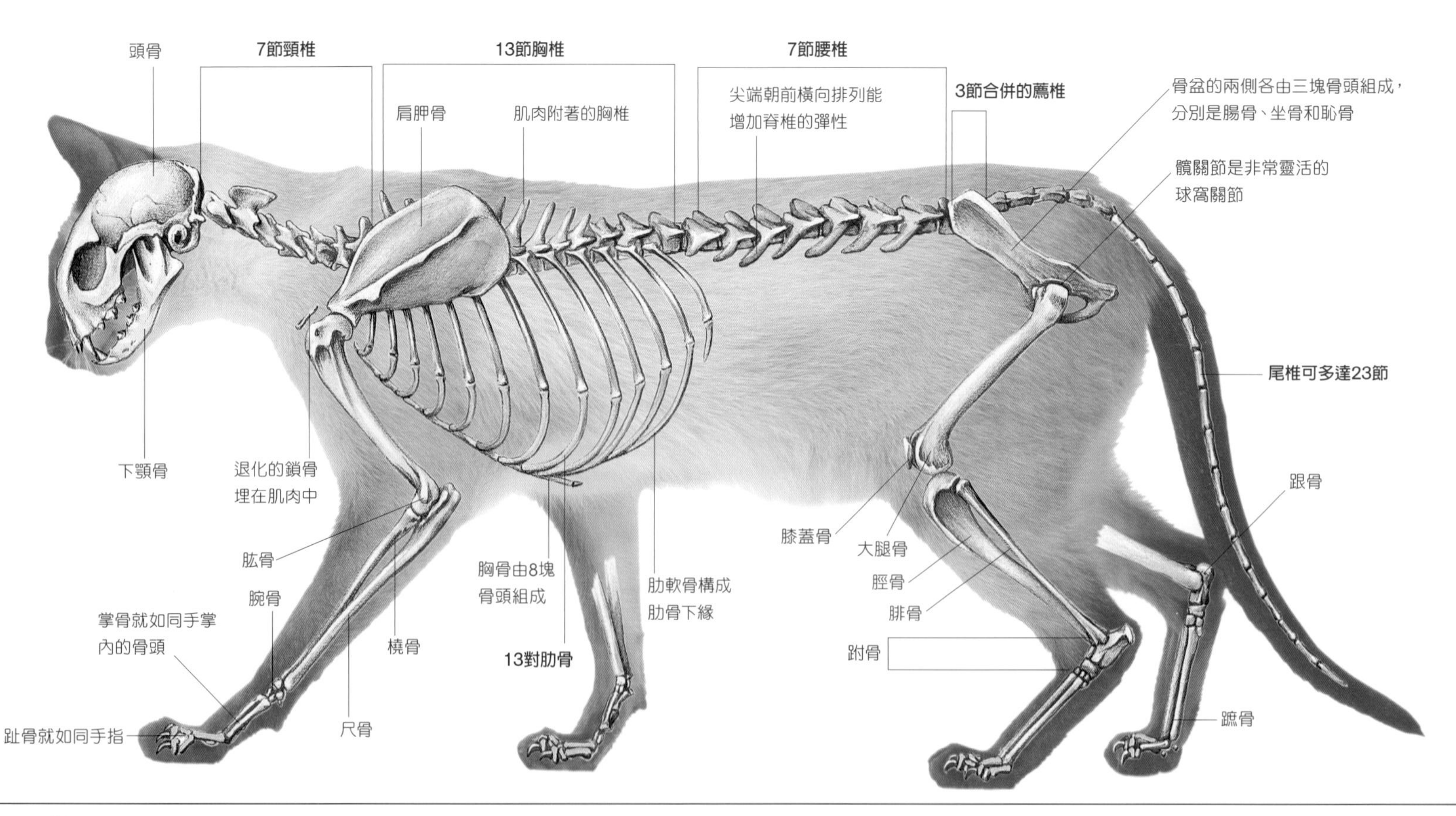

貓的骨架

貓的骨架輕盈、結實、柔軟度極佳，尤其是脖子、脊椎、肩膀和前肢。修長的四肢對速度有利。

圓楔形臉

長楔形臉

圓扁臉（正面）

圓扁臉（側面）

頭型
貓大多長得像野生的祖先，一顆圓形的頭配上楔形的臉。只不過有一些貓種的楔形臉拉長了，另一些則生就一張圓而扁的「娃娃臉」。

頭骨

家貓的頭骨寬闊，鼻子很短，由29塊骨頭構成，會在貓長大成熟、停止發育以後合併。貓的眼眶很大，且朝向前方，讓掠食者在撲抓獵物時能精準判定距離。與其他野生近親相比，尤其比起花豹和獅子這些大貓，貓的下顎相對很短。下顎骨經樞紐關節與頭骨相連，只能垂直上下活動，由強壯有力的嚼肌控制。嚼肌提供強大的咬合能力，使貓能緊咬住掙扎的獵物不放。

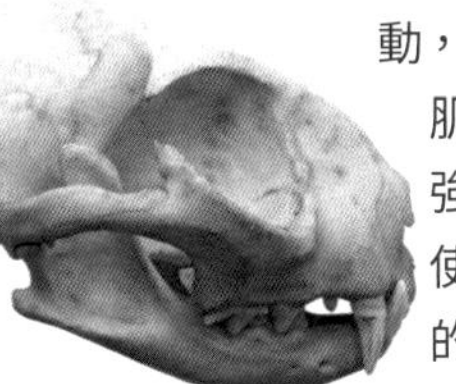

過狹縫，只要頭過得去，身體就過得去。跟所有肉食動物一樣，貓的其中三根腕骨合併形成了所謂的舟月骨，一般認為這是為了便於攀爬所演化出來的結果，肉食動物群早期的祖先身上即已出現。貓強壯修長的後肢藉由球窩關節與骨盆相連，為奔跑和飛撲提供動力。

體型

比起狗，不同種貓的體型明顯一致。這有部分是因為貓的功能單純只是防治鼠害，不像狗被人類用在許多不同用途，例如打獵或牧羊。另一部分原因則是，控制體型大小的基因不像其他基因那麼容易操控。不過還是有例外，例如無尾的曼島貓（見164-165頁），還有短腿的曼基貓（見150-151與233頁）。體型最小的貓，如新加坡貓（見86頁），成年體重為2到4公斤；最大型的貓種，例如高地貓（見158頁），成年體重則介於4.5到11公斤。反觀不同狗種的成年體重可以相差懸殊，從1公斤到79公斤都有。

有一些新的混種貓體型相對較大，可能是受到野貓祖先的基因影響。例如，熱帶草原貓（見146-147頁）是藪貓與家貓的混種；非洲獅子貓（見149頁）則是叢林貓和家貓的混種。不過，家貓的頭型（上圖）和體型（下圖）倒是產生了變化。東方貓種通常體型苗條曼妙，四肢及尾巴修長，頭部呈倒三角形，例如暹羅貓（見104-109頁）。西方貓種則是「矮腳馬」的體型，體格結實健壯，腿相對短，尾巴比較粗，頭部比較圓，如英國短毛貓（見118-119頁）。當然也有很多貓種，體型介於兩個極端之間，例如布偶貓（見216頁）。除此之外，在不同的培育者手中，貓的頭型和體型也能依不同的方式組合。世界各地的貓因所在地的氣候條件各異，體型往往也有所不同。

體型
東方貓種普遍體型苗條，最能適應溫暖氣候，相對於體積，牠們的體表面積較大，有助於散熱。西方貓種多半短小魁梧，又被形容為「矮壯」，偏好溫和的氣候，表面積對體積的比值低，對保持體溫有幫助。也有些貓種的體型介於這兩種極端之間。

修長運動員體型

中等體型

矮壯體型

尾巴形狀
貓大多有一條長尾巴，常用於溝通和維持平衡。但少數貓種只有一截粗短的尾巴，或甚至沒有尾巴，例如曼島貓和短尾貓（見161-163頁）。美國環尾貓（見167頁）是唯一一種尾巴卷曲的貓。

長尾

環尾

短尾

皮膚與毛髮

皮膚和心臟或肝臟一樣是身體器官。事實上，它是貓身上最大的器官，包覆全身上下，保護貓免於疾病和環境的威脅。從皮膚生長出來的柔軟被毛，由多種不同型態的毛髮組成，同樣扮演了重要角色。家貓的祖先都是短毛，但選擇性育種創造了其他的被毛型態，從光滑的長毛到近乎無毛都有。

貓的皮膚扮演了多重角色，既是抵抗病原體的屏障，還形成一道防水層，防止重要液體流出身體。皮膚內的血管有助於調節體內溫度，皮膚還會製造維生素D，那是維持骨骼健康的要素。貓的皮鬆鬆的，可以配合牠們天生柔軟的動作姿態。遇上打鬥時，皮膚鬆弛也有好處，因為就算皮被咬住了，貓還是能轉到一定角度進行防禦。

雙層構造

貓皮分為兩層：外層的表皮，還有內層的真皮。表皮主要由凋萎的死細胞構成，細胞內含有防水的化學物質，以及一種叫作角蛋白的強韌蛋白質。毛髮和爪子主要也由角蛋白構成。表皮最深的一層又稱基底層，只有大約四個細胞那麼厚，且由活細胞組成。這些細胞會不斷分裂，補充外層的細胞，而外層老化的細胞會持續從體表脫落。表皮也含有對抗病原體的免疫細胞。

皮膚內層即真皮層，構造比較複雜，含有結締組織、毛囊、肌肉、血管、皮脂腺和汗腺，還有數百萬根神經末梢，能感覺冷、熱、輕撫、壓力和疼痛。貓不會流汗來替皮膚降溫。反之，貓的汗腺會分泌油脂來潤澤及保護皮膚與毛。貓的皮膚是帶有色素的——除了長白毛的區塊以外，都和該處生長的毛髮顏色相同，只是顏色稍微淡一些。貓皮膚內的腺體也會分泌氣味，那是貓彼此溝通的重要媒介（見281頁）。

毛髮種類

貓的毛髮有四種：絨毛、芒毛、護毛和感覺毛。絨毛短而蓬鬆，薄薄一層有絕緣保暖的作用。芒毛長度中等，尖端較粗，除保暖以外也提供保護。護毛形成毛皮的表層，保護貓免於風吹日曬。護毛長得很直，往末端逐漸變細，是三種被毛最厚也最粗的一種，在背部、胸部

皮膚構造
這幅貓咪皮毛的剖面圖呈現出外層保護性的表皮，由變硬的死細胞構成，還有內層真皮，含有大量血管、神經、腺體，以及形成被毛的毛囊。

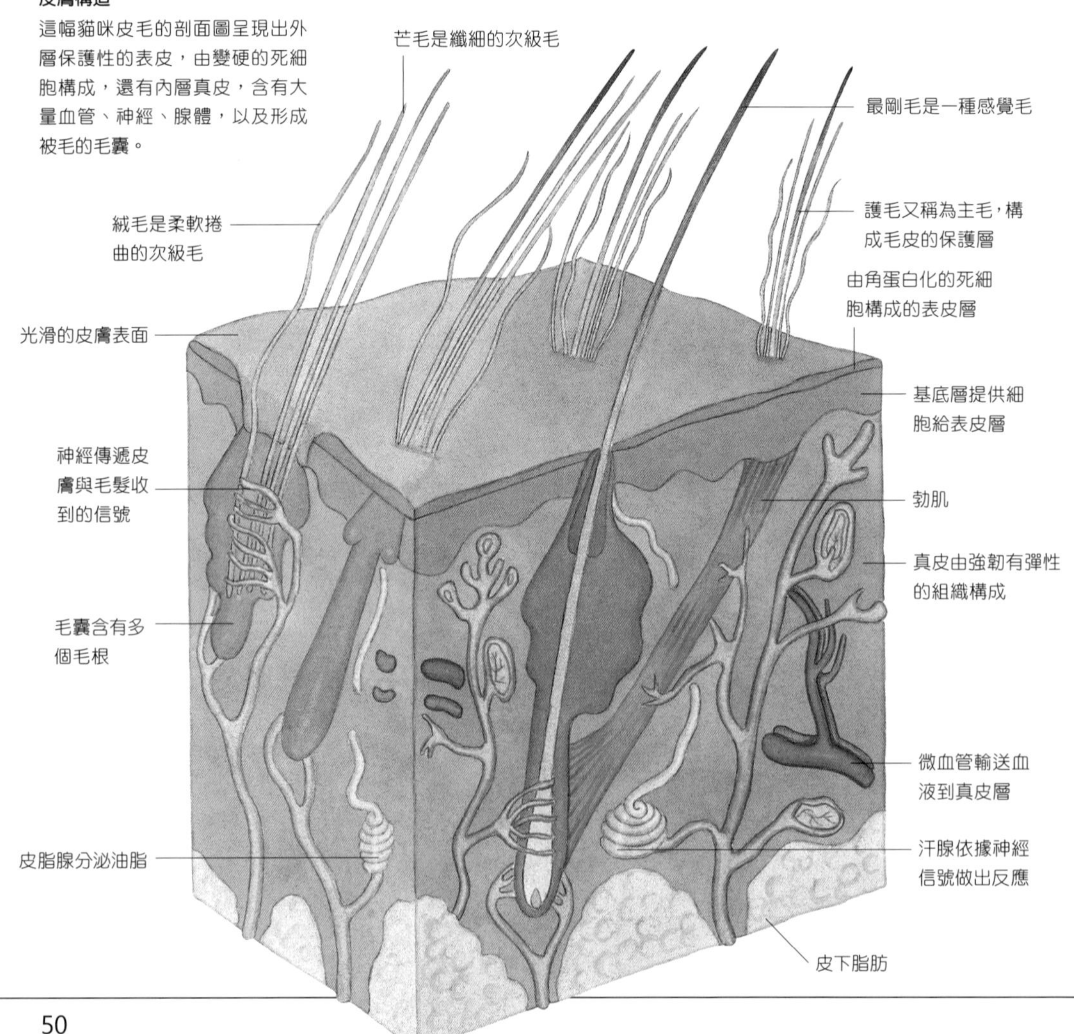

毛皮類型
大部分的貓都是短毛，但有些擁有不同種類的毛皮。無毛品種的貓幾乎沒有毛髮，例如斯芬克斯貓；捲毛品種的貓則有捲捲的毛，而長毛品種的貓，毛可長達12公分。

無毛

靠氣味溝通

貓的嗅覺出奇靈敏，牠們會留下皮脂腺分泌的氣味來溝通，不必和其他貓打照面。身體氣味含有名為費洛蒙的化學物質，貓能藉此分辨對方是敵是友、地盤屬於誰，以及其他貓的發情狀態。

和腹部生長較為密集。

鬍鬚是粗而長的感覺毛，長在貓的頭部、喉部和前腿。這些觸覺感測器能幫助貓在黑暗中探索，察覺周遭的物體（見45頁）。其他的感覺毛稱為最剛毛（tylotrichs），散布在全身的被毛當中，作用與鬍鬚相似。

貓擁有複合式毛囊，意思是單一個毛囊會長出多根毛髮，不過只有一根是護毛。如此一來會形成一層厚實的毛皮，貓的皮膚1平方公釐就長了多達200根毛髮。毛髮本身是由層層疊疊的毛鱗片構成，毛鱗片是充滿角蛋白的細胞殘骸。每個毛囊都有一條皮脂腺，會分泌油脂來防水並滋潤毛皮；毛囊內還有一條小肌肉，能在貓生氣或興奮時使毛髮豎立，讓貓在敵人眼裡顯得比較大、比較有壓迫感。

感覺毛在所有毛髮類型當中數量最少。其他三種毛髮的生長比例，大約是每100根絨毛就有30根芒毛、2根護毛。然而，選擇性育種改變了很多貓種的毛髮長度和生長比例，創造出各式各樣的毛皮。舉例來說，緬因貓（見214-215頁）長長的被毛中不含半根芒毛；柯尼斯捲毛貓（見176-177頁）的毛皮則沒有護毛，只有捲曲的絨毛和芒毛。至於看似無毛的斯芬克斯貓（見168-169頁），其實有薄薄一層絨毛，但是沒有鬍鬚。

貓的毛皮圖案和顏色五花八門（見52-53頁）。毛皮顏色產生自兩種黑色素，一是真黑色素（黑色與棕色），一是棕黑素（紅色、橘色和黃色）。除了白毛以外，所有的毛色都是依照毛幹裡這兩種色素的多寡不同而形成的。

短毛　捲毛　長毛

認識毛皮顏色

貓的毛髮著色型態很多，有的色素在毛幹內均勻分布，形成純色（或稱單色）的毛皮；也有的完全不含色素，形成純白的毛皮。純色毛皮會因為毛髮內色素的密集度不同而產生不同顏色，例如稀釋黑色就成為藍色。假如每根毛髮只有末端有顏色，那麼毛皮就是尖點色、陰影色或煙色（見52頁）。多層色的毛幹則呈現深淺交錯的細紋，形成的顏色稱為鼠灰色。

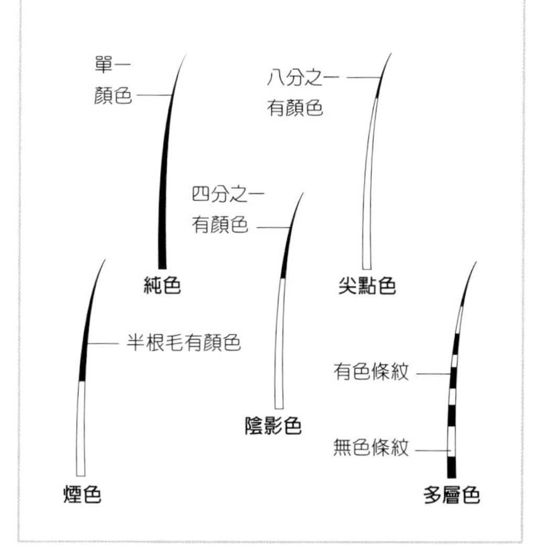

純色

黑、紅、黑紅兩色的稀釋色、藍色和奶油色，稱為西方色，因為它們傳統而言是出現在歐洲和美洲的貓種身上，例如英國短毛貓和緬因貓。純白色和雙色也被視為西方色。發源於歐洲以東的貓種，例如暹羅貓和波斯貓，身上的傳統毛色則被稱為東方色，常見的有巧克力色、肉桂色和它們的稀釋色，如丁香色和小鹿色。現在所有顏色都廣布於全球。

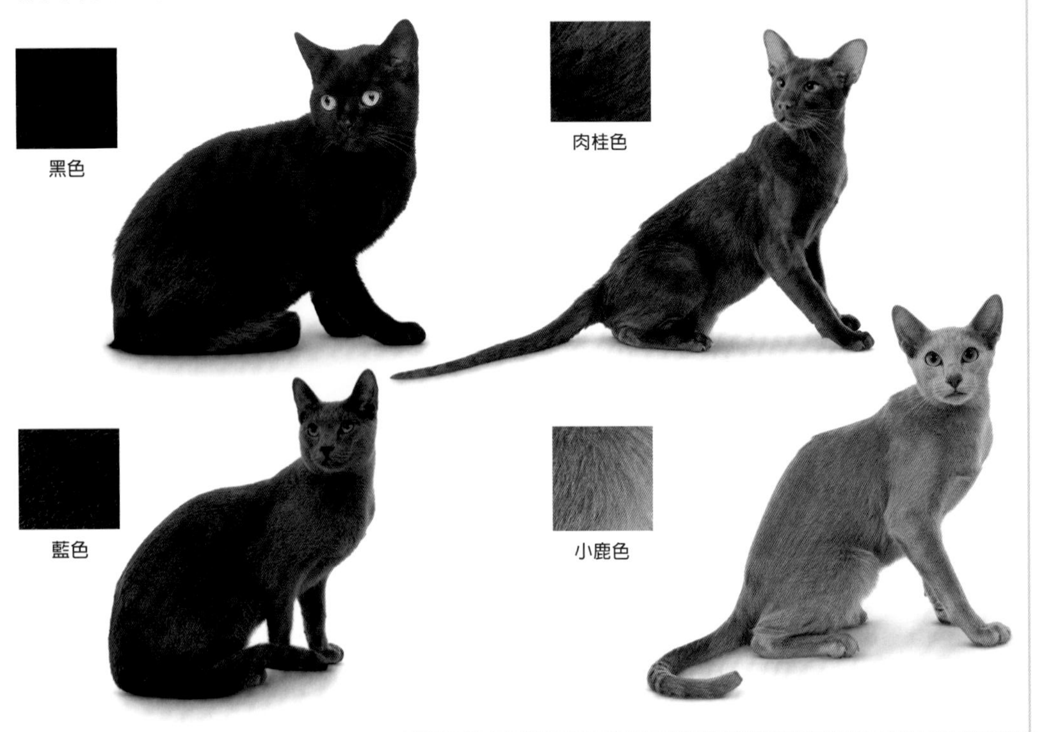
黑色
肉桂色
藍色
小鹿色

尖點色

每根毛髮只有尖端有濃厚色澤，這種效果稱為尖點色、金吉拉色或貝殼色。毛髮未著色的區塊通常呈白或銀色，但偶爾也會出現內層短毛呈黃色或淡紅色的情況。

淺巧克力尖點色
藍尖點銀色

陰影色

陰影毛色的每根毛髮僅前端四分之一有顏色。因為背部的毛向下平展，陰影毛色在背部色澤較深，當貓走動時會產生波浪光紋的效果。毛髮陰影部分若是紅色或奶油色，這樣的毛色稱為浮雕色（cameo）。

奶油陰影浮雕色
銀陰影色

煙色

毛幹前端約一半有顏色，這種毛皮稱為煙色。煙色毛的貓毛皮通常只有單一顏色，但當貓走動起來，顏色較淺的毛根若隱若現，貓毛看起來會「閃閃發亮」。

黑煙色
藍煙色

多層色

多層色毛皮的毛幹有深淺交錯的條紋，每根毛髮尖端一定有顏色。多層色毛皮又稱為鼠灰色，出現在很多野貓和其他哺乳動物身上，因為它具有良好的偽裝作用。

銀栗色
正常色

混色

混色貓的毛皮有兩種以上的顏色。混色貓包括雙色和三色的貓，很多品種都有，不論短毛或長毛。混色貓也包括帶白斑的玳瑁貓（見右欄）和虎斑貓（見右下欄）。如果玳瑁貓身上白毛所占的比例很高，那麼就稱為「玳瑁白斑」或「三色貓」（calico）。

混色英國短毛貓

混色布偶貓

玳瑁色

玳瑁貓的毛皮有黑色（或巧克力色、或肉桂色）和紅色的色塊，兩者可能緊密混雜，也可能區隔分明。此外也出現過稀釋的種類，如藍色、丁香色或小鹿色混奶油色的毛皮。毛皮上紅色或奶油色的區塊往往有虎斑花紋，假如另一色的區塊也有虎斑花紋，這種貓被稱為虎斑玳瑁貓。玳瑁貓幾乎都是母貓。

亞洲玳瑁貓

英國短毛玳瑁貓

重點色

肢體末梢的毛皮顏色較深，身體顏色較淺，這種毛色稱為重點色。在暹羅貓和波斯貓身上，這種花色受一種熱敏感酵素控制。此種酵素與毛色生成有關，只會在體溫較低的身體末梢發揮作用，因此這些部位毛色較深。土耳其梵貓的重點色毛皮只有頭部和尾巴是深色，也屬於白點的一種型態。

單重點色暹羅貓

土耳其梵貓

白點

貓毛的白色區塊是由一種顯性基因所產生，這種基因會抑制有色毛髮生長，造成混色毛皮（見上欄）。白點的大小不等，從只有一小塊到幾乎全身白毛都有。

白點緬因貓

白圍兜、白手套的短毛米克斯

虎斑

顏色較淺的多層色毛皮，混合黑色、棕色、銀色或紅色的渦紋、條紋或斑點，就構成了虎斑毛色。花紋主要有四種：斑點虎斑、經典（斑塊或渦紋）虎斑、鯖魚（條紋）虎斑，和多層色虎斑。

斑點虎斑

鯖魚虎斑

經典虎斑

多層色虎斑

肌肉與運動

貓的骨架很有彈性，上頭附著大約500條肌肉，讓貓能運用不同步態（移動模式），做出各種優雅的動作，很適合貓這種敏捷的獵者捕捉小型齧齒動物和鳥類。貓的肌肉不只適宜短距離衝刺，為追逐獵物或逃離危險所必須，也讓貓在撲向獵物以前，可以近乎無聲無息地移動。

肌肉讓貓可以移動、進食、呼吸、把血液送到全身上下。貓和其他脊椎動物一樣，都擁有三種型態的肌肉。心肌只見於心臟，每天孜孜不倦地輸送血液；平滑肌構成很多身體結構的內壁，例如血管和消化道。骨骼肌則經由肌腱與骨頭相連，讓貓能夠移動各個身體部位，如四肢、尾巴、眼睛和耳朵，或擺出特定姿勢。骨骼肌也稱為橫紋肌，因為在顯微鏡下有紋理。這種肌肉多半成對在關節兩側行拮抗作用（一條肌肉收縮，另一條就舒張），使所在的身體部位可以彎曲，例如某一段肢體。

橫紋肌
骨骼肌受神經系統控制，能牽動骨骼和身體器官，如眼睛和舌頭，或幫助貓維持姿勢。骨骼肌通常成對或成群在可動關節兩側發揮作用。

肌纖維的類型

骨骼肌組織由一束束纖長的肌細胞構成，肌細胞又稱為肌纖維，依照運動和疲倦的速率可以分為三種類型。最常見的是「易疲勞快縮肌」，肌纖維收縮快也累得快，適用於短暫爆發力的活動，如衝刺和跳躍。比較少見的是「抗疲勞快縮肌」，肌纖維作用與前者相似，但疲勞得慢，在狗這一類耐力高的狩獵者身上，這種肌肉比較多。貓衝刺一段距

伸縮爪

貓利用腳趾末端尖銳彎曲的爪子打鬥、防禦、抓握、攀爬，或搔抓物體留下氣味記號。爪子大多數時候都藏在腳掌的護鞘裡。若要露出爪子，腿部的趾屈肌會收縮，拉緊最末端兩塊趾骨之間的肌腱和韌帶，推出爪子。

亮出爪子
貓休息時會收起爪子，保持銳利，避免磨損。拉緊趾間的肌腱和韌帶，爪子就會被推出來。

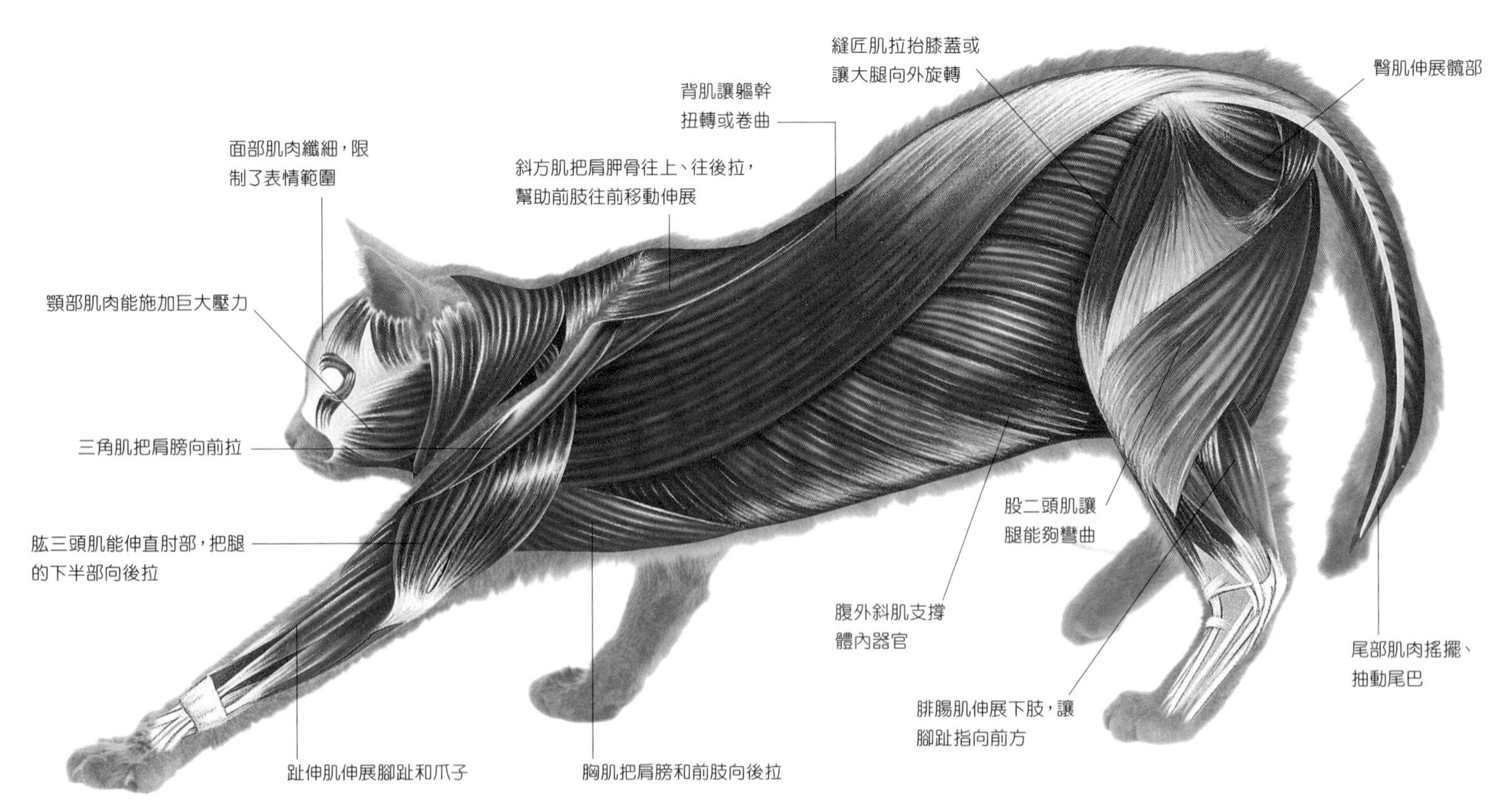

離就要停下來喘氣休息。「慢縮肌」纖維收縮和疲勞的速度都慢，用於跟蹤時精準、隱密的動作，或在襲擊獵物以前保持文風不動。

步態

人類用腳掌走路，但貓不一樣，是用腳趾頭走路。貓的這種移動方式稱為「趾行」（拉丁文digitigrade），走起路來可以又快又安靜。貓的每一種步態（行走、小跑步和奔跑）都由強而有力的後腿肌肉提供向前的推力。

貓行走時，四肢依右後腿、右前腿、左後腿、左前腿的順序移動。前腿先向內旋，腳掌在身體下方落地，一掌接著一掌幾乎連成一直線。後腿也同樣向內旋，只是幅度不同。這種步態讓貓能輕鬆自如地行走在樹枝或狹窄的圍牆頂端。這種時候，貓尾巴會高舉在半空，幫助貓保持平衡。

加速到小跑步時，對角的兩條腿（例如左前腿跟右後腿）就會同時移動。

貓的前肢是懸浮的（見48-49頁），可動性較大，有助於拉大步伐。奔跑時，貓會做出一連串彈跳，後腿一起蹬離地面，懸在空中的前腿先落地，後腿再跟上。停步時由前腿充當剎車。

貓適合短距離高速衝刺。有些家貓最快能跑到時速48公里。相較之下，人類最快只有時速44.72公里。貓的耐力不佳，後腿肌肉雖然有力，但疲勞得也快。牠們偏好跟蹤獵物，可以保持長時間不動，等待合適時機出擊。

柔軟身段
貓結實的肌肉組織和緊密的骨骼結構，在無毛貓的品種身上總是一覽無遺，例如斯芬克斯貓（見168-169頁）和右圖的巴比諾貓（見154-155頁）。

柔軟度

由於身體和肌肉組織都極度柔軟，貓還可以做出其他許多動作。靈活的脊椎讓貓能弓起背部伸懶腰（或在遇狗威脅的時候虛張聲勢），或捲成一團睡覺。柔軟度對於理毛也很有幫助，貓掌和舌頭幾乎全身所有部位都碰得到。

強壯的後腿肌讓貓可以從立足處往上跳到2公尺高，且常會在半空中扭轉身體，以便安然落地。這個動作有利於撲抓想飛向空中逃跑的小鳥。

爬樹的時候，貓會伸長前腿和爪子，像釘鞋一樣使用，靠後腿提供動力，推進身體爬上樹。但從樹上下來就略顯笨手笨腳了：貓會倒退爬，好讓前鉤的爪子能抓牢樹皮。下降到最後一公尺時，貓就會調頭，直接跳向地面。

貓大多不喜歡弄溼身體，但有些貓願意游個泳，游泳方式和狗爬式很像。

翻正反射

萬一失足從樹上跌落，貓有天生的本領可以在半空中轉回正面落地。貓內耳掌管平衡的前庭裝置在十分之一秒內就能察覺失向（disorientation）。反射反應使貓扭頭看向下方，前腿再來是後腿也會跟著轉過來，這時貓會拱起背部。腳掌柔軟的肉墊和靈活的關節會在貓落地時發揮避震器的功效。

安全著地
因為有翻正反射，貓從高處摔落時會本能地翻身，轉回安全的姿勢落地。貓的身體柔軟靈活，沒有施力點也能在半空中巧妙地調整姿勢。

人小志氣高

貓的骨架嬌小但極度柔韌，承載著很大的肌力。即使年紀還很小，也已經有辦法協調身體動作，展現無比的靈敏和優雅。

心肺器官

心肺系統確保氧氣能通過氣管和血液，輸送到全身每一個細胞。氧氣約占空氣組成比例的21%，接觸到體細胞內的營養分子（如葡萄糖），會產生化學反應釋放能量。這份能量再用來驅動細胞內的生物化學活動。空氣進出肺部時會經過喉頭，貓發出的聲音都源自喉頭，包括呼嚕聲在內。

氣管和肺組成呼吸系統。貓鼻子吸進空氣，經鼻道溼潤後吸進氣管，再從氣管分支進入兩條呼吸道，稱為支氣管，各自通往左右肺葉。支氣管在肺部內又分支成更細小的管道，稱為小支氣管。小支氣管的末端是名為肺泡的微小氣囊。氣體交換在肺泡內進行。氧氣經由上百萬顆肺泡的薄壁擴散出去，進入微血管，由紅血球帶走。二氧化碳廢氣從相反方向輸送回來，由血液進入肺泡，吐出體外。

貓休息時，一分鐘約呼吸20到30次。運動時，肌肉需要更多氧氣，呼吸速率隨之加快。呼吸的動作由肋骨之間的肌肉與肋骨下方一層名叫橫膈膜的肌肉推動。

心血管系統

心臟與血管組成心血管系統。貓的心臟有如幫浦，有四個房室，大小約如一個核桃，由不會疲勞的獨特心肌構成。貓的心臟每分鐘跳動140到220下，因活動的激烈程度而有所不同；休息時的心跳則是每分鐘140到180下，約為人類休息時心跳次數的兩倍。心臟經由兩條獨立的循環管道把血液打向全身。肺循環把缺氧血帶向肺部補充氧氣，新鮮的充氧血再回到心臟，經較大的體循環輸往全身所有器官組織。

動脈具有肌肉組成的血管壁。隨著每次心跳，鮮紅的充氧血湧入動脈，血管壁也會舒張收縮，形成脈搏，在貓身上許多個位置都摸得到。暗紅色的缺氧血通過

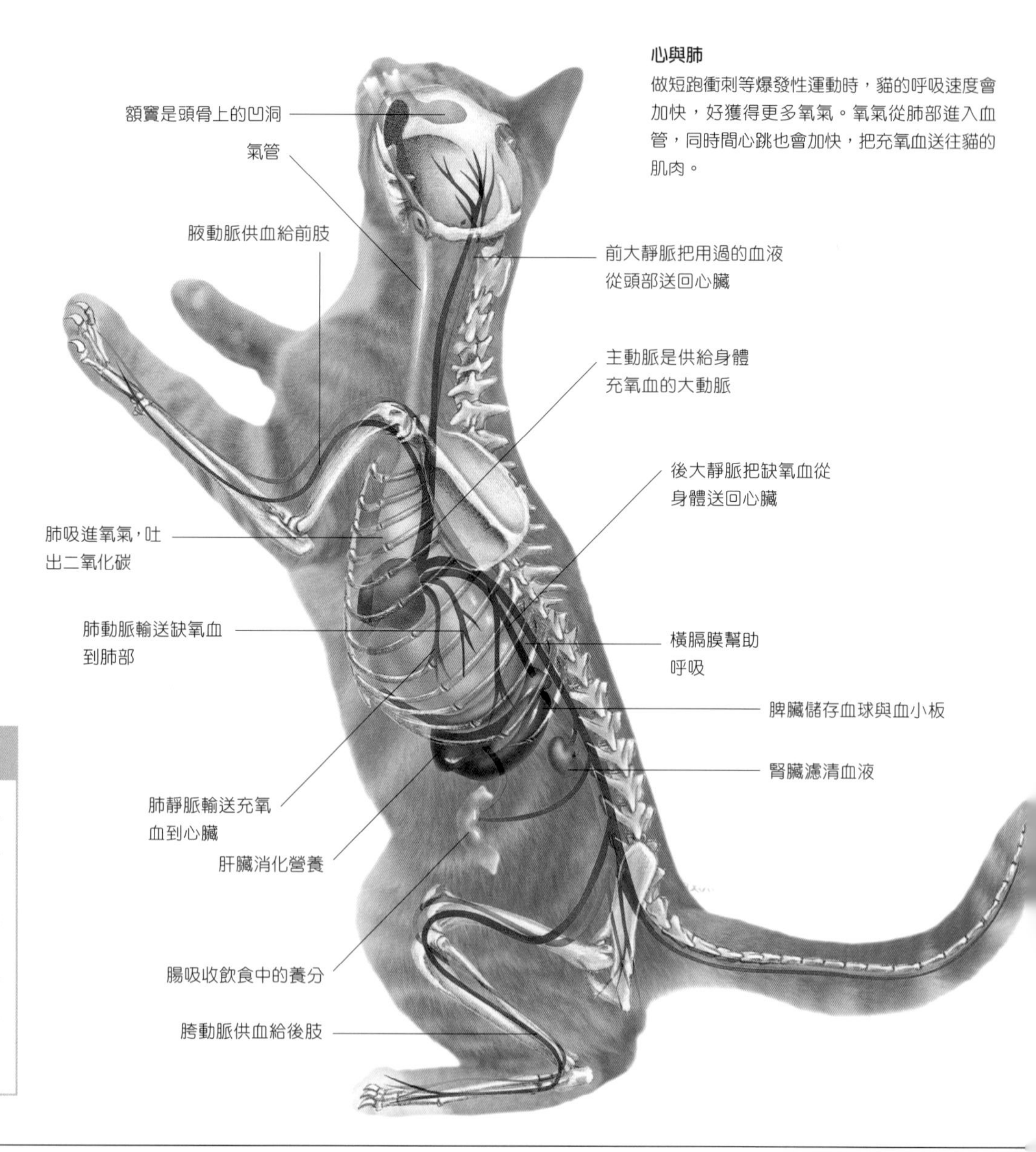

心與肺

做短跑衝刺等爆發性運動時，貓的呼吸速度會加快，好獲得更多氧氣。氧氣從肺部進入血管，同時間心跳也會加快，把充氧血送往貓的肌肉。

血型

貓最主要的血型系統分為三種血型：A型、B型和AB型。因貓的品種與地理分布位置不同，各個血型所占的比例也不相同。目前最常見的是A型。有少數貓種血型一律是A型，包括暹羅貓（見104-109頁）。B型在很多貓種都相對少見，但部分貓種，如德文捲毛貓（見178-179頁），B型的比例有百分之20到25。AB型在所有貓種都很罕見。

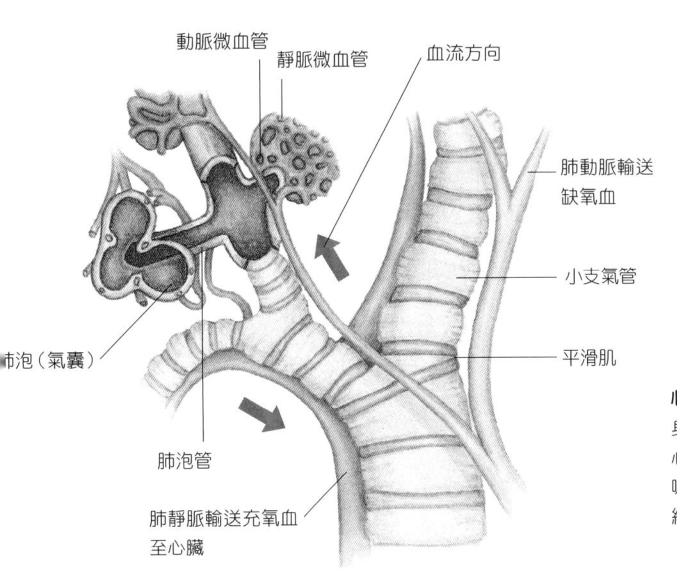

肺部構造
氧氣吸入肺內以後會深入微小的肺泡氣囊，經肺泡吸收進入血液。二氧化碳則是反方向移動。貓所有肺泡的總表面積約為20平方公尺。

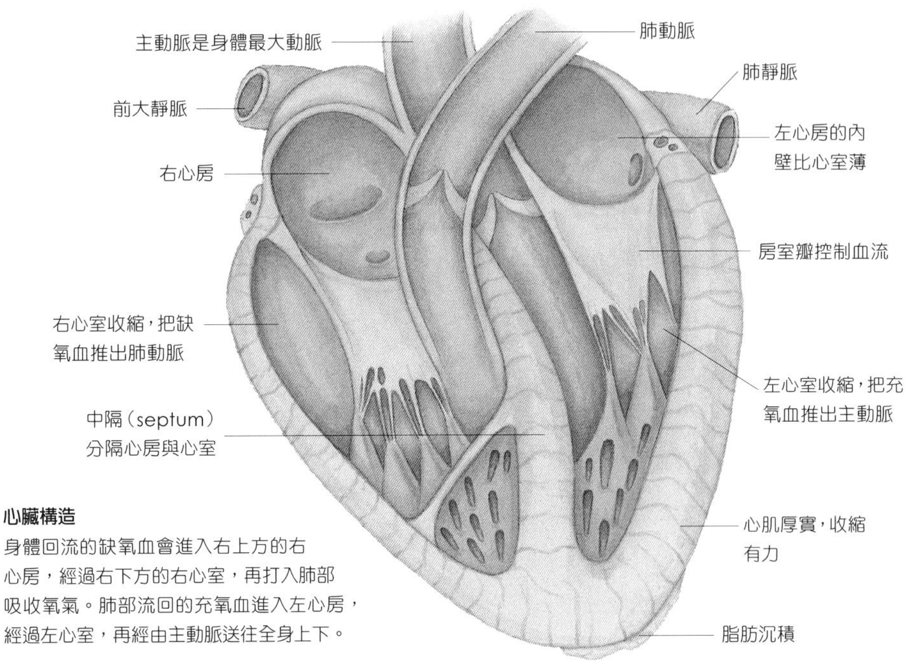

心臟構造
身體回流的缺氧血會進入右上方的右心房，經過右下方的右心室，再打入肺部吸收氧氣。肺部流回的充氧血進入左心房，經過左心室，再經由主動脈送往全身上下。

薄壁的靜脈流回心臟，心臟內有瓣膜，使血液只能往一個方向流動。動脈與靜脈之間有一片微小的血管網絡，稱為微血管。氧氣與其他分子（如葡萄糖）就在這裡經由血液進入周圍的細胞組織。二氧化碳等廢物則會沿反方向輸送。

腦只占了貓百分之0.9的體重，但接收的血流量高達百分之20。肌肉休息時接收百分之40的血流，但爆發性運動的時候，血流量能激增到百分之90。

一隻中等大小的貓，體重若是5公斤，全身就有大約330毫升的血液。論容積，血液有將近54%是血漿，這是一種稀薄的液體，會把食物分子如葡萄糖、鹽分、廢物、激素和其他化學分子運送到全身上下。雙凹碟形的紅血球負責運送從肺部取得的氧氣，占血液容積的46%。剩下的1%含有抗感染的白血球，以及能在傷口處幫助血液凝固的細胞碎片，稱為血小板。

發聲原理

輸送血液回到心臟的大血管稱為大靜脈，呼嚕聲一度被認為是大靜脈內血流亂流的聲音。但更近的研究指出，發出呼嚕聲的位置是在連結咽喉後端與氣管的喉頭。喉頭兩片有褶皺的薄膜稱為聲帶，吐氣時空氣經過，聲帶會震動發出聲音，例如喵喵叫或尖叫。然而，貓發出呼嚕聲是控制聲帶的肌肉在震動，使聲帶反覆互相撞擊。貓呼吸的同時，空氣經過喉頭產生一連串聲響，每秒振動25次，被稱為呼嚕聲。其他貓科動物，如山貓、山獅和獵豹，也會發出呼嚕聲。豹屬的大貓（如獅子和老虎）不會呼嚕叫，但是會吼叫，因為牠們喉頭空間比較大。聲帶的皺褶震動發出聲音，舌骨則降低音調，提高吼聲的共鳴效果。

呼嚕呼嚕

我們把貓規律的呼嚕聲與滿足聯想在一起。很多時候，貓發出呼嚕聲的確表示心情愉快。不過，貓在緊張、分娩或受傷的情況下也會發出呼嚕聲。小貓大約一週大（眼睛尚未睜開）就學會呼嚕叫，生物學家認為，小貓利用這種方式與母貓溝通，要母貓在餵奶的時候保持不動。母貓也可能會一起發出呼嚕聲，好讓小貓安心。

貓希望飼主餵食的時候，也會發出一種急迫、「熱切」的呼嚕聲。這種聲音融合一般呼嚕聲低沉的咕噥與音頻較高的喵喵叫聲。分析貓叫聲的組成元素發現，這種音頻與人類嬰兒啼哭的音頻相似，這或許可以解釋為什麼我們聽到貓呼嚕個不停時會願意餵牠。

年紀大的貓也可能會用呼嚕聲示弱，或表示自己沒有攻擊性，或者替別人理毛時要求對方不要亂動。

撫摸貓咪可以使牠發出呼嚕聲。

消化與生殖

貓是全肉食動物，消化系統經過演化，適合吃老鼠等小動物。貓的牙齒尖銳，能用來殺死並咬碎獵物，貓的腸子也比較短，適合消化肉類。腎的作用是濾清血液，除去血液中的廢物並排出體外。母貓習慣在春夏兩季生產，這個時候食物較為充足，小貓斷奶後不愁沒東西吃。

在所有肉食哺乳動物中，貓的飲食侷限最多。食物一定得包含特定的維生素、脂肪酸、胺基酸，及一種名只有肉裡才有的化學物質，名叫牛磺酸。不論是這些養分還是牛磺酸，貓都無法自行合成，也無法從其他食物來源（例如植物）中取得，而沒有它們，貓就無法存活。

和植物不同的是，肉類在腸子裡相對容易分解成營養素。因此跟羊、馬等草食動物相比，貓的消化道也比較短，構造相對簡單。

消化作用

家貓的消化道比野貓祖先長一點，這暗示著自從牠們在數千年前開始跟人類交流以來，貓的消化系統已經歷經了演化，以適應食物中較多的植物成分（可能來自搜刮人類的剩食，其中有肉也有穀物）。貓習慣少量多餐，食物從吃下肚到轉化成糞便排泄出來，大約需要20小時。消化的第一階段，是在嘴巴裡用牙齒把食物咬碎。口腔分泌唾液潤滑食物，食物吞嚥下去以後，經過食道進入胃裡，進行更進一步的物理消化，胃內的酵素也會化學分解部分食物。貓胃裡強烈的胃酸足以軟化吞下的骨頭。（無法消化的骨頭、毛髮和羽毛之後通常會吐出來。）

部分消化後的食物通過幽門括約肌離開胃，進入第一段小腸，即十二指

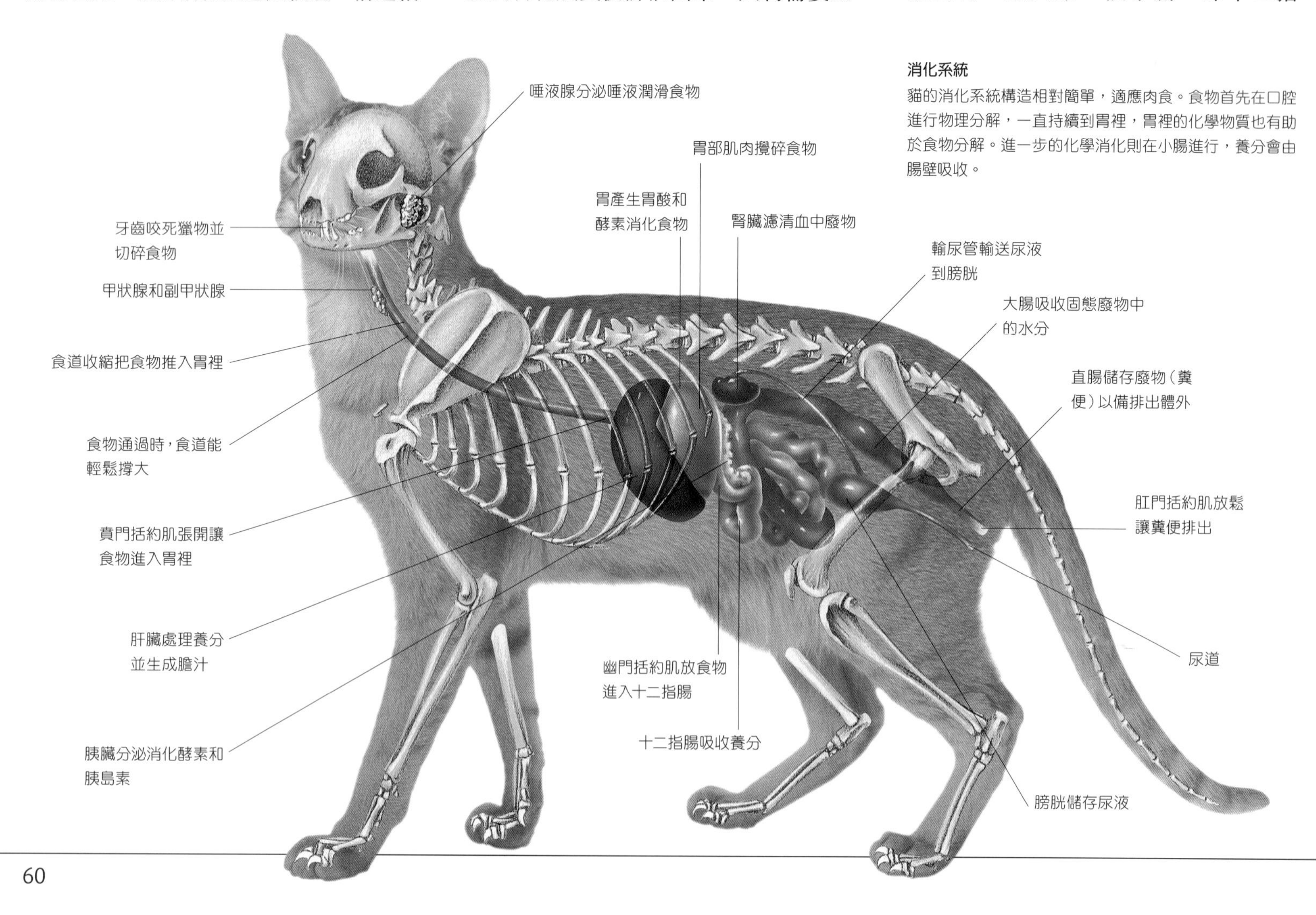

消化系統
貓的消化系統構造相對簡單，適應肉食。食物首先在口腔進行物理分解，一直持續到胃裡，胃裡的化學物質也有助於食物分解。進一步的化學消化則在小腸進行，養分會由腸壁吸收。

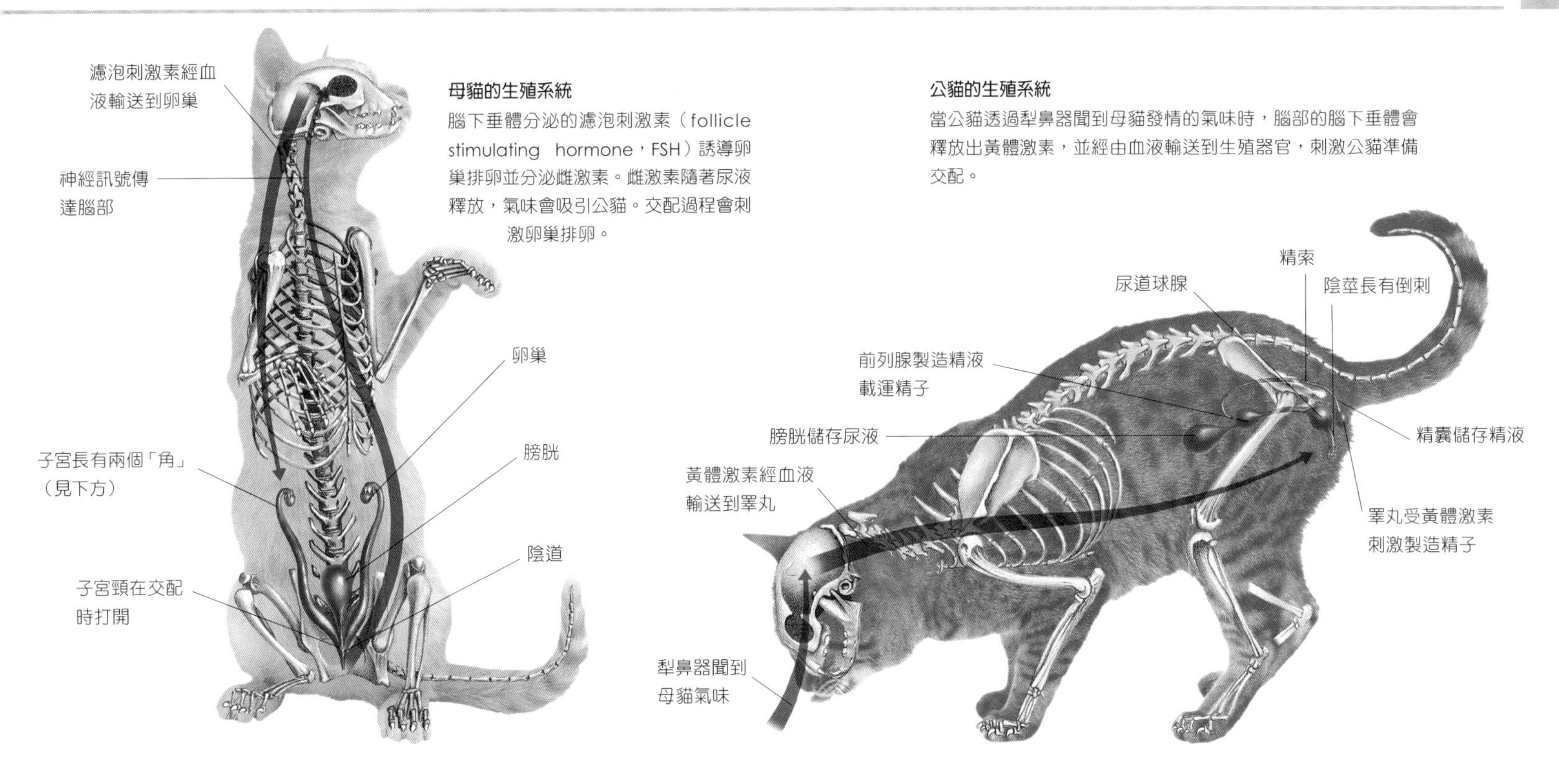

母貓的生殖系統

腦下垂體分泌的濾泡刺激素（follicle stimulating hormone，FSH）誘導卵巢排卵並分泌雌激素。雌激素隨著尿液釋放，氣味會吸引公貓。交配過程會刺激卵巢排卵。

公貓的生殖系統

當公貓透過犁鼻器聞到母貓發情的氣味時，腦部的腦下垂體會釋放出黃體激素，並經由血液輸送到生殖器官，刺激公貓準備交配。

腸，化學性的消化作用多半都在這裡進行。由肝臟分泌、儲存在膽囊裡的膽汁，以及胰臟分泌的混合酵素會注入這一小段迴腸，消化脂肪、蛋白質和醣類。這些營養素再由小腸壁吸收進入血液，運送至肝臟，處理成有用的分子。水分由結腸吸收，殘餘渣滓則形成糞便經肛門排出。

排泄作用

除了固態的渣滓外，肝臟消化後的廢物會送至腎臟處理。腎臟的主要功能是濾清血液，除去可能有害的代謝廢物，例如尿素。腎臟也會控制貓的體液成分與含量。廢棄物質離開腎臟，溶解於水中就形成尿液。兩側腎臟各有一條輸尿管，尿液沿狹窄的輸尿管流出，儲存在膀胱裡。這個器官狀似氣球，最多可以儲存100毫升的尿液，尿液會經由尿道排出膀胱。尚未結紮的貓，尿的氣味特別刺鼻，貓用它來標記地盤或昭告發情狀態。

繁殖生育

貓一般在6到9個月大的時候性功能發育成熟，有些東方的品種可能更早。春天由於日照時數增加，體內的激素變化使得未結紮的母貓積極尋找配偶，這時候的母貓被形容為「發情」或「思春」。母貓會製造氣味，吸引能生育的公貓，也可能會叫喚公貓。交配過程會引起母貓的疼痛。公貓的陰莖長有大約120到150根向後突起的倒刺，會在公貓抽回陰莖時擦刮母貓的陰道，令母貓大聲哀號或憤而攻擊公貓。不過，這種疼痛似乎不會持續太久，因為發情期間母貓往往會和數隻不同的公貓多次交配。

這種疼痛也會刺激卵巢在初次交配的25到35小時之後排卵。卵子沿著子宮的兩個「角」（見上圖）向下移動。發情期接著逐漸緩和。要是沒有懷孕，母貓會在兩個星期後再度發情。要是交配成功，孕期大約是63天。產下的一窩小貓平均會有3到5隻，最多可以到10隻。

牙齒

小貓有26顆乳齒，未滿兩週大時長成，約14週大開始掉落。成貓有30顆恆齒。顎骨前端的小顆門齒用來咬住獵物，並兼具理毛的功能。犬齒則用來咬斷脊骨殺死獵物。貓沒辦法細細咀嚼，不過後側的牙齒能把食物咬成小碎塊再吞嚥。貓的裂齒（上顎的後前臼齒和下顎的臼齒）尤其擅於發揮剪刀般的功用剪斷食物。貓粗糙的舌頭表面覆滿小小的倒刺，進食時能從骨頭上剔下獵物的肉。

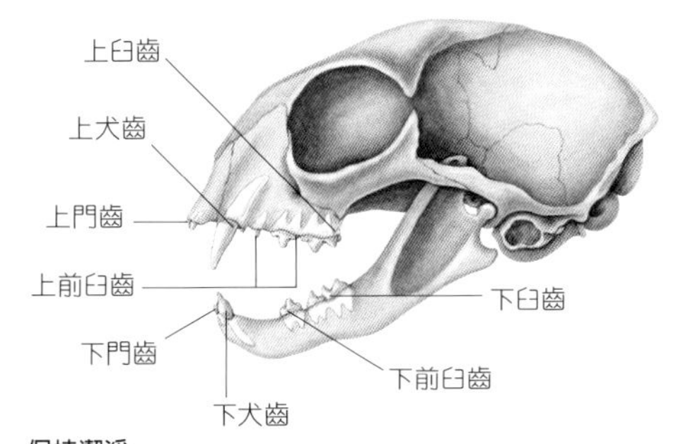

保持潔淨

獵物的骨頭能自然而然替貓清潔牙齒，骨頭會在貓進食之際擦刮牙齒。除非飼主定期替貓刷牙，否則飼養的貓很容易蛀牙。

免疫系統

貓有被細菌、病毒及其他傳染性因子感染的風險。為保身體健康，貓有強健的免疫系統，具防禦性的白血球會辨認「外來的」入侵者，趁其繁殖增生以前快速殲滅。有時候，免疫系統異常反應，會引起過敏或自體免疫疾病。隨著貓年紀漸長，免疫系統也會逐漸衰弱。

出生時的保護

小貓出生時，免疫系統發育尚不完全，易受疾病感染。不過母乳能帶來助益，特別是母貓剛生下小貓時所分泌的乳汁。這時的乳汁稱為初乳（colo-strum），只在產後72小時內分泌，呈濃稠的淡黃色，富含外在抗體，能保護小貓不受母貓已經免疫的疾病感染。保護會持續6到8週，之後小貓就能自行生成抗體。近來有研究指出，在出生18小時內攝取到初乳，對小貓非常重要。這段時間內，抗體能被小貓的腸壁吸收進入血液。這段時間過後，小貓的身體就失去了吸收母貓所傳遞之抗體的能力。

暴露於感染
生活在戶外的貓感染疾病的風險比室內的貓高得多，因為牠們可能會被其他的戶外貓傳染寄生蟲。此外，牠們也有誤食毒物、遭受狗等其他動物攻擊和出車禍的危險。

貓的免疫系統

免疫系統涵蓋所有能保護貓的身體、對抗疾病感染的部位。位於身體表面的皮膚和黏膜，作用如同抵禦致病微生物（病原體）的物理屏障。貓胃內強烈的胃酸能殺死多數由口鼻進入身體的病菌。經由切割傷或撕裂傷進入身體的病菌，會遭受白血球攻擊。白血球是免疫系統主要的組成元素，骨髓製造的數百萬顆白血球細胞，存在於血液和淋巴系統之內。淋巴系統是遍及全身的脈管網絡，會收集或排放內臟流出的淋巴液。淋巴管各處散落著充滿白血球的小淋巴結。淋巴結會過濾淋巴液，白血球會攻擊所有被攔下的病菌。扁桃腺、胸腺、脾臟和小腸內膜也都是淋巴系統的一部分。

白血球又分為好幾種，各有各的角色。它們會辨認並攻擊病原體，例如細菌、病毒、真菌、原蟲和寄生蟲，以及這些生物可能產生的有害化學物質（毒素）。白血球有以下幾種：

- 嗜中性球（neutrophil），吞噬並殺死傷口等感染部位的細菌和真菌。
- T細胞（T-cell），又稱T淋巴球（T-lym-phocyte），扮演多重角色，包括調節B淋巴球、攻擊病毒感染細胞和腫瘤細胞。
- B淋巴球（B-lymphocyte），製造名為抗體的蛋白質，抗體會附著於病原體上，中和病原體。
- 嗜酸性球（eosinophil），專門對付寄生蟲，所有的過敏反應都跟它有關。
- 巨噬細胞（macrophage），吞噬並消化其他白血球細胞所標記的病原體。

過敏、自體免疫與免疫不全

貓有時會因過敏而產生各種症狀，包括皮膚搔癢（貓如果不斷搔抓還會紅腫）、打噴嚏、哮喘、嘔吐、腹瀉和脹氣。會發生過敏是因為免疫系統對通常無害的外來物質過度反應，導致身體放出引起發炎的化學物質，例如組織胺。常見的過敏原包括：跳蚤咬、食物（通常是牛肉、豬肉或雞肉等肉類所含的蛋白質）、空氣傳播粒子（例如花粉），或是接觸到羊毛或清潔劑之類的物質。治療過敏最有效的辦法是去除過敏原，但有時很難找到引起過敏的具體原因。獸醫可能會開立抗組織胺藥物，用以緩解

壓力

貓很容易感受到壓力。家中發生變化，例如有新寵物或新生兒加入，甚至是搬動家具位置，常常都是貓的壓力來源。壓力會促使身體分泌如腎上腺素和皮質醇等激素（見第43頁）。這些激素短時間內能提高注意力並增加力氣，但若分泌時間過久，則會抑制免疫系統，損害貓抵抗感染和癌症以及病後快速康復的能力。

貓高度興奮的時候，例如跟其他貓或動物打鬥之際，腦部會分泌名為腦內啡的化學物質。腦內啡是天然的止痛劑，在這種情況下具有保護作用，能減輕咬傷或抓傷造成的疼痛。

皮膚搔癢。假如過敏的原因是跳蚤咬，就有必要進行驅蟲。

自體免疫疾病是由於免疫系統過度反應，攻擊自體組織所導致。天疱瘡（pemphigus complex）這一類皮膚疾病，以及全身性紅斑性狼瘡（systemic lupus erythematosus，SLE）這種多發性疾病，都是自體免疫疾病，雖然極少出現在貓身上。免疫系統也會隨著年紀而衰弱。某些貓的傳染病會攻擊免疫系統細胞，使貓容易罹患癌症與其他疾病。這一類病原體包括會攻擊特定T細胞的貓免疫缺陷病毒（feline immunodefiency virus，FIV），還有會導致白血球細胞罹癌的貓白血病病毒（feline leukemia virus，FeLV）。

預防接種

接種疫苗有助於讓貓免於罹患某些傳染性疾病。疫苗能刺激身體生成抗體，對抗特定的微生物，讓貓不用產生疾病症狀，就能對許多疾病免疫。例如在英國，貓可以施打疫苗，預防貓傳染性腸炎（feline infectious enteritis）、貓疱疹病毒（feline herpes virus）和貓杯狀病毒（feline calcivirus）。

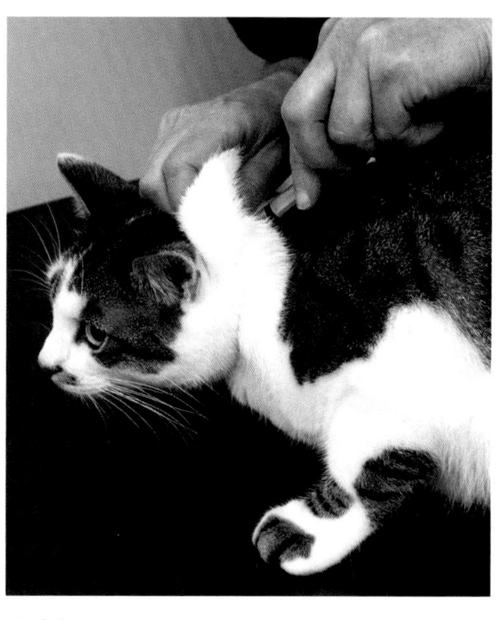

預防接種
獸醫會根據所在地區和貓的生活習慣（例如是待在室內的貓，還是愛跑戶外的貓），建議應該施打何種疫苗。第一根預防針在貓還小的時候就應該施打，之後終其一生每年補打。

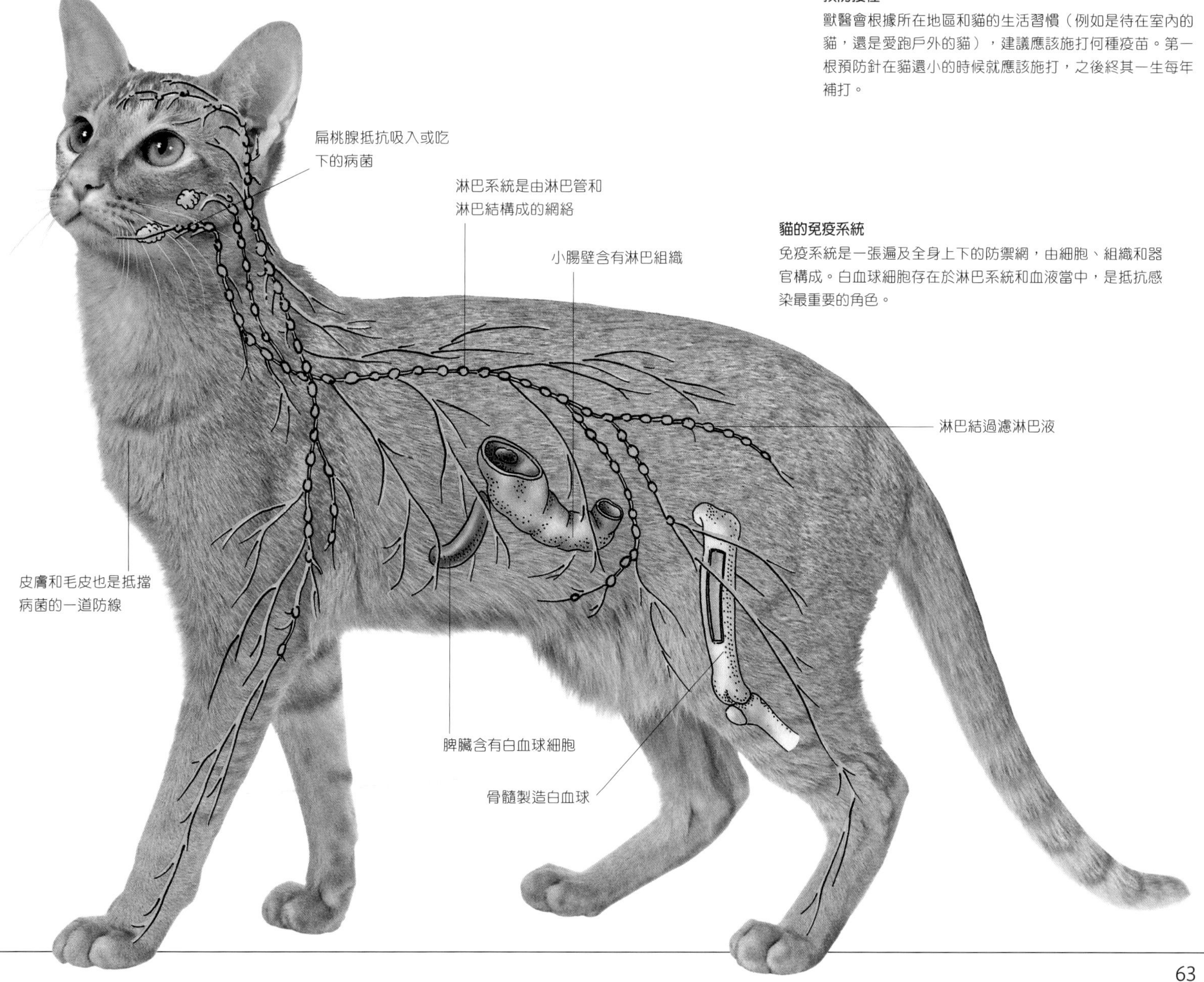

貓的免疫系統
免疫系統是一張遍及全身上下的防禦網，由細胞、組織和器官構成。白血球細胞存在於淋巴系統和血液當中，是抵抗感染最重要的角色。

認識不同品種

貓和其他馴養動物一樣，分為許多不同的品種。有名的品種包括暹羅貓、阿比西尼亞貓、曼島貓、波斯貓和緬因貓。隨著貓展在19世紀興起，貓也開始被分門別類，歸為不同的品種。今日，全世界有100多種貓與其變種，受到一個或多個官方貓協會認證。不過，大多數寵物貓並不屬於任何品種，而是隨機交配的結果，或者只是單純的「米克斯」。

品種的定義

品種指的是人為控制下培育出來的某一種馴養動物，生出來的子代都具有固定特徵。這個定義適用於大多數品種的貓，但有時為了健康因素，又或為了新增或改良毛皮之類的特徵，也會允許異型雜交（與其他品種交配）。貓的品種發展相對較晚。19世紀愛貓風氣興起，許多協會相繼成立，記錄參展貓咪的血統，並界定各品種的特徵，或稱「品種標準」。主要協會包括貓迷協會（Cat Fancier Association，CFA）、國際貓協（The International Cat Association，TICA），以及歐洲貓協聯盟（Fédération Internationale Féline，FiFe）和貓迷管理委員會（Governing Coucil of the Cat Fancy）。

外觀特徵

貓的品種依外觀界定，包括毛的顏色、斑紋和長度，頭部和身體的形狀，以及眼睛的顏色。某些罕見的特徵也用於界定特殊品種，例如無尾、短腿和摺耳。毛皮顏色和斑紋的變化特別多（見50-53頁），有些品種只有一種顏色，例如沙特爾貓（見115頁）；某些品種則可以有多種顏色和斑紋，例如英國短毛貓（見118-119頁）。

品種的發展

有些品種，如英國短毛貓，是孤立的貓群自然演化出來的，由於基因庫有限，使得該品種的貓都具有相似的典型外表。有些自然品種之所以誕生，則是因為身上的某種特徵有利於生存，例如緬因貓（見214-215頁）的長毛，就是面對北方寒冬不可或缺的要素。

基因變異造成的特徵，在數量較大的族群裡可能偶爾才會出現，但在孤立的小族群裡，會因為歷代近親繁殖而變得常見。這種遺傳影響稱為「創始者效應」（founder effect），曼島貓（見164-165頁）沒有尾巴就是一例。育種者利用這種效應，拿具有奇特突變特徵的貓培育新品種。蘇格蘭摺耳貓（見156-157頁）、曼基貓（見150-151頁）和斯芬克斯貓（見168-169頁）都屬此類。

遺傳作用

純種貓的培育者利用遺傳學知識，精確標定顯性基因或隱性基因造成的特徵。他們可以藉此預測不同親代所生的子代

家貓混種圖

- 圖表顯示家貓與貓科家族成員的關係，特別是與家貓混種培育出孟加拉貓和非洲獅子貓等新品種的小型野生貓科動物。圖表上野生貓科物種與家貓的距離愈近，表示血緣愈親近。
- 家貓的遺傳物質，或稱DNA，上有38個染色體（19對），跟幾種野生貓科動物一樣。因此即使物種間的懷孕期不同，依然有辦法讓家貓與小型野生貓科動物混種。最初的幾代，尤其是第一代混種（F1），生殖能力通常會大幅降低，但逆代雜交（back-crossing）可以改善這個問題。

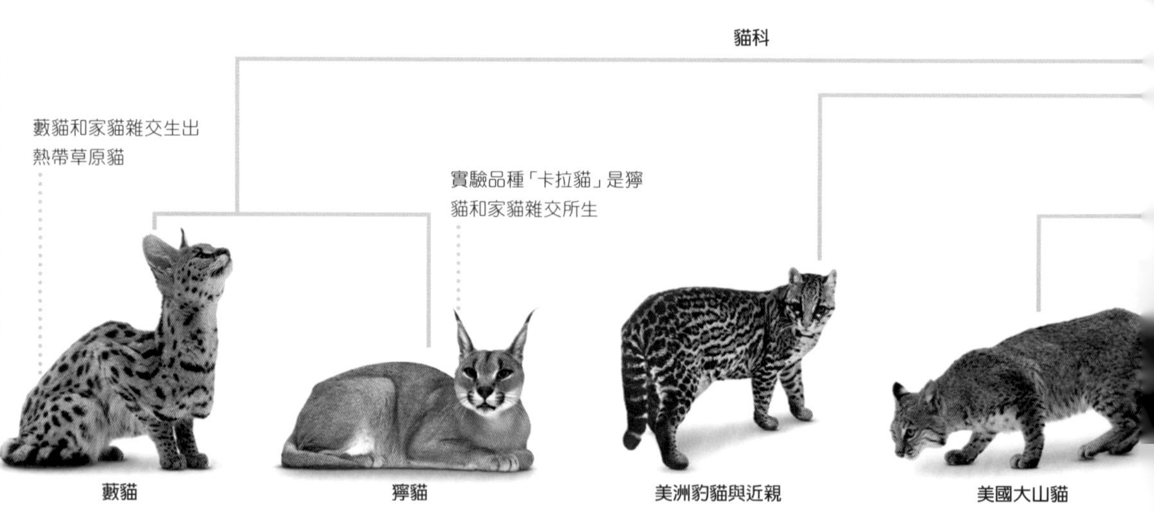

顯性與隱性基因

深色毛皮的貓繼承了至少一套顯性的深色素基因變異，稱為D，會製造充滿色素的毛髮。該基因的隱性版本稱為d，會減少毛髮內的色素含量，貓身上若有兩個d基因，毛色就會淡化。假如兩隻黑毛貓都有成對的黑毛基因（B）、一個深色素基因（D）和一個稀釋色素基因（d），那麼牠們所生的小貓將有四分之一機率會擁有藍色（經稀釋的黑色）的毛。

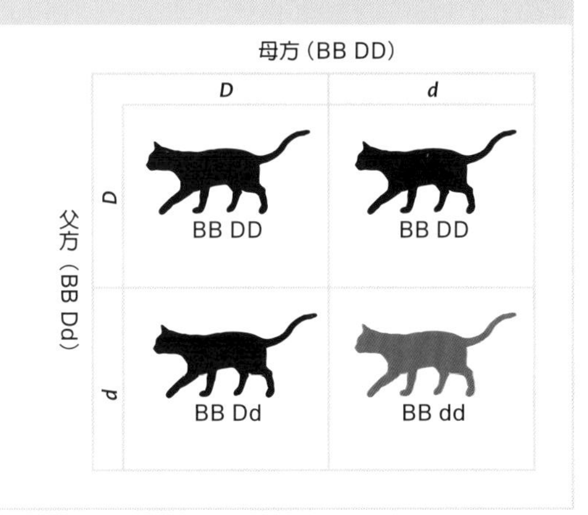

會有什麼外觀。顯性基因只要親代其中一方擁有，在子代身上就會顯現，例如相對於非虎斑毛皮的基因，產生虎斑毛皮的基因就是顯性基因。隱性基因需要親代各出一個形成一對，才能顯現效果。長毛就是一項隱性特徵。

異型雜交

貓迷協會透過品種標準，明白規定每一個品種允許與那些品種雜交，雜交種的小貓再根據外觀登記分類。雜交也用來培育新品種，例如長毛版本的短毛貓。

雜交也攸關某些品種的健康。例如，蘇格蘭摺耳貓通常是一隻摺耳貓與一隻正常耳朵的英國短毛貓或美國短毛貓混種所生。這樣配對可以避免小貓遺傳到兩個摺耳突變基因，否則小貓容易罹患影響骨骼發育的衰弱疾病。

美麗的混種貓
熱帶草原貓是21世紀的珍奇品種，由暹羅貓（見104-109頁）與藪貓雜交培育而成，保有藪貓的大耳朵、長尾巴和帶斑點的毛皮。

混種與新種

近幾十年來，家貓與其他種類的小型野生貓科動物雜交，生出一些新的品種，多半擁有具「異國風情」的美麗毛皮。這類混種貓包括孟加拉貓（見142-143頁）、非洲獅子貓（見149頁）和熱帶草原貓（見146到147頁）。

單純源自其他家貓的新品種，也不斷被培育出來，但有時候經過多年才會受到貓迷協會認可。商業育種的貓包括了毛茸茸的北極捲毛貓，牠是塞爾凱克捲毛貓（見174-175頁、248頁）與安哥拉貓（見229頁）雜交所生；還有斑乃迪克貓，牠是一種加入波斯貓基因的長毛沙特爾貓（見186-205頁）。

選擇合適的貓

貓的品種有別，需求也不盡相同。舉例來說，體型修長的品種（如暹羅貓）通常很活潑，喜歡融為家裡的一分子；比較矮壯的品種（如英國短毛貓）則往往比較閒散，喜歡安靜一點的生活。想飼養純種貓，一個方法是聯絡聲譽良好的育主。收容中心有時也能找到純種貓，但這些地方的貓大多非純種。

特定品種之所以引人喜愛，可能純粹是因為外觀，例如哈瓦那棕貓（見102頁）那一身豐厚的棕毛，或沙特爾貓（見105頁）濃密的藍灰色毛皮，就讓很多人神魂顛倒。有的愛貓人則是被埃及貓（見130頁）古老神祕的氣質或孟加拉貓（見142-143頁）狂野奪目的外表所吸引。體型、性情和毛髮長短，也是選擇品種的重要考量。

飼主也可能樂於飼養非純種貓，或稱「米克斯」，牠們不只相對容易取得（超過95%的貓都是米克斯），價格也便宜得多。

大小和體型

貓不像狗，各品種的體型大小差異不大，但品種之間還是存在一些變化。假如要養在公寓或小房子室內，建議飼養較小的品種。體型最小的品種有新加坡貓（見86頁）、侏儒羔羊貓（見153頁）和巴比諾貓（見154-155頁）。這些貓身材全都有如縮小版的曼基貓（見150-151頁），成年體重最少只有2公斤。其他小型品種多半是苗條的東方體型，包括孟買貓（見84-85頁）、哈瓦那貓和柯尼斯捲毛貓（見176-177頁）。在天秤的另一端，重量級的品種有高地貓（見158頁），成年體重可達11公斤。其他較大的品種還有緬因貓（見214-215頁）、土耳其梵貓（見226-227頁）及熱帶草原貓（見146-147頁）。這些大貓咪需要充裕的空間，不適合當只養在室內的寵物。

活潑或溫順

不同品種的貓，性情也不同。體態纖細的東方貓種，例如暹羅貓（見104-109頁）、東奇尼貓（見90頁）、緬甸貓（見87-88頁）、斯芬克斯貓（見168-169頁）、孟買貓和阿比西尼亞貓（見132-133頁），個性比其他品種的貓活潑愛玩，好奇心也更強。這些品種通常被認為比較聰明、比較願意學把戲，訓練後能戴上頸圈和繩子讓人牽著走，很多也十分吵鬧或「愛講話」。

比較悠閒安靜的品種，通常擁有厚實

結交新朋友
小貓如果很小就適應了社交互動，遇到陌生人類或其他寵物的時候，會表現得友善愛玩，不容易害怕或有攻擊性。

稀有品種
有些貓在品種的起源地廣受歡迎，但在其他地方卻不太有名。例如，千島截尾貓（見242-243頁）在日本和俄羅斯享有高人氣，在其他國家卻很罕見。

的「矮壯」體型，例如英國短毛貓（見118-128頁）、波斯貓（見186-205頁）和挪威森林貓（見222-223頁）。布偶貓（見216頁）和褴褸貓（見217頁）尤其溫順。這些貓極適合當寵物，但需要細心照顧，因為牠們不舒服也可能不會讓你知道。

長毛或短毛

貓品種可以大致分為短毛和長毛兩類。短毛貓包括暹羅貓、俄羅斯藍貓（見116-117頁）和孟加拉貓，一週只需要梳毛一到兩次。長毛貓需要主人更大的奉獻，尤其是娃娃臉的波斯貓，擁有一身絲滑長毛，必須每天梳毛才能避免糾纏打結，不處理的話會影響健康。其他有名的長毛貓還包括伯曼貓（見212-213頁）、布偶貓和西伯利亞貓（見230-231頁）。

珍奇品種

珍奇品種又稱設計師品種，近年漸漸蔚為流行，但是價格不菲，購買小貓可能要花上1000英鎊甚至更多。珍奇品種包括耳朵形狀奇特的貓，如蘇格蘭摺耳貓（見156-157頁）和美國捲耳貓（見238-239頁）；無毛的品種，如斯芬克斯貓和彼得禿貓（見171頁），牠們得在溫帶或寒帶地區得住在有中央暖氣調節的屋內。另外還有毛髮奇形怪狀或捲曲的貓，如美國硬毛貓（見181頁）、拉邦貓（見250-251頁）和多種捲毛貓。短腿的曼基貓及其「衍生」品種很多人求購，包括捲耳的金克羅貓（見152頁）、捲毛的斯庫康貓（見235頁），侏儒羔羊貓、無毛的巴比諾貓和長毛的小步舞曲貓（見236頁）。

擁有美麗毛皮、貌似小型野生貓科動物的貓也愈來愈受歡迎。這些品種有的完全源自家貓，如加州閃亮貓（見140頁）、埃及貓和肯亞貓（見139頁）；其他如孟加拉貓、熱帶草原貓和非洲獅子貓（見149頁），則是家貓與其他貓科動物混種培育而成。混種貓大多活力充沛，可能會欺負其他的貓。

取得貓

不管選擇飼養什麼品種，第一步都是要找到名聲良好的育主。想找純種的小貓，先連絡愛貓社團或育種協會，或是參觀貓展，帶貓去現場展出的人可能會提供建議，甚至自己就是育主。你所在地區的獸醫院也可能有推薦的育主。

育主要能夠回答與選定品種有關的疑問，以及該品種的飼養需求。購買之前，你應該也能先見到小貓與母貓，且有機會詳加觀察。好的育主會向未來飼主提問如何餵養及照顧小貓，若一切順利沒有疑慮，育主會在小貓12週大的時候，安排新飼主前來領取已能適應社會生活且驅過蟲、施打過疫苗的小貓。

很多理想的寵物可以在收容中心找到，尤其若想找一隻年齡較大、個性已經穩定下來的貓，這些地方值得一探。收容所大多是非營利組織，通常只會收取一筆認養費用，用於幫助所內安置的貓，補貼飼料和醫療花費。收容中心偶爾也會出現純種的貓，特別是那些較受歡迎的品種，但收容中心還是適合不執意養純種貓的人，所內收容的大多是隨機配種的貓（見182-183頁、252-253頁），牠們同樣都需要一個溫暖的家。

救我出去
想找純種貓，特別是成年的寵物貓，收容中心值得一試。尋找新家的純種貓有時會輾轉來到收容中心，且通常比直接向育主購買便宜很多。

特別照顧
收容中心裡很多是老貓，可能因為飼主過世而來到這裡。假如你選擇認養年老或殘疾的貓，收容中心可能會協助支付寵物未來的醫療照護費用。

第四章

貓種介紹

天生獵手

阿比西尼亞貓毛皮光滑，非常適合這樣一種溫暖氣候區的獵食者。密實的毛皮提供足夠的隔絕防護，但又能讓貓在高莖草之間穿梭自如。

短毛貓

不管體型大或小，野生或馴養，貓大多數都是短毛。貓是天生的捕食者，仰賴潛行和間歇性衝刺，因此對牠們而言，這是合理的演化發展。貓要狩獵，短毛比較有利，因為能毫無阻礙地穿行於植被茂密的地形，在狹小的角落也能自由移動，展開閃電撲擊。

短毛的演化

大概4000多年前，最早馴化的貓擁有一身短毛，毛皮光滑的外表從此盛行到現在。毛短的話，顏色和圖案都能清楚顯現，貓的體態也能充分展現。至今，短毛貓已發展出數十個品種，但可以分成三大類：英國短毛貓、美國短毛貓和東方短毛貓。

前兩類基本上是一般家貓，數十年來經過品種培育改良。這些貓健壯結實，頭部渾圓，一身濃密的雙層短毛。外表差異顯著的東方短毛貓，與亞洲沒什麼關聯，是在歐洲經過與暹羅貓雜交培育出的品種，擁有排列緊密的細緻短毛，裡層沒有絨毛。

其他廣受喜愛的短毛貓種包括：緬甸貓，毛皮蓬厚的俄羅斯藍貓（絨毛很短，會把上層的護毛撐起來），還有異國短毛貓，明顯融合波斯貓的外表，但毛較短，比較容易打理。

短毛的特徵在很多無毛貓種身上發展到極致，包括斯芬克斯貓和彼得禿貓。這些貓通常並非完全無毛——大多數身上都覆蓋著一層細緻的體毛，觸感類似麂皮。短毛的另一種變化可以在捲毛貓身上看到，捲毛貓擁有波浪或捲曲的毛髮，其中最出名的是德文捲毛貓和柯尼許捲毛貓。

易於保養

飼養短毛貓的一大好處，就是貓毛不太需要梳理就能維持在良好狀態，若有寄生蟲或傷口也很容易看到並加以處理。但是飼養短毛貓並不保證地毯和沙發上不會有貓毛，尤其在貓的厚絨毛換季脫落的時期，連東方短毛貓這種單層毛的變種也還是會掉一些的毛。

熟悉的臉

大眼睛、扁臉，兩頰圓嘟嘟，異國短毛貓的臉明顯展露出遺傳自波斯貓的特徵。牠還有一身厚毛，在短毛貓之間十分獨特。

異國短毛貓 Exotic Shorthair

發源地 美國，1960年代
品種登錄 CFA、FIFe、GCCF、TICA
體重範圍 3.5-7公斤
理毛頻率 一週2-3次
毛色與斑紋 幾乎涵蓋所有毛色和斑紋。

茸毛玩偶

圓滾滾的頭、毛絨絨的身體、蹋鼻子加上大眼睛，異國短毛貓有個廣為流傳的暱稱，叫「泰迪熊貓」，大部分育種者在宣傳時也不忘提到這一點。雙層毛皮特別柔軟、厚實，與其他短毛品種很不一樣。異國短毛貓的毛皮內層有纖長的絨毛，遺傳自波斯貓祖先，會撐起表層的毛。

親人的品種，天性討喜，相對於長毛的波斯貓，是比較不需要費心照顧的版本。

異國短毛貓最早於1960年代在美國培育出來，到了1980年代也出現廣受歡迎的英國版本。這種貓是透過育種計畫，讓波斯貓與美國短毛貓（見113頁）雜交培育而成，目的是為了改良後者的毛皮。後來也有讓波斯貓與緬甸貓（見87-88頁）、阿比西尼亞貓（見132-133頁）和英國短毛貓（見118-127頁）雜交的作法。早期育主的目標是想培育出一種像波斯貓一樣銀毛綠眼、但是短毛的貓，到了後來，目標變成是要培育出臉形和體型像波斯貓、但是短毛的貓。異國短毛貓結合了波斯貓的圓臉和安靜的性情，但身上的短毛厚實柔軟，比起長毛的版本，比較不需要梳理。因為這樣，牠們有時被又稱為「懶人的波斯貓」。這種貓個性溫和，具有波斯貓祖先安靜溫順的天性，樂於在室內當寵物，有人在旁邊陪牠玩或提供膝枕，牠就很開心。異國短毛貓的聲調柔和，很少發出噪音，但喜歡受人注意，很多會坐在人面前，盯著人討抱抱。

小貓

泰國御貓 Khao Manee

發源地 泰國，14世紀
品種登錄 CFA、GCCF、TICA
體重範圍 2.5-5.5公斤

理毛頻率 每週
毛色與斑紋 只有白色。

聰明外向的品種，有高度的好奇心，渴望探索周遭環境。

這種貓是泰國的原生種，名字直譯為「白寶石」。早於14世紀，泰國的詩歌就記載了顯然是這種類型的貓，形容牠體色純白，「雙眼如剔透的水銀」。泰國御貓是泰國王室的珍寵（見右欄），不曾在原生國以外出現，直到1990年代才有美國育主進口了一對到美國。如今，泰國御貓在多處引起注目，特別是在英國和美國。2013年，國際貓協（TICA）頒給泰國御貓「冠軍級」（championship level）的地位。這種貴族貓以眼睛色澤多變聞名，可能雙眼同色，也可能雙眼異色，或是同色但不同色調，甚至可能兩眼分別具有雙色。毛色則一律純白，雖然有的小貓出生時頭部會有一個深色斑點。泰國御貓大膽、友善、愛搗蛋，叫起來有時也很大聲。這種外向的貓據說很喜歡人類陪伴，既可以與家庭成員玩耍，也不介意接待家裡的客人。

尾巴和身體一樣長，愈末端愈細

小貓

王室珍寵

歷史上有很長一段時間，泰國御貓在人心中地位不凡，只有王室有資格擁有。暹羅（今日泰國）最偉大的君王之一，朱拉隆功國王（King Chulalongkorn），又稱拉瑪五世（Rama V，1868-1910），特准其子培育這個品種。好幾代的泰國御貓都養在王宮內受到保護，據說1926年的加冕典禮曾抱出一隻泰國御貓，作為儀式的一部分。

科拉特貓 Korat

發源地 泰國，約12 - 16世紀
品種登錄 CFA、FIFe、GCCF、TICA
體重範圍 2.5-4.5公斤
理毛頻率 每週
毛色與斑紋 只有藍色。

這種迷人的貓歷史悠久輝煌，很適合當家庭寵物，但有時候個性頑固獨斷。

只有極少數的貓品種真正稱得上歷史悠久，源自泰國的科拉特貓便是其一。牠曾出現在一本名為《貓詩經》（The Cat Book Poems）的古籍裡，這本書可追溯到當時暹羅的大城王朝（1350-1767年）。科拉特貓在原生國被視為幸運的象徵，長年以來受到珍愛，但西方人大多不曾耳聞，直到20世紀中葉才有一對用於育種的貓送至美國。這種姿態優雅、銀藍色澤的貓，會是很特別的寵物，通常極為活潑，但也有平靜的時刻，且對主人溫順親暱。由於牠的感官敏銳，吵雜聲響或突來的撫摸很容易嚇到這種貓。

這個品種**在美國的起源**是一對來自**泰國的貓**，名叫**娜拉**和**達拉**。

中國狸花貓 Chinese Li Hua

發源地 中國，2000年代
品種登錄 CFA
體重範圍 4-5公斤
理毛頻率 每週一次
毛色與斑紋 只有棕色鯖魚虎斑。

這種貓是已知最早的家貓品種之一，精力充沛，需要有活力的主人，還要有充足空間供牠走動。

狸花貓又可稱為龍狸貓，幾百年來，符合這種描述的貓在中國似乎十分常見。但在更廣大的世界裡，這種貓還算是新來乍到，2003年才被承認為實驗品種，不過已經引起國際間的關注。中國狸花貓是大型貓，體格強健，有一身美麗的虎斑毛皮。雖然不會特別對人流露感情，但是友善忠實的寵物。這種貓個性活潑，是高明的獵者，需要空間運動，不適合被關在小公寓裡。

在**中國**，曾有人**訓練**一隻狸花貓去**叼早報**。

亞洲波米拉貓 Asian-Burmilla

發源地 英國，1980年代
品種登錄 FIFe、GCCF、TICA
體重範圍 4-7公斤
理毛頻率 每週2-3次
毛色與斑紋 很多陰影色，包括丁香色、黑色、棕色、藍色和玳瑁色，底色有金色或銀色。

迷人的貓，擁有可愛的外表和性情，能與孩童和其他寵物相處融洽。

1981年，一隻丁香色的緬甸貓（見87頁）與一隻波斯金吉拉貓（見190頁）意外交配生出一窩小貓，毛皮美麗異常。飼主大受鼓舞之下，進一步實驗育種，因而造就了波米拉貓。這種貓擁有亞洲品種的優雅身材、一雙迷人的大眼，以及色調優美的陰影色或尖點色毛皮，後來也出現長毛版本。雖然還不常見，但這個聰明又迷人的品種正愈來愈受歡迎。波米拉貓兼具緬甸貓古靈精怪的性格，又受到金吉拉貓偏好安靜的天性所中和。喜歡玩耍，但也隨時能靜下來在人的腿上靜靜打盹。

亞洲煙色貓 Asian-Smoke

發源地 英國，1980年代
品種登錄 GCCF
體重範圍 4-7公斤

理毛頻率 一週2-3次
毛色與斑紋 表層任何顏色都有，包括玳瑁色；裡層銀色。

這種貓好奇心強、愛玩且聰明，有人注意時反應熱烈，可能會對陌生人友善。

這種優雅的貓原本叫百慕貓（Burmoire），是波米拉貓（見左頁）和緬甸貓（見87頁）雜交所生。亞洲煙色貓擁有所有亞洲貓品種之中最迷人的毛皮：上半部為深色，通常是單色，在貓走動或被人撫摸的時候，毛髮會蕩漾開來，露出裡層閃亮的銀色絨毛。亞洲煙色貓好動、愛玩，個性外向，有高度的好奇心，凡事都愛一探究竟。只要有主人充分的陪伴、逗弄和寵愛，亞洲煙色貓很樂於待在屋裡。

這個品種的**亞洲貓**身上有**抑制基因**，會**抑制毛幹的顏色**。

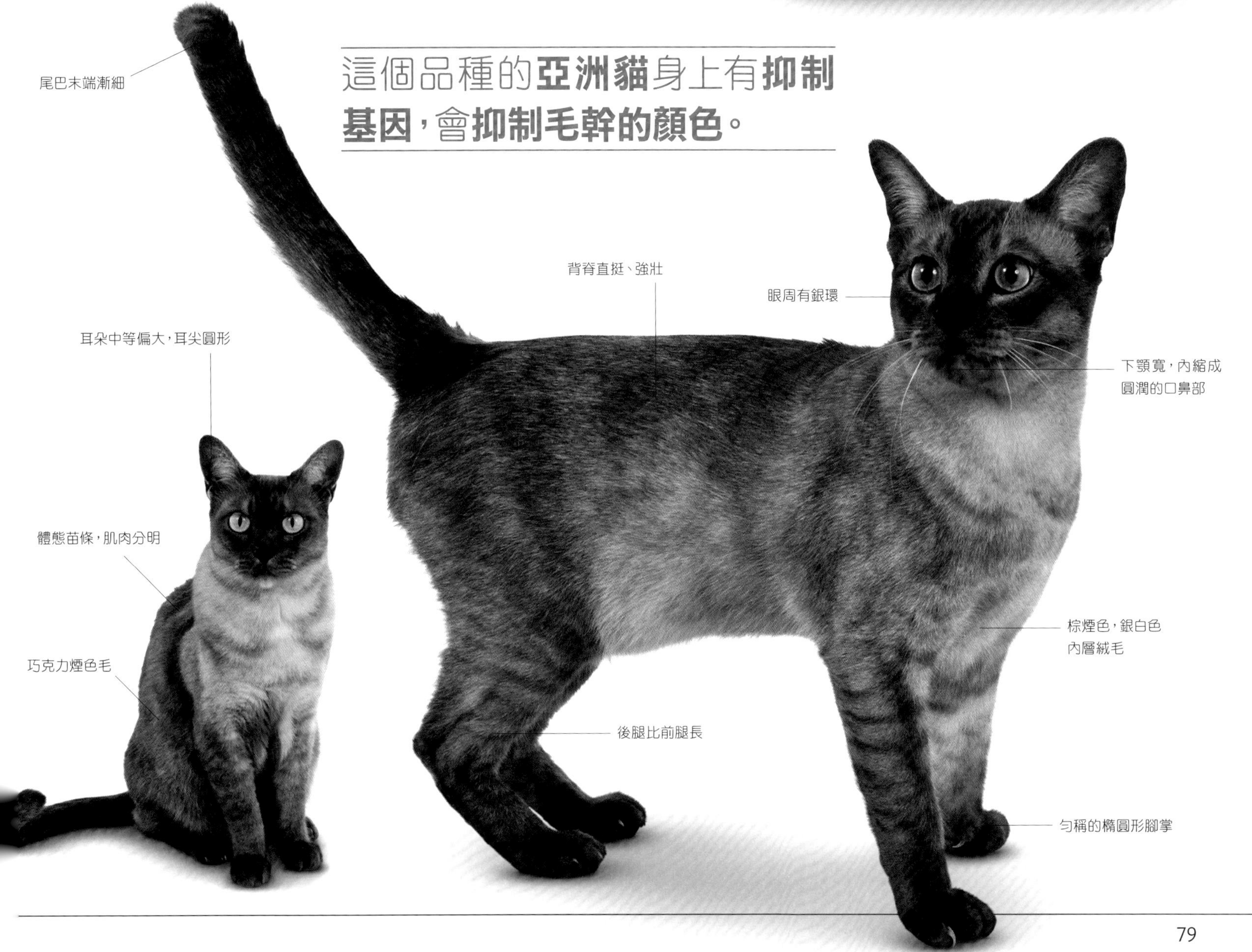

美麗的意外

無意間配種創造出的亞洲波米拉貓，個性外向但好相處，具有異國風情但不會過分極端。能動能靜，不論吵鬧玩耍或安靜消磨時光都一樣開心。

亞洲單色貓和玳瑁貓 Asian-Self and Tortie

發源地 英國，1980年代
品種登錄 GCCF
體重範圍 4-7公斤
理毛頻率 一週2-3次
毛色與斑紋 所有單色和多種玳瑁色。

這種可愛的貓活潑機警，想找個忠實良伴的人一定會為之吸引。

為了培育不同毛色的緬甸貓(見87-88頁)，實驗結果創造了這種貓。這個英國品種的貓還包括一種全黑的版本，稱為英國孟買貓，很容易與另一個同樣稱為孟買貓（見84-85頁）的美國品種混淆。美國孟買貓有不同的品種歷史。比起有血緣關係的緬甸貓，亞洲單色貓比較不會在家中吵鬧，但想要人注意的時候（也就是大部分時候），仍會不斷出聲昭告牠的存在。這種貓友善、黏人，會像狗一樣忠心耿耿，喜歡跟著主人到處走。

小貓

單色品種的亞洲貓身上**沒有虎斑花紋**。

亞洲虎斑貓 Asian-Tabby

發源地 英國，1980年代
品種登錄 GCCF
體重範圍 4-7公斤

理毛頻率 一週2-3次
毛色與斑紋 斑點、經典、鯖魚或多層色虎斑，有多種不同顏色。

這種迷人的貓雖然天性好奇，但性情友善，很適合有孩子的家庭。

亞洲貓種的這個成員共有四種不同的虎斑花紋：經典、鯖魚、斑點和多層色虎斑。各式各樣的條紋、渦紋、環紋和斑點，會配上眾多美麗的毛色。最常見的斑紋是多層色虎斑，每一根毛髮上頭都有濃淡相間的色帶。亞洲虎斑貓和所有近親一樣，身體線條優雅、結實，兼具用於育種的緬甸貓外向的個性，以及波斯金吉拉貓（見190頁）偏好安靜的天性。這個品種的貓可以當可愛的家庭寵物，因此日漸受到歡迎。

小貓

孟買貓 Bombay

發源地 美國，1950年代
品種登錄 CFA、TICA
體重範圍 2.5-5公斤

理毛頻率 每週一次
毛色與斑紋 只有黑色。

這種迷你「黑豹」有一身光滑的毛皮，跟一雙懾人的古銅色眼睛，不像其他亞洲貓種那麼多話。

專為外表培育出來的孟買貓，是一隻紫褐色美國緬甸貓（見88頁）與一隻黑色美國短毛貓（見113頁）配種的結果。這個品種的貓，毛皮柔潤光滑，毛色只有黑色，生有一雙金黃或古銅色澤的大眼睛。孟買貓或許外型像黑豹，但其實是名符其實的愛家宅貓，很少有貓像牠一樣擅於社交又討喜。孟買貓聰明且好相處，想隨時待在主人身邊，如果單獨留在家裡太久容易悶悶不樂。這種貓遺傳了緬甸貓好奇心強又愛玩的天性，不會整天躺在那裡。孟買貓喜歡玩耍，隨時期待有人逗牠——或者牠也會逗弄主人。孟買貓與孩童和其他寵物相處融洽。

小貓

純黑無瑕

美國最早的育主妮奇·侯納（NikkiHorner）歷經了多次嘗試與多次失敗，才終於培育出完美的孟買貓。她希望用深邃的古銅色眼睛襯托那光澤閃耀的黑毛，結果發現眼睛的顏色特別難以掌握。即便在侯納終於培育出她夢想中的貓以後，也還要再等很多年，孟買貓才受到官方認證，獲准參加正式的貓展分級競賽。

古銅色雙眼分得很開

頭部輪廓柔和渾圓

炭黑色毛皮帶有深邃光澤

圓臉

鼻尖略圓

口鼻部寬而圓

圓腳掌

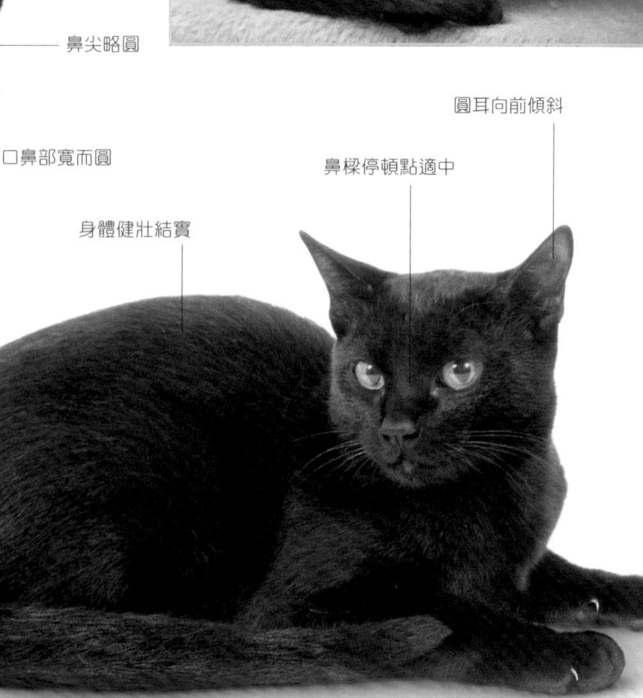

不害臊

靈巧閃亮的孟買貓在人前總是充滿自信。只要願意逗牠或把大腿借給牠坐，這個品種的貓隨時能向任何人主動示好。

新加坡貓 Singapura

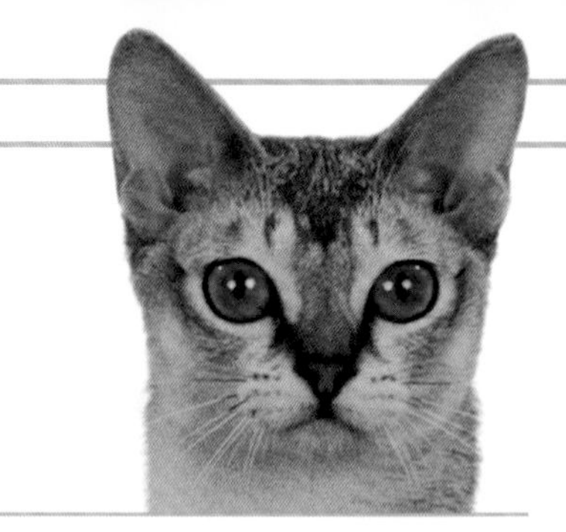

發源地 新加坡，1970年代
品種登錄 CFA、FIFe、GCCF、TICA
體重範圍 2-4公斤
理毛頻率 每週一次
毛色與斑紋 深褐鼠灰色；海豹棕多層色配象牙底色。

這種友善的貓樂於成為目光焦點，總是會陪你一起迎接訪客。

1970年代，美國科學家哈爾・米道（Hal Meadow）在新加坡工作，這種嬌小的貓身上搶眼的多層色毛皮，擄獲了他的目光。於是米道和妻子著手展開新加坡貓的育種計畫，在新加坡和美國兩地一起進行。到了1990年代，英國育種者也對這種貓產生興趣。新加坡貓如今舉世聞名，不過依舊十分少見。這種貓個頭雖小，但個性奔放，愛窺探也愛搗蛋，最愛站在書架上或主人的肩頭上，居高臨下地探索世界。

歐洲緬甸貓 European Burmese

發源地 緬甸，1930年代
品種登錄 CFA、FIFe、GCCF、TICA
體重範圍 3.5-6.5公斤

理毛頻率 每週一次
毛色與斑紋 單色或玳瑁色，有藍色、棕色、奶油色、丁香色和紅色。斑紋一定是深褐色。

自信且充滿好奇，這種貓是絕佳的陪伴者，樂於參與你的大小事。

這個品種的貓是在1930年代，以東南亞引進的貓為基礎，在美國培育出來的。1940年代晚期，有幾隻緬甸貓從美國送到了英國，結果在英國換了一副新的外表。比起美國的緬甸貓，歐洲緬甸貓的頭部和身體略長一些，而且毛色變化較多。這種天性柔順的貓，有豐沛情感能向人表露，需要溫暖的家庭徹底接納牠成為家中一分子。緬甸貓不太適合被長時間留在家裡自立自強。

世界上第一隻**藍色緬甸貓**，1955年誕生在**英格蘭**。

美國緬甸貓 American Burmese

發源地 推測為緬甸，1930年代
品種登錄 CFA、TICA
體重範圍 3.5-6.5公斤
理毛頻率 每週一次
毛色與斑紋 包括褐色、巧克力色、藍色和丁香色。

這種貓隨時都想跟人聯絡感情，會主動尋找溫暖的膝頭和溫柔的撫觸。

緬甸貓是如何來到西方的，有不少互相矛盾的說法。目前能確定的只有這件事：有一隻這樣的東南亞貓，是一位湯普森博士的寵物，於1930年代出現在美國，並且被用來開發新品種。最早受到認可的美國緬甸貓，毛色全是飽和的深棕色。後來還有更多毛色被接受，不過變化沒像歐洲緬甸貓那麼多。歐洲緬甸貓的外表也比較東方。緬甸貓是可愛的家庭寵物，不管給牠多少的陪伴和注意，牠都不會嫌多。

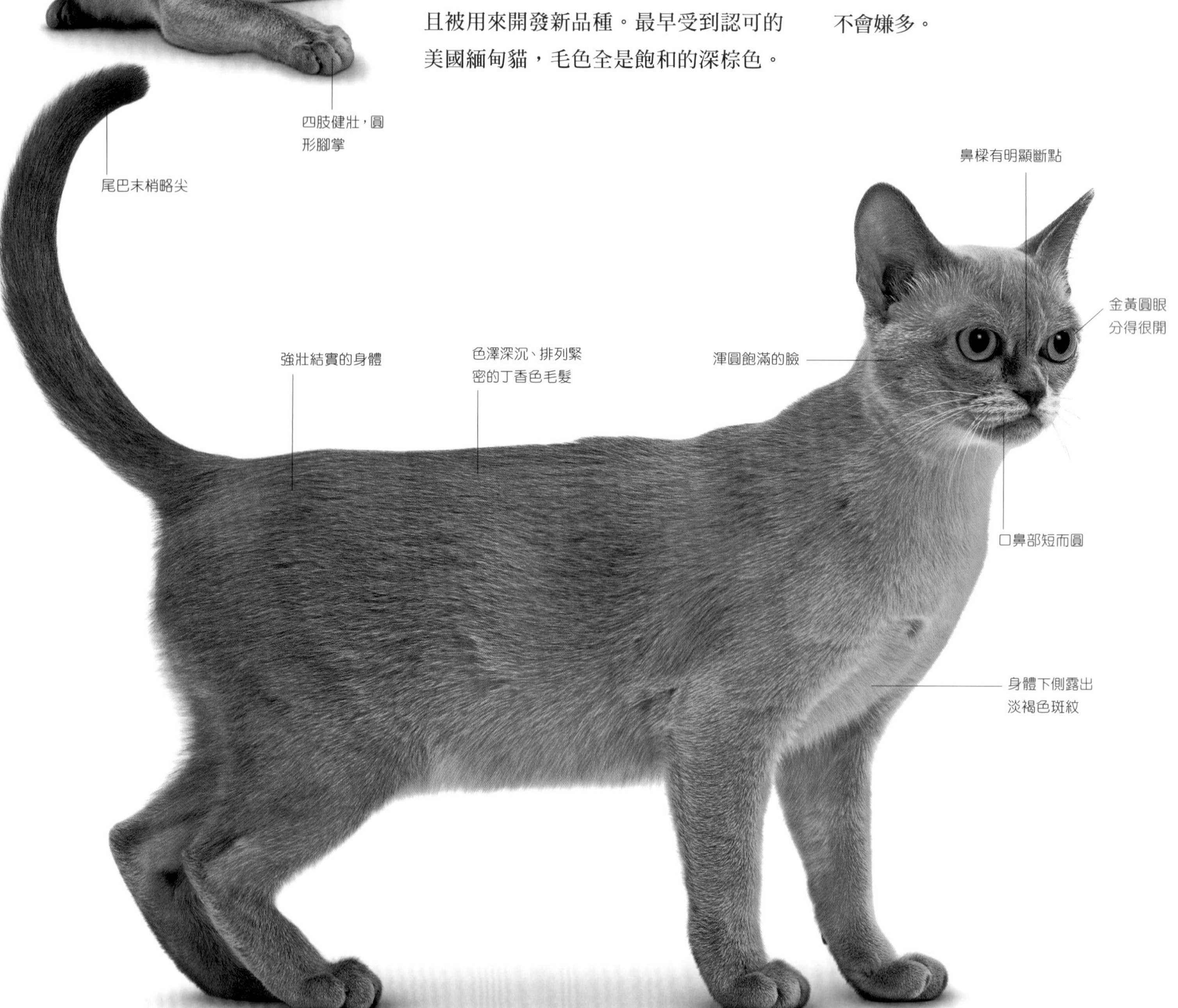

曼德勒貓 Mandalay

發源地 紐西蘭，1980年代
品種登錄 FIFe
體重範圍 3.5-6.5公斤
理毛頻率 每週一次
毛色與斑紋 多種單色、多種斑紋，包括虎斑和玳瑁。

這種毛皮閃亮的美貓，個性調皮又大膽，有時候會看到牠挑戰超出自己能力以外的事。

1980年代，紐西蘭兩名育種者各自發現，緬甸貓（見87-88頁）和家貓隨機交配，結果生出了很有潛力的小貓。兩人繼續用這些小貓培育出現在所稱的曼德勒貓，其品種標準與緬甸貓相同，但毛皮顏色有更多變化。這種可愛的貓毛皮柔亮光滑，加上金黃色的眼睛，在其原生國最為人知。曼德勒貓警覺心高，很活潑，靈活的骨架之間全是肌肉。對自己的家人溫和親暱，但見到陌生人通常會表現得小心翼翼。

曼德勒貓是**很聰明的貓**，以**力氣**和**耐力**聞名。

東奇尼貓 Tonkinese

發源地 美國，1950年代
品種登錄 CFA、GCCF、TICA
體重範圍 2.5-5.5公斤
理毛頻率 每週一次
毛色與斑紋 除了肉桂色和小鹿色以外的所有顏色，斑紋有尖點、虎斑和玳瑁。

這種貓時髦優美，但又肌肉強健、分量十足，若希望貓能時常趴在你膝上，這種貓很理想。

這種混種貓是緬甸貓和暹羅貓雜交所生，融合了親代兩個品種的毛色，但身體比很多亞洲血統的貓結實。在英國和發源地美國，牠都有很高的人氣。東奇尼貓具備獨立精神，找到機會就想當家裡的大王，但也有親人的天性，會迫不及待且心甘情願地爬到主人腿上。玩耍、與其他寵物互動、接待客人等事，東奇尼貓都很喜歡。

這種貓**當初**培育時稱為**黃金暹羅貓**。

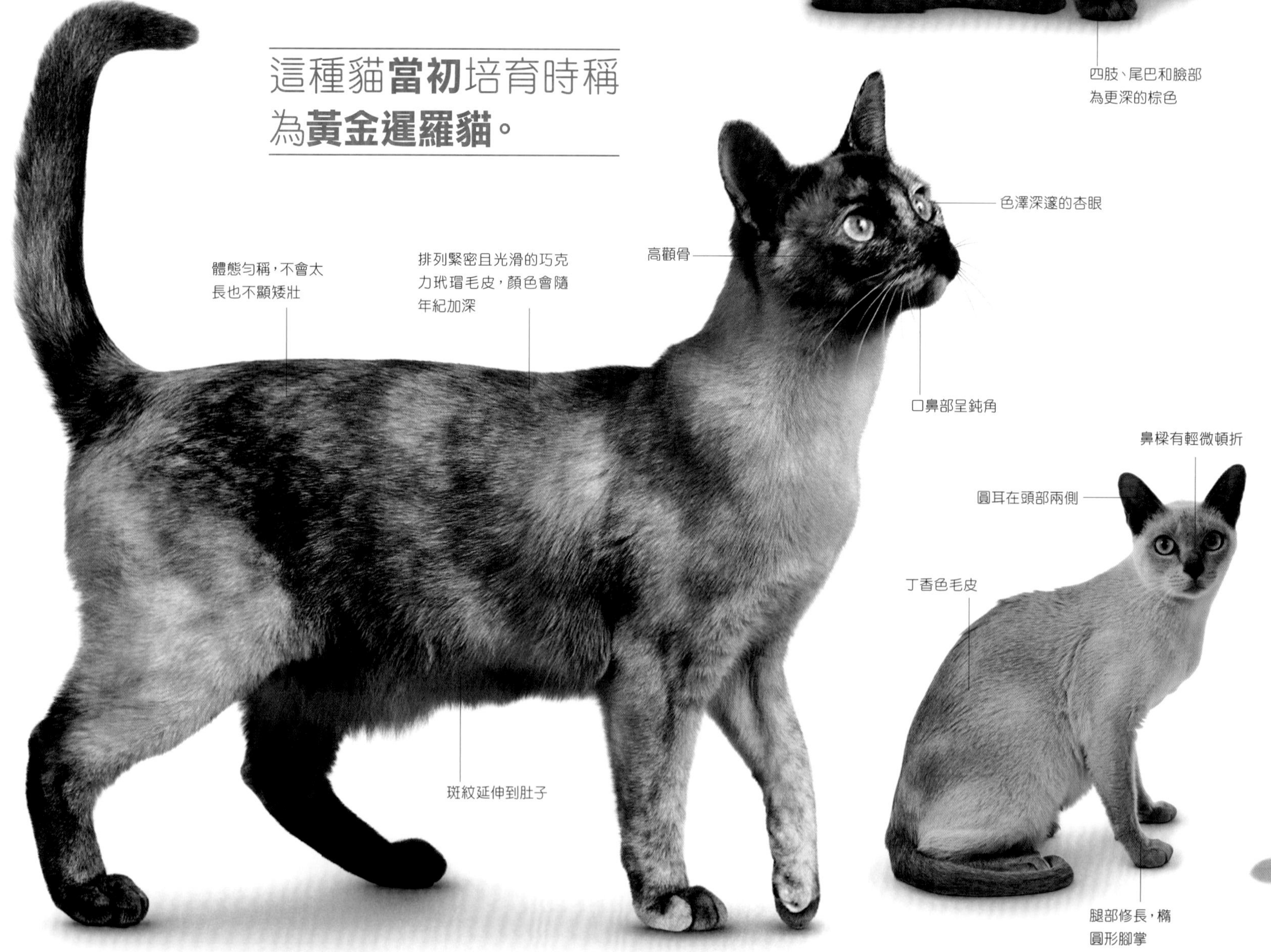

東方異國白貓 Oriental-Foreign White

發源地 英國，1950年代
品種登錄 CFA、FIFe、GCCF、TICA
體重範圍 4-6.5公斤
理毛頻率 每週一次
毛色與斑紋 只有白色。

這種玲瓏優雅、具貴族氣息的貓，擁有一身閃亮的白毛，且非常親人，是活潑又忠實的良伴。

這種貓的培育始於1950年代，由暹羅貓和白色短毛貓雜交而成。最初在英國，這些混種貓的眼睛有橘色也有藍色，但經選擇育種後，生出了只會是藍眼睛的貓，取名為異國白貓。在其他地方，綠眼睛和藍眼睛都受到認可，這種貓也被認定是東方短毛貓（又稱東方白貓）的單色變種。這個惹人注目的品種，具有暹羅貓典型的修長體態和活潑的個性。很多藍眼白貓易有造成耳聾的基因缺陷，但異國白貓沒有這個問題。

東方短毛貓種當中，**只有異國白貓無法**跟其他東方短毛貓**配種。**

迷人的混血兒
東奇尼貓的體態介於極度瘦長的東方貓和典型矮壯的短毛貓之間。在早期的育種計畫裡，牠原本被稱為黃金暹羅貓。

單色東方短毛貓 Oriental-Self

發源地 英國，1950年代
品種登錄 CFA、FIFe、GCCF、TICA
體重範圍 4-6.5公斤

理毛頻率 每週一次
毛色與斑紋 毛色包括棕色（又稱哈瓦那色）、黑檀木色、紅色、奶油色、丁香色和藍色。

這種貓是為了結合暹羅貓的體態與傳統單一毛色培育出來的，擁有高度好奇心，喜歡探索周遭環境。

單色的東方短毛貓在1950年代被培育出來，起初是用暹羅貓（見104-109頁）與其他短毛貓雜交，以消除暹羅貓典型的色點斑紋。最早的東方短毛貓，毛皮是飽滿的深棕色，被稱為哈瓦那色。後來幾年，這種貓在美國被用於培育另一個獨立品種，名為哈瓦那棕貓（見102頁）。此後數十年，更進一步的選擇育種為東方短毛貓引進了其他多種單一毛色，在英國有哈瓦那色的稀釋色，稱為丁香色；在美國則有薰衣草色。

肉桂色和小鹿色東方短毛貓
Oriental-Cinnamon and Fawn

發源地 英國，1960年代
品種登錄 CFA、FIFe、GCCF、TICA
體重範圍 4-6.5公斤
理毛頻率 每週一次
毛色與斑紋 肉桂色和丁香色，不摻雜絲毫白色。

這種貓美麗、聰明、靈敏，能和狗一樣忠心奉獻，有兩種稀有的毛色。

這種東方短毛貓的變種十分罕見，因為育種者發現牠們細膩的毛色很難培育出來。第一隻肉桂貓生於1960年代，是一隻阿比西尼亞公貓（見132-133頁）與一隻海豹斑點的暹羅母貓（見104-105頁）交配生下的小貓。這隻小貓的毛皮迷人，呈現獨特的色澤——比起東方短毛貓單一深邃的棕色，即所謂哈瓦那色，小貓毛色較淡，泛著紅色。這挑起育種者的興趣，用牠來發展新的品種。小鹿色東方短毛貓的誕生時間略晚一些，毛色是更加稀釋的棕色，帶有蘑菇粉紅（mushroom-pink）或玫瑰紅的色調，在陽光下特別明顯。

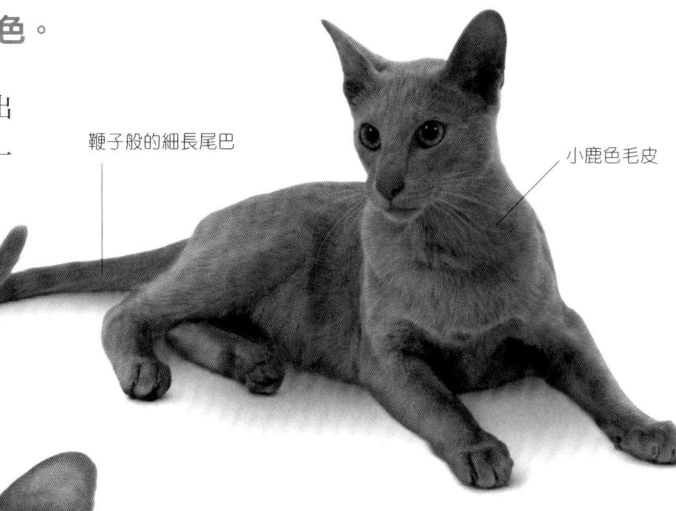

肉桂色毛皮呈現肉桂棒的**淡紅棕色。**

煙色東方短毛貓 Oriental-Smoke

發源地 英國，1970年代
品種登錄 CFA、FIFe、GCCF、TICA
體重範圍 4-6.5公斤
理毛頻率 每週一次
毛色與斑紋 東方單色、玳瑁色帶斑紋。

這種搶眼的東方短毛貓好奇與聰明兼備，隨時準備來一場大追逐。

1971年，一隻銀陰影色的混種貓和一隻紅重點色的暹羅貓，生下了一窩雜色小貓。其中一隻小貓的毛皮呈現所謂的煙色斑紋，激發育種者創造出一種全新外觀的東方短毛貓。煙色貓的每根毛髮都分成兩段不同顏色，上半段可能是單色——包括藍色、黑色、紅色和巧克力色——或玳瑁色；下半段則至少有三分之一截毛髮顏色很淡或是白色。淡色毛會從深色之間透出來，貓走動的時候特別顯眼。

陰影色東方短毛貓 Oriental-Shaded

發源地 英國，1970年代
品種登錄 CFA、FIFe、GCCF、TICA
體重範圍 4-6.5公斤
理毛頻率 每週一次
毛色與斑紋 除白色以外的所有顏色及虎斑花紋。

這種貓斑紋朦朧，別具美感，是天生的開心果，充滿活力與熱情。

一隻巧克力斑點的暹羅貓（見104-105頁）和一隻波斯金吉拉貓（見190頁）意外交配生下一窩小貓，其中兩隻擁有銀陰影色毛皮，引起育種者的興趣，進而推動了培育新品種東方短毛貓的緩慢進程。陰影色東方短毛貓的毛皮，基本上是改版的虎斑花紋，顏色較深的紋路只出現在毛髮的上半段，能形成多層色虎斑、斑點虎斑、鯖魚虎斑或經典虎斑花紋。這些斑紋在小貓身上可能很明顯，但隨著貓長大成熟，斑紋會愈來愈淡，有的甚至幾乎看不見。

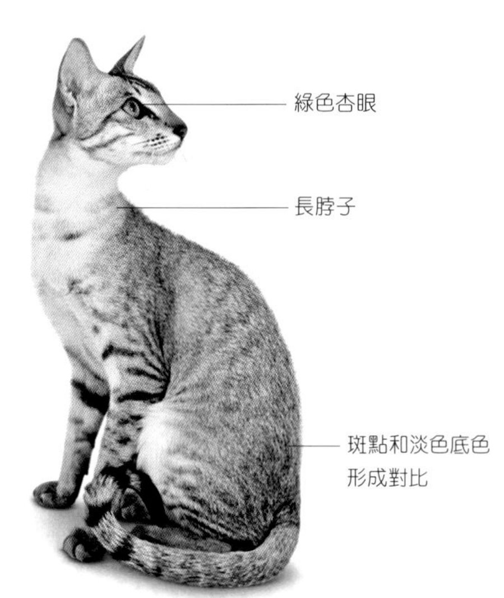

東方短毛貓有**300多種顏色，陰影色貓**擁有**白色底毛，**是其中的一種。

東方風格

虎斑東方短毛貓身形苗條，加上有條紋或斑點的毛皮，叢林氣息濃厚。所有傳統的斑紋和毛色都受到認可。

虎斑東方短毛貓 Oriental-Tabby

發源地 英國，1970年代
品種登錄 CFA、FIFe、GCCF、TICA
體重範圍 4-6.5公斤

理毛頻率 每週一次
毛色與斑紋 所有的顏色與深淺變化，搭配虎斑或玳瑁虎斑斑紋。也有白色。

命名混淆

東方短毛貓是新品種，剛培育出來時需要一個名字。在英國，只有虎斑和玳瑁品種稱為東方短毛貓，單色品種除了棕色（當時稱為哈瓦那貓）以外，一律叫異國短毛貓。斑點虎斑品種原本考慮叫「Mau」，後來放棄了這個想法，因為這個名字會跟埃及貓（Egyptian Mau，見130頁）混淆。現在所有衍生品種都稱為東方短毛貓（在美國一直如此），只有東方異國白貓除外（見91頁）。

銀色斑點虎斑

這種貓活力充沛，兼具流線型外表和各種美麗的虎斑花紋，不喜歡被冷落。

和其他品種的東方短毛貓一樣，虎斑東方短毛貓也有多種毛色和斑紋。隨著單色東方短毛貓愈來愈受歡迎，育種者也把注意力轉向培育虎斑品種。早期所做的實驗包括讓非純種的虎斑貓與暹羅貓雜交。第一隻虎斑花紋的東方短毛貓，1978年受官方正式認可，是一隻現代版暹羅貓外型的斑點虎斑貓。斑點虎斑貓據信是現代現代家貓的祖先，鼠灰色毛皮上有單色圓形斑點，四肢有條紋。到了1980年代，多層色虎斑（鼠灰色身體、有條紋的四肢）、鯖魚虎斑（背脊和身體兩側有條紋）及經典虎斑（深色大理石花紋）的東方短毛貓也相繼培育出來。玳瑁虎斑東方短毛貓，則是調色盤中新添的顏色，通常混合了黑色、紅色和奶油色。雖然外表華貴，這種貓其實調皮好動，熱愛玩耍。

小貓

玳瑁東方短毛貓 Oriental-Tortie

發源地 英國，1960年代
品種登錄 CFA、FIFe、GCCF、TICA
體重範圍 4-6.5公斤
理毛頻率 每週一次
毛色與斑紋 底色有黑色、藍色、巧克力色、丁香色、小鹿色、肉桂色和焦糖色；玳瑁斑紋。

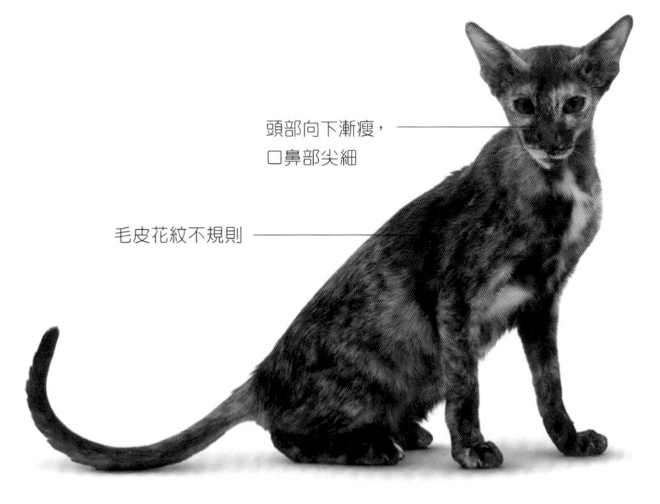

這個品種毛皮斑斕，個性親人大膽，且幾乎都很愛玩。

《貓詩經》一書可能可以追溯到暹羅（泰國）古王國的時代，根據這份附圖的手稿，玳瑁斑紋的東方短毛貓由來已久。現代培育玳瑁東方短毛貓始於1960年代，是由單色東方短毛貓（見94頁）和紅色、玳瑁混奶油重點色的暹羅貓（見104-105頁）交配所生。此一品種在1980年代終獲官方認可。玳瑁毛皮有多種底色，混合對比強烈的奶油色塊，也有紅色摻雜奶油色的色塊，視基底色而定。因為玳瑁斑紋基因分布的關係，玳瑁貓幾乎一律是母貓，罕見的玳瑁公貓通常無法生育。

雙色東方短毛貓 Oriental-Bicolour

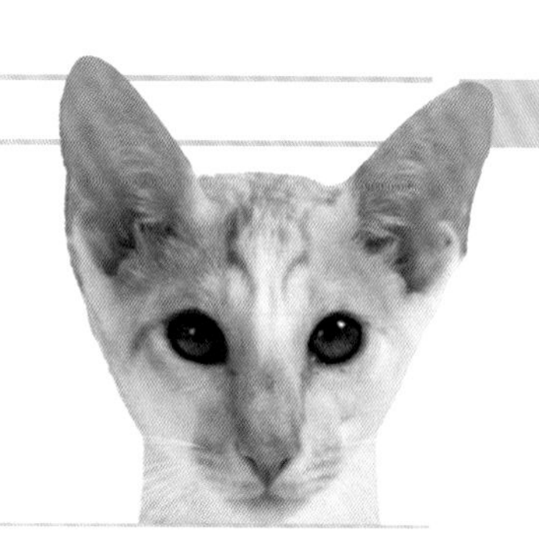

發源地 美國，1970年代
品種登錄 FIFe、GCCF、TICA
體重範圍 4-6.5公斤（9-14磅）

理毛頻率 每週一次
毛色與斑紋 各種不同的單色、深淺和斑紋，包括虎斑、玳瑁和一些重點色，身上一定有白色區塊。

這種苗條柔軟的貓，毛色多半對比強烈，個性鮮明，有時可能也很愛講話。

美國育種者最初透過讓暹羅貓（見104-105頁）與雙色美國短毛貓（見113頁）雜交，在東方短毛貓類型中，培育出這個新奇的品種。歐洲則更進一步，實驗其他配種計畫，希望培育出「合適的」外表。英國第一隻雙色東方短毛貓出現在2004年。這種搶眼的貓有多種美麗的顏色，在毛皮上形成千變萬化的斑紋，甚至有近似暹羅貓的重點色版本。這種貓的品種標準要求白色區塊至少要覆蓋貓身的三分之一，且要包括腿部、腹部和口鼻部。

紅白雙色毛皮

橢圓形的小腳掌

雙色貓可能是**綠眼睛**或**藍眼睛**，也可能**雙眼異色**（一藍一綠）。

哈瓦那棕貓 Havana Brown

發源地 美國，1950年代
品種登錄 CFA、TICA
體重範圍 2.5-4.5公斤
理毛頻率 每週一次
毛色與斑紋 濃棕色和丁香色。

溫和調皮的貓，喜歡居家生活，遇到任何狀況都能自信從容以對。

這個稀有品種的背景令人有點困惑，最早培育出來的哈瓦那貓有兩種不同的外觀，兩者都有色澤飽滿的棕色毛皮。英國的版本是暹羅貓（見104-109頁）與馴化的短毛貓混種所生，擁有暹羅貓修長的體態，後來被歸類為單色東方短毛貓（見94頁）。北美的育種者沒用暹羅貓，生下的貓因此有一張圓臉，身體也沒那麼瘦長，稱為哈瓦那棕貓，這個品種生來美麗動人，很難無視牠的存在，但假如沒人理牠，牠一定會主動討人注意。這種親人的貓喜歡隨時待在人的附近。

熱愛哈瓦那貓的人經常用**巧克力甜心**一詞形容這種迷人的**巧克力棕色貓。**

棕色鼻尖帶有一抹玫瑰色調

大大的圓耳

身體結實，肌肉均勻

倒三角形頭部，口鼻部圓潤

纖細挺直的腿，橢圓形腳掌

光滑飽滿的栗棕色毛皮，沒有其他色斑

薩弗克貓 Suffolk

發源地 英國
品種登錄 GCCF
體重範圍 3-5公斤
理毛頻率 每週
毛色與斑紋 巧克力色和丁香色

聰明又好相處的品種，非常適合在家中飼養，是忠誠的家庭寵物。

薩弗克貓是比較新的品種，因兩位育種者都住在英國的薩弗克郡而得名。考慮到哈瓦那棕貓（見左頁）為了進行品種現代化而與暹羅貓（見107頁）雜交，特徵已經有所改變，兩位育種者在2007年，開始仔細挑選具有哈瓦那貓那種較古老、較傳統體態的英國血統貓來培育。經過幾代的繁衍，最後在2014年得到認可，正式成為薩弗克貓，並從此獲得「全面冠軍」（full championship）地位。薩弗克貓的被毛一般是光滑的巧克力色，但幼貓偶爾會因為帶有兩個隱性的毛色淡化基因（見65頁）而出現丁香色。

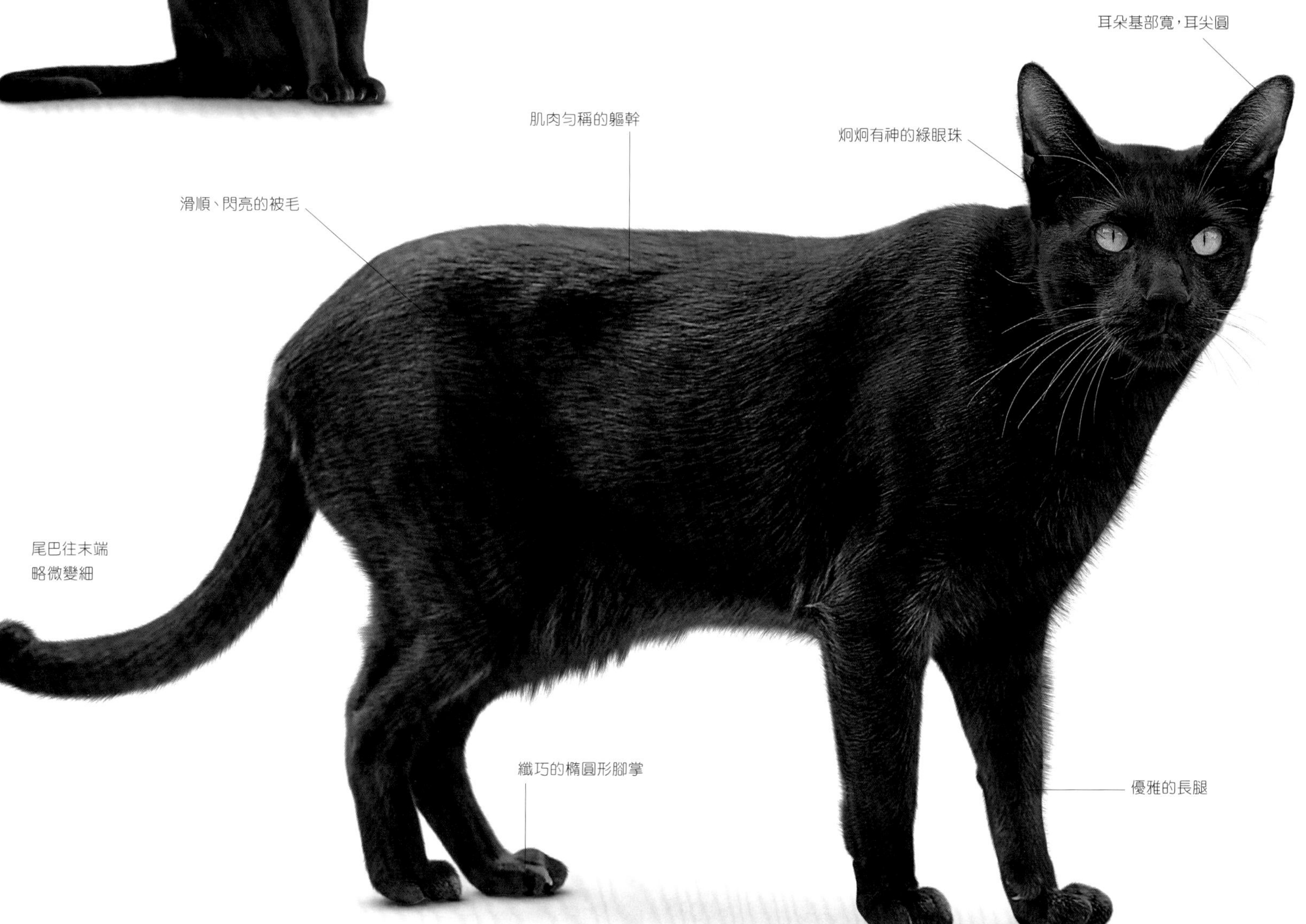

泰國貓 Thai

發源地 歐洲，1990年代
品種登錄 FIFe、GCCF、TICA
體重範圍 2.5-5.5公斤
理毛頻率 每週一次
毛色與斑紋 所有的重點色，包括虎斑和玳瑁紋，淡色底色。

品種的典型特徵就是額頭長而扁平

顴骨曲線圓滑

愛說話的品種，非常聰明且好奇，喜歡人，需要主人付出大量心力照顧。

泰國貓體態優雅柔美，重點色有很多種，一開始是想把牠們培育成1950年代傳統暹羅貓的那種樣子，後來才又發展出更極端、更纖長的外表。泰國貓的關鍵特徵在頭部：額頭長而扁平，臉頰圓鼓鼓，楔形的口鼻部上寬下窄。這種貓非常活潑聰明，凡事都想一探究竟，會跟著主人到處走。很擅長透過聲音和肢體語言溝通，而且會堅持得到回應。這種貓不適合養在長時間沒人在的家中。

牠在泰國被稱為***Wichienmaat***，長得很像**舊版的暹羅貓。**

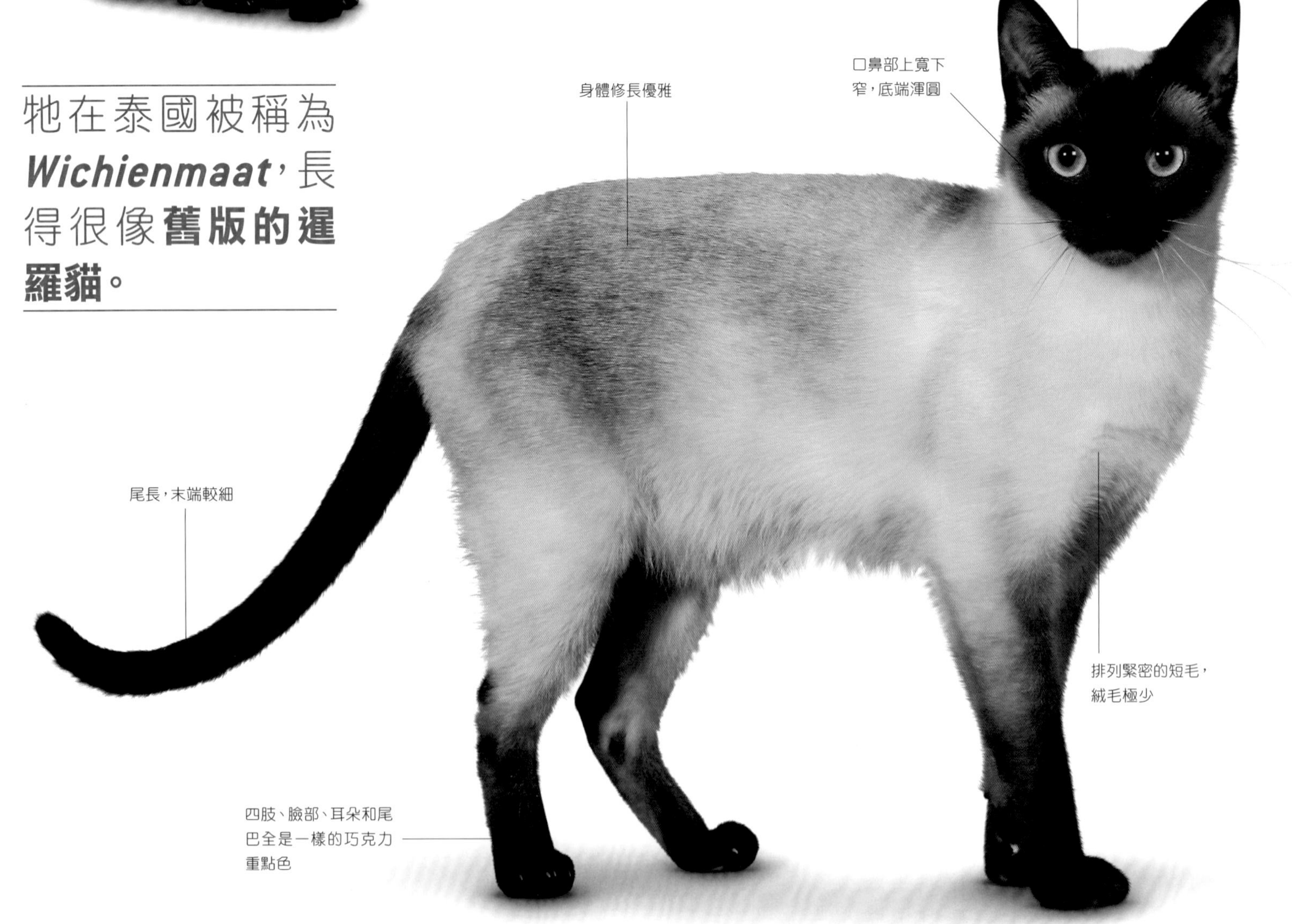

單色重點色暹羅貓 Siamese-Self-pointed

發源地 泰國（暹羅），14世紀
品種登錄 CFA、FIFe、GCCF、TICA
體重範圍 2.5-5.5公斤
理毛頻率 每週一次
毛色與斑紋 所有的單色，搭配重點色斑紋。

獨特的外表和個性，使這種聰明外向的貓成為最廣為人知的一種貓。

楔形頭部

一般相信，這種「暹羅皇室貓」是一個很古老的品種。可追溯到14世紀的暹羅（今泰國）《貓詩經》裡頭就畫了一隻有重點色的貓。西方第一隻確切已知的暹羅貓，於1870年代在一場倫敦的貓展上現身，同一時期，曼谷也送了一隻貓到美國，當作給第一夫人的禮物。品種培育早期，所有暹羅貓的重點色都是海豹色，直到1930年代才引進新色，如藍色、巧克力色和丁香色，日後又增加了其他顏色。暹羅貓的外觀這些年來也有所改變。過去常見的特徵，如鬥雞眼和歪尾巴，逐漸在育種過程中遭到淘汰，且在今日的品種標準中被視為缺陷。比較有爭議的是，現代培育者把暹羅貓的瘦長身體和細窄頭部推向極致，創造出極度細長、瘦骨嶙峋的外觀。在所有的貓當中暹羅貓最外向，且超級自我，會用天生的大嗓門引起注意。這個聰明絕頂的品種有趣又活潑，樂於接受也樂於付出感情，是絕佳的家庭寵物。

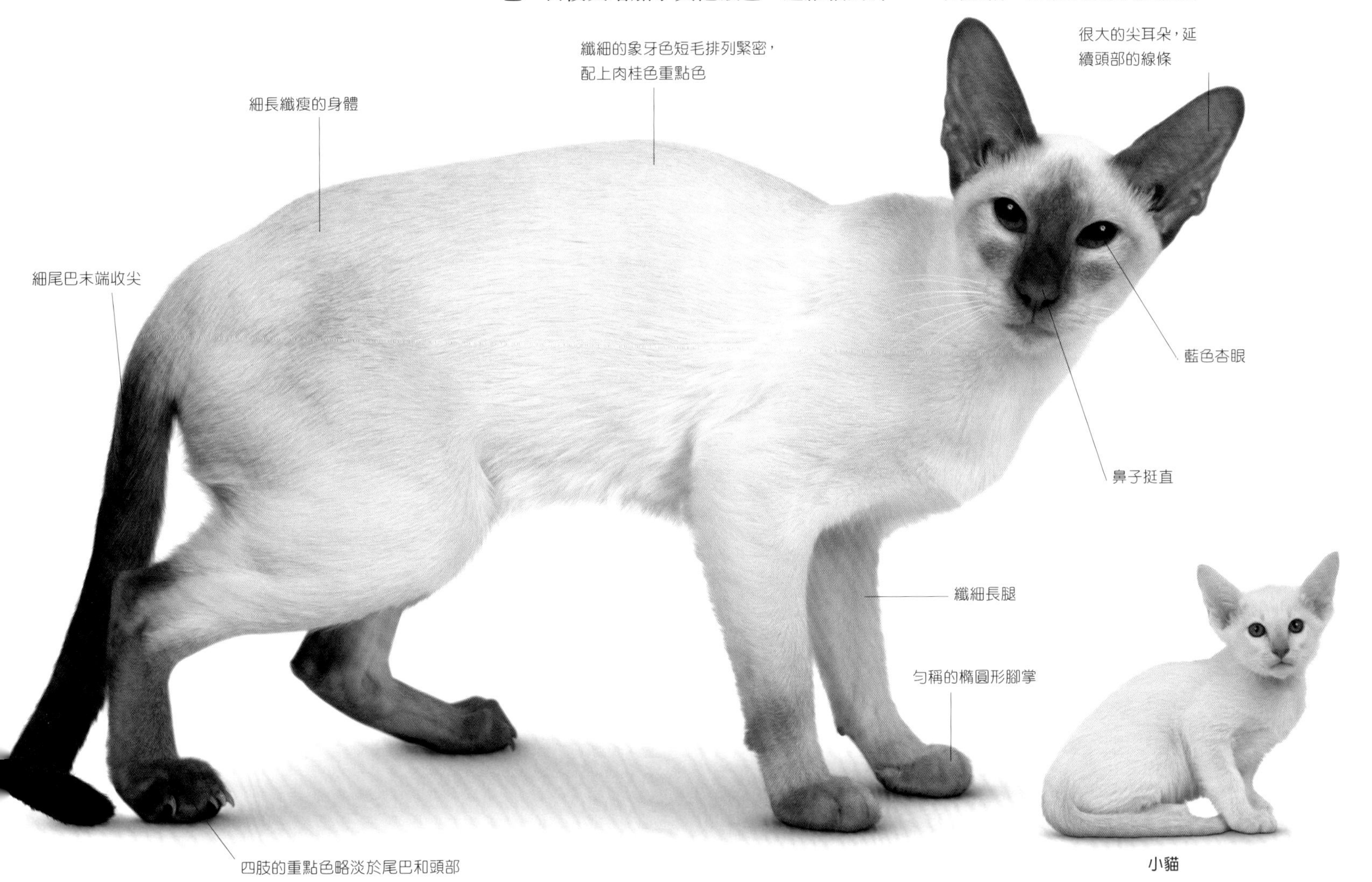

溫度控制

暹羅貓重點色的著色程度受一種對溫度敏感的酵素所控制，肢體末梢體溫較低，顏色正常形成，但體溫較高的軀幹就不會生成色素。

虎斑重點色暹羅貓
Siamese-Tabby-Pointed

發源地 英國，1960年代
品種登錄 FIFe、GCCF、TICA
體重範圍 2.5-5.5公斤
理毛頻率 每週一次
毛色與斑紋 多種虎斑重點色，包括海豹色、藍色、巧克力色、丁香色、紅色、奶油色、肉桂色，焦糖色、小鹿色和杏黃色；也有多種玳瑁虎斑重點色。

世界上最有名的貓的一個美麗變種，愛玩耍，長時間獨處也能自得其樂。

20世紀初的記錄，提到過幾隻虎斑重點色的暹羅貓，但這個新變種的選擇性培育一直到1960年代才正式展開。第一隻吸引育種者目光的虎斑重點色暹羅貓，據說是一隻單色重點色的母暹羅貓與其他貓隨機交配，意外產下的一隻小貓。之後過了許多年，虎斑重點色暹羅貓才在英國受到認可，並正式為品種定名；這種貓在美國稱為重點色猞猁貓（Lynx Colourpoint）。品種標準原本只列入海豹色虎斑，但現在已增錄了其他許多美麗的虎斑顏色。

鬍鬚墊有深色斑點

身體修長苗條

玳瑁重點色暹羅貓
Siamese-Tortie-Pointed

發源地 英國，1960年代
品種登錄 GCCF、TICA
體重範圍 2.5-5.5公斤

理毛頻率 每週一次
毛色與斑紋 多種玳瑁重點色：海豹色、藍色、巧克力色、丁香色、焦糖色、肉桂色、小鹿色。

調皮搗蛋，成年以後仍長久保有小貓愛玩的個性，很容易無聊。

要在暹羅貓身上創造玳瑁重點色，牽涉到複雜的育種過程，需要導入橘色的著色基因。這種基因會使海豹色、藍色或小鹿色等單一毛色產生隨機變化，形成斑駁的花紋，其中明顯可見深淺不一的紅色、杏黃色或奶油色。某些變種可能還會出現條紋。在小貓身上，完整的混色效果會慢慢出現，有時可能需要一年才會完全長成。1960年代末在英國，海豹玳瑁重點色成為第一個獲得官方認可的玳瑁暹羅貓顏色。

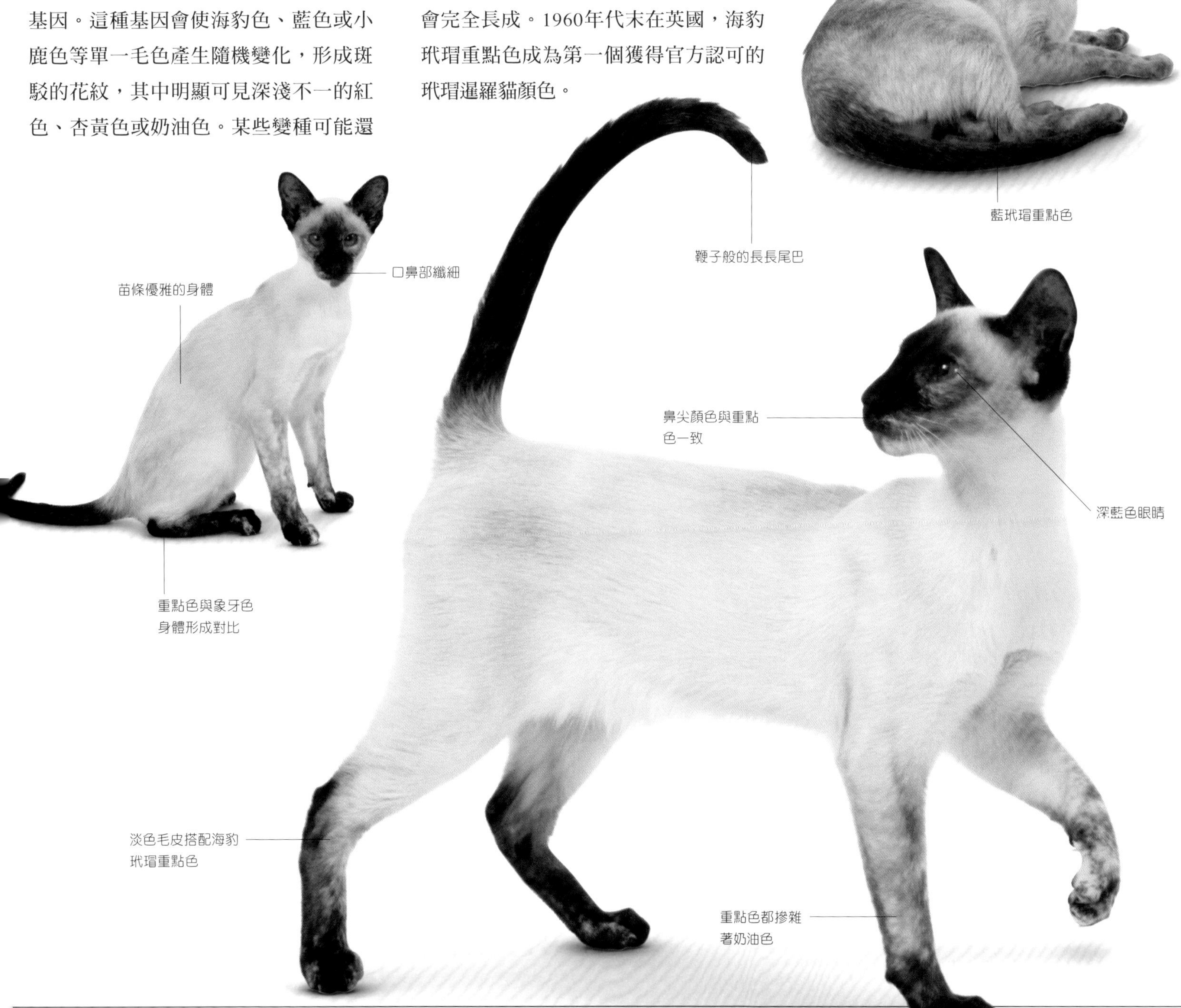

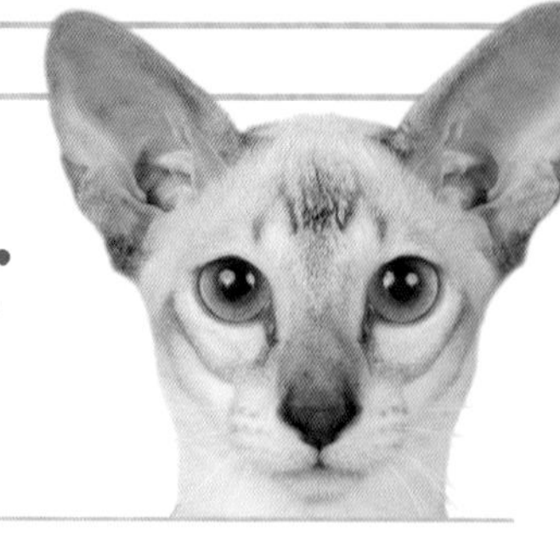

重點色短毛貓 Colourpoint Shorthair

發源地 美國，1940年代 / 1950年代
品種登錄 CFA
體重範圍 2.5-5.5公斤
理毛頻率 每週一次
毛色與斑紋 各種單色、虎斑和玳瑁重點色。

這種貓親人、愛玩，會表現出一種「快看我」的神態。很聰明，比其他品種容易訓練。

這個品種在1940至50年代間培育出來，目的是為了牠美麗的毛色組合，最初是一隻暹羅貓和一隻紅虎斑美國短毛貓（見113頁）雜交所生。若非有各種不同毛色，重點色短毛貓很難與暹羅貓區分開來，因為重點色短毛貓同樣擁有細長的身體、瘦長的頭、特大的耳朵和明亮的藍眼睛。這種貓聰明、話多、善於社交，喜歡受到注意。重點色短毛貓需要家庭生活，而且樂趣愈多愈好，不適合長時間不在家的飼主。

最初是透過在暹羅貓的**重點色**引入**紅色，創造出**這個品種。

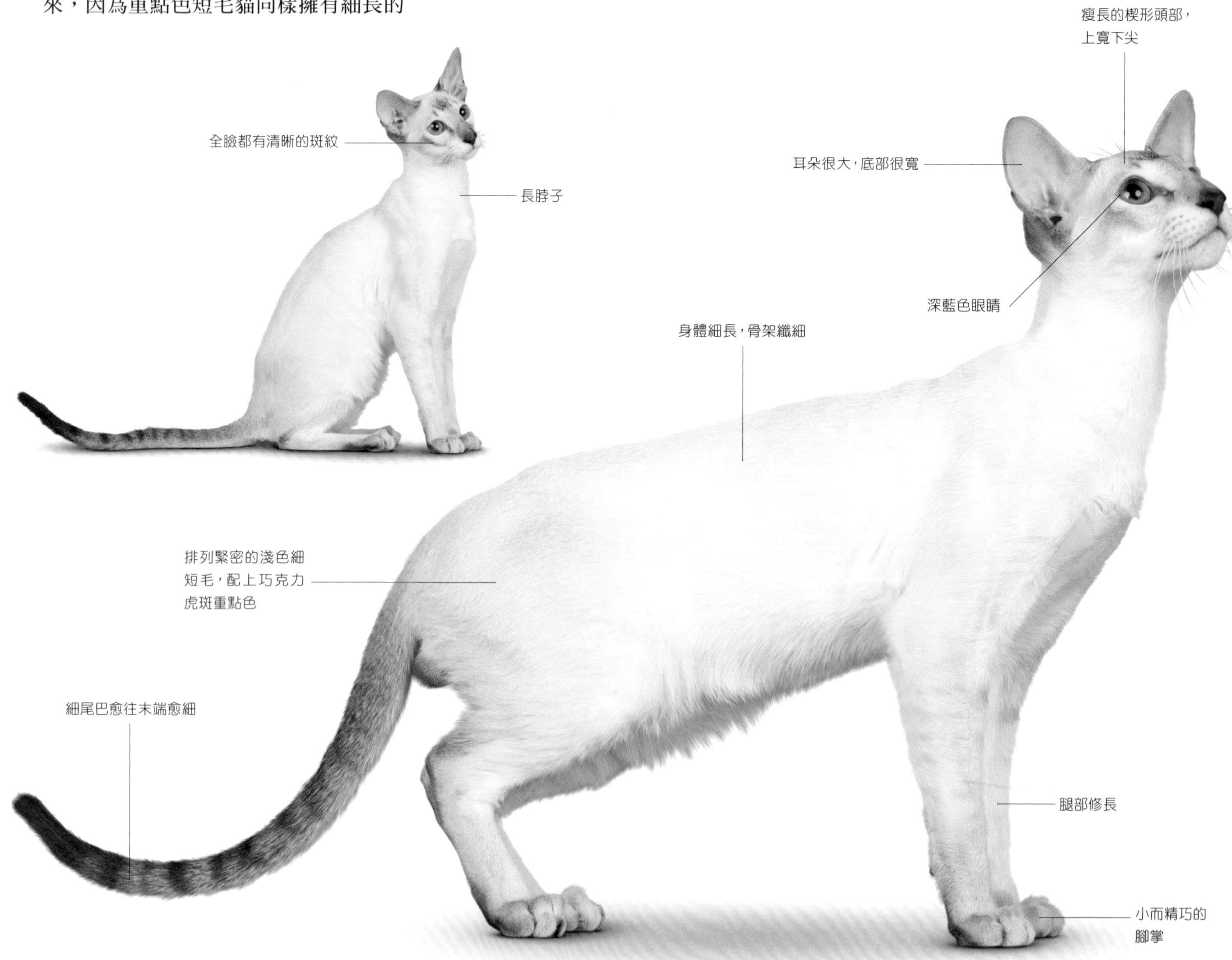

塞席爾貓 Seychellois

發源地 英國，1980年代
品種登錄 FIFe、TICA
體重範圍 4-6.5公斤

理毛頻率 每週一次
毛色與斑紋 白底配上對比的單色、玳瑁或虎斑花紋。必定是雙色貓，搭配重點色斑紋。

活蹦亂跳、精力充沛、明顯親人且外向的貓，偏好安靜生活的飼主不適合這個品種。

這個相對新的品種尚未受到全球認可，只有在英國培育出來，目的是為了創造與在非洲塞席爾發現的貓神似的獨特花紋。最早是由一隻暹羅貓（見104-109頁）和一隻玳瑁白波斯貓（見202-203頁）混種所生，後來育種計畫內又加入了東方短毛貓，融合結果產生了體態優雅、頭部瘦長、大耳朵的貓，短毛和長毛版本都有。依照色斑強烈的程度不同，塞席爾貓可以分為三種類型，分別稱為九級（neuvième，顏色最少）、七級（septième）和八級（huitième，色塊最大）。塞席爾貓有傻小子的名號，雖然情感豐富，能陪伴主人，但據說需要特別費心照顧。

遲羅貓若因為**白斑基因**而長有白斑，則被歸類為**短毛塞席爾貓**。

雪鞋貓 Snowshoe

發源地 美國，1960年代
品種登錄 FIFe、GCCF、TICA
體重範圍 2.5-5.5公斤
理毛頻率 每週一次
毛色與斑紋 典型暹羅貓的重點色斑紋，白色腳掌。藍色或海豹色最常見。

這種名字很好聽的重點色貓，有獨特的白色腳掌，個性多話、好相處，喜歡有人作伴。

界定雪鞋貓的白腳掌原本是個「錯誤」，最早出現在一隻普通重點色暹羅貓生下的一窩小貓身上。小貓的主人桃樂絲・辛道格帝（Dorothy Hinds-Daugherty）住在費城，因為太喜愛這些小貓，決定培育這種新奇搶眼的外表，利用暹羅貓（見104-109頁）與美國短毛貓（見113頁）混種，培育出雪鞋貓。雪鞋貓聰明、反應熱情、很有個性，喜歡居家氛圍，一般喜歡有家人待在視線範圍內，與其他貓相處得很融洽。由於性情穩定，是養貓新手的好選擇。

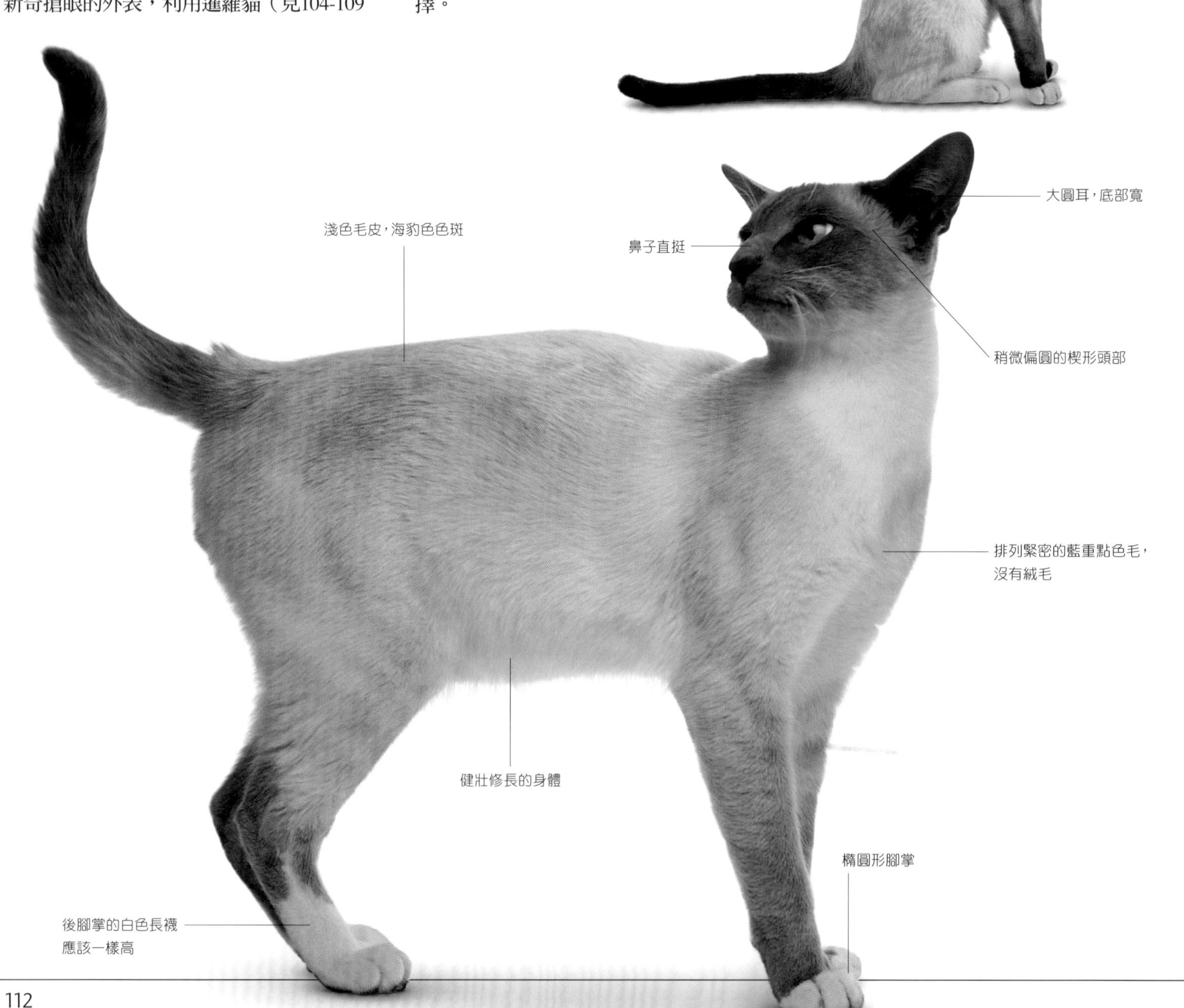

美國短毛貓 American Shorthair

發源地 美國，1890年代
品種登錄 CFA、TICA
體重範圍 3.5-7公斤

理毛頻率 每週2-3次
毛色與斑紋 大多數的原色和深淺色調；斑紋包括雙色、虎斑和玳瑁。

一種體格強健的貓，易於照顧，以個性討喜聞名，對小孩、狗和其他寵物都很和善。

美國最早的家貓據說是在1600年代，隨早期清教徒移民一同來到。往後幾百年間，與工人一樣體格健壯的貓遍及全美，大多被養來抓老鼠，而非當作家庭寵物。但到了20世紀初，一種外型比較細緻的農家獵手開始出現，稱為短毛家貓。在細心育種之下，短毛家貓有了更進一步的改良，到了1960年代，除重新命名為美國短毛貓，更在純種貓展上引來眾人目光。美國短毛貓健康、強壯，是理想的家貓，幾乎任何型態的家庭牠都能適應。

歐洲短毛貓 European Shorthair

發源地 瑞典，1980年代
品種登錄 FIFe
體重範圍 3.5-7公斤
理毛頻率 每週一次
毛色與斑紋 多種單色或煙色，也有雙色；斑紋包括重點色、虎斑和玳瑁。

很好的家貓，氣質高貴，個性冷靜內斂，據說也易於訓練。

乍看之下，歐洲短毛貓長得很像一般家貓。牠們大多居住在斯堪地那維亞半島，在瑞典從普通家貓培育而來，但育種計畫細心控制，確保只用毛色和體型都經過嚴格挑選的最優良血統當作種貓。不像大多數相似型的貓，例如英國短毛貓（見118-119頁），歐洲短毛貓不曾與其他血統的貓異種雜交。歐洲短毛貓體格強健結實，是可靠的寵物，不論室內或戶外生活都如魚得水。對人友善，但又保有獨立自主的氣息，可能會對陌生人有點冷淡。

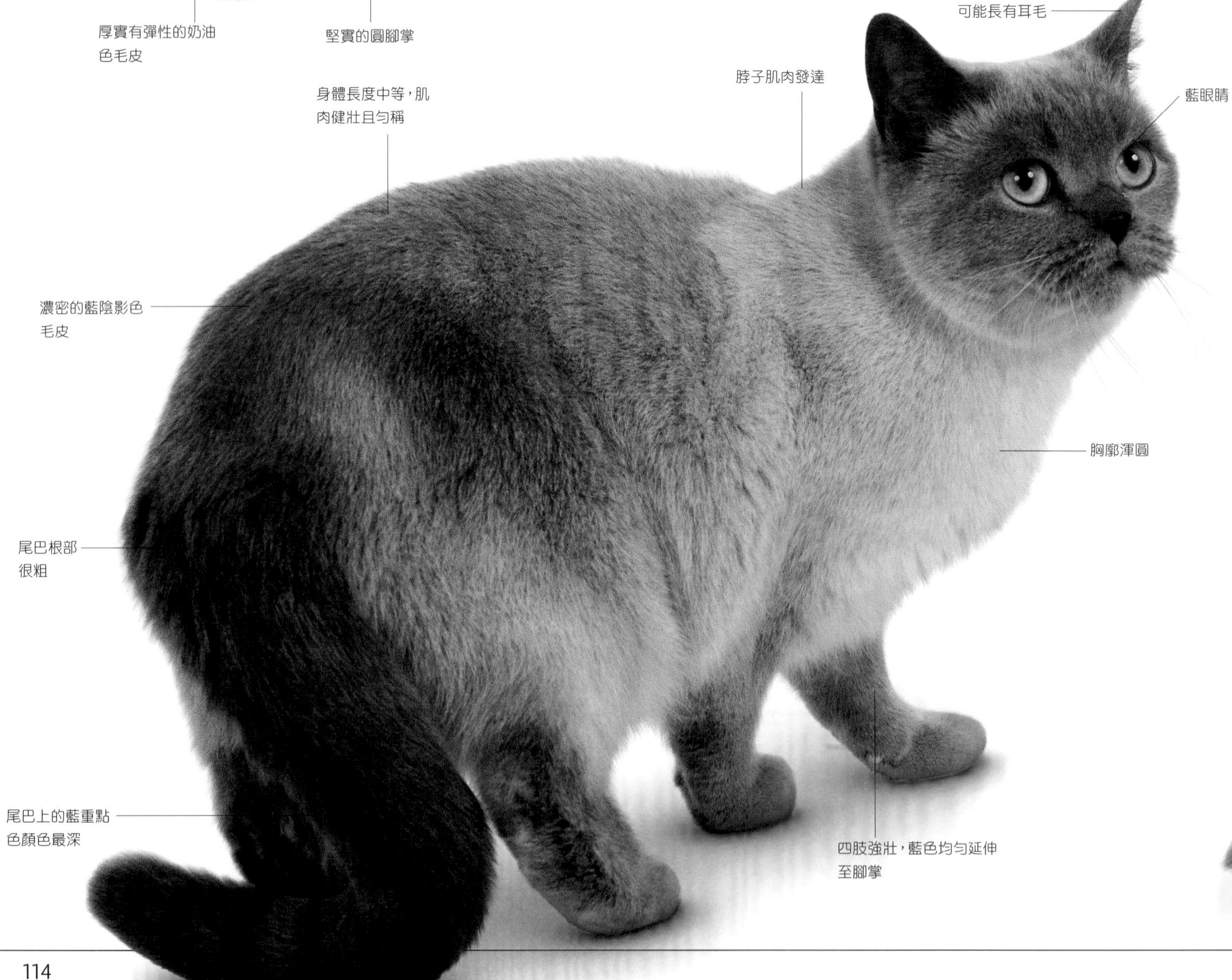

沙特爾貓 Chartreux

發源地 法國，18世紀前
品種登錄 CFA、FIFe、TICA
體重範圍 3-7.5公斤
理毛頻率 每週2-3次
毛色與斑紋 只有藍灰色。

沙特爾貓壯碩但敏捷，看上去「笑臉盈盈」，個性忠實，是主人的良伴。

這個古老的法國品種，歷史可以追溯到多遠以前，至今尚無定論。沙特爾貓最早獲得命名是在18世紀中期，有些傳說把牠們和嘉都西會的修士（Carthusian）聯想在一起，他們是著名的蕁麻酒（Chartreuse）釀造者，不過並無史料能證明這些修士養過形似沙特爾貓的毛茸茸藍貓。這個品種的貓，性格沉穩，隨遇而安，且聲線柔軟，是低調但深情的家貓。喜歡靜靜玩耍，偶爾切換到狩獵模式會短暫爆發額外能量。

毛皮豐厚

俄羅斯藍貓的毛皮豐厚，閃爍著銀亮光澤，是這個品種獨有的特徵。如名字所示，這種俊美的貓唯一可被接受的毛色只有藍色。

俄羅斯藍貓 Russian Blue

發源地 俄羅斯，19世紀前
品種登錄 CFA、FIFe、GCCF、TICA
體重範圍 3-5.5公斤
理毛頻率 每週一次
毛色與斑紋 各種深淺的藍色。

這種貓優雅友善，但能自立自強，不需要太多關注，遇到陌生人可能會害羞。

關於這個品種的起源，最廣為接受的說法認為，這種貓發源自俄羅斯港口亞克安吉（Archangel）一帶，就在北極圈外。俄羅斯藍貓據說是被水手帶到西歐的，早在19世紀還沒結束前，就已經在英國引起注目，參加了最早的貓展，且20世紀初便已出現在北美。英國、美國和北歐的育種者培育出現代俄羅斯藍貓的血統。一身優雅氣質、綠色眼睛和光潤的銀藍色毛皮，俄羅斯藍貓現今會大受歡迎一點也不奇怪。這種貓對陌生人很含蓄，聲線柔軟，天性溫柔，能靜靜向主人表露充沛的情感，可能會跟家中的某一個人特別親密。牠好奇而調皮，但沒有過多要求。近來有人培育出這種貓的其他顏色，名為俄羅斯短毛貓（見右欄）。

調和顏色

俄羅斯藍貓的毛色，是淡化版的黑毛生成基因所創造的。兩隻藍貓交配生下的一定會是一窩藍貓。假如俄羅斯藍貓與黑色俄羅斯短毛貓配種，小貓可能有藍有黑。藍貓和白貓交配，小貓可能是白色、黑色或藍色。不管是什麼毛色，都有俄羅斯短毛貓代表性的綠眼睛。

小貓

單色英國短毛貓
British Shorthair-Self

發源地 英國，1800年代
品種登錄 CFA、FIFe、GCCF、TICA
體重範圍 4-8公斤
理毛頻率 每週一次
毛色與斑紋 所有的單色。

結合了可愛的外表和好相處的脾氣，感情豐富，但通常不會過度表露。

英國短毛貓一開始是用最優良的一般英國家貓培育出來的，是19世紀末最早參加貓展的純種貓之一。往後的數十年裡，短毛貓的鋒芒都被長毛貓所掩蓋，尤其是波斯貓，但短毛貓還是勉強保住了一席之地，並在20世紀中葉之後鹹魚翻身。

英國短毛貓的祖先必須靠勞力討生活，在農莊家園抑制鼠害，但現在的英國短毛貓已經成了某種爐邊貓咪的樣版。這個品種在歐洲極受歡迎，在美國的知名度較低，但愛好者也逐年增加。

數十年來精心擇種，已經培育出體態勻稱、品質優良的貓。英國短毛貓體格健壯，體型中等偏大，強健的四肢抬起肌肉密實的身體。渾圓大頭、寬闊臉頰和圓睜的大眼，都是這個品種的代表特徵。英國短毛貓有一身短而濃密的毛，有多種毛色，質地豐厚紮實。

性情方面，這種貓和牠圓滾滾的臉頰、淡定的表情所顯現的一樣，個性沉靜友善。不論城市或鄉村生活，牠都能適應得很好。英國短毛貓強壯，但不是身手矯健或過動的類型，牠們寧可腳踏實地，待在家裡霸占著沙發牠再開心不過。但牠也享受戶外時光，隨時能發揮那些讓牠的老祖先成為珍貴資產的狩獵本領。

英國短毛貓會靜靜表露感情，喜歡待在主人附近。雖然會注意家中動靜，但這種貓不需要人過度關注。

整體而言，英國短毛貓很健康，身強體壯，壽命很長。牠們很好照顧，因為牠們濃密的毛不易糾結，只要定期梳理，就能維持在良好狀態。

小貓

樹立標準

1871年，史上第一場有組織的貓展在英國倫敦舉辦。這是哈里遜·威爾（Harrison Weir）提出的構想，他是英國短毛貓的愛好者，飼養的虎斑貓在那年的貓展贏得優勝，讓他拿到豐厚獎金。威爾被稱為「貓奴之父」，提倡投注心力進行擇種培育，樹立品種的優良標準。他留下許多著作，其中《我們的貓》（Our Cats）一書附有插圖，介紹了眾多的類型與品種。

哈里遜・威爾

重點色英國短毛貓
British Shorthair-Colourpointed

發源地 英國，1800年代
品種登錄 FIFe、GCCF、TICA
體重範圍 4-8公斤
理毛頻率 每週一次
毛色與斑紋 多種重點色，包括藍奶油色、海豹色、紅色、巧克力色和丁香色；也有虎斑或玳瑁斑紋。

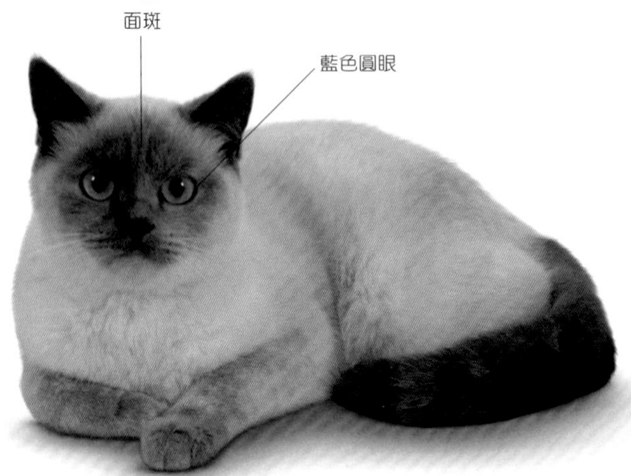

新長相的傳統品種，喜歡小孩，與狗相處和睦，是理想的家貓。

重點色英國短毛貓是英國短毛貓最新近的變種，1991年獲得認可。這種奇特的貓是雜交育種實驗的產物，目的是為了培育具有暹羅貓重點色花斑的英國短毛貓。多種迷人的顏色陸續培育出來，所有種類都和暹羅貓一樣有一雙藍眼睛，不過體型矮壯、頭部渾圓等英國短毛貓的代表特徵並未消失。由於名稱相似，重點色英國短毛貓有時容易和美國品種、東方短毛貓型態的重點色短毛貓（見110頁）搞混。

雙色英國短毛貓
British Shorthair-Bicolour

發源地 英國，1800年代
品種登錄 CFA、FIFe、GCCF、TICA
體重範圍 4-8公斤
理毛頻率 每週一次
毛色與斑紋 黑白、藍白、紅白、奶油白。

這種優雅的貓雖然個性溫柔隨和，但可能不喜歡被撫摸。

黑白雙色的英國短毛貓在19世紀品種起源之初身價不菲，但從來都不常見。今日所見的雙色英國短毛貓，有白色和另外一種顏色的幾種組合，要到1960年代才發展成熟。當時品種標準過高，要求分布在頭頂和身體的色塊必須完全對稱，但太難達到。後來標準放寬，但最優良的雙色英國短毛貓，斑紋還是還是均勻得令人稱奇。

小貓

柴郡貓
經典虎斑的「靶心」斑紋在這隻英國短毛貓身上顯得特別可愛。這個品種是《愛麗絲夢遊仙境》書中柴郡貓插畫的原型。

煙色英國短毛貓
British Shorthair-Smoke

發源地 英國，1800年代
品種登錄 CFA、FIFe、GCCF、TICA
體重範圍 4-8公斤
理毛頻率 每週一次
毛色與斑紋 所有單色的煙色毛斑紋，也有玳瑁和重點色斑紋。

藏在底層的銀色絨毛創造出醒目的效果，這種貓因而成為貓展常客。

煙色貓乍看之下像是只有單一顏色，但當貓走動起來或撥開貓毛時，毛髮根部就會露出一道細細的銀帶。這是「銀色」基因造成的效果，這種基因會抑制毛髮色素，煙色英國短毛貓從銀色虎斑貓祖先身上遺傳到這種基因。如果是玳瑁貓，因為表層毛皮有兩種顏色，煙色效果更加微妙迷人。

培育沒有隱約虎斑花紋的煙色毛皮**很困難**，所以煙色的英國短毛貓**非常罕見**。

虎斑英國短毛貓
British Shorthair-Tabby

發源地 英國，1800年代
品種登錄 CFA、FIFe、GCCF、TICA
體重範圍 4-8公斤

理毛頻率 每週一次
毛色與斑紋 所有的傳統虎斑花紋，多種花紋顏色，包括各色調的銀色；多種顏色的玳瑁虎斑，包括各色調的銀色。

英國人最愛的貓，也是數量最多的一個品種，已培育出多種迷人的顏色。

英國短毛貓雖然是脾氣最好的一種貓，但虎斑變種卻令人想起牠同為虎斑花紋的野性祖先。1870年代第一批參展的英國短毛貓裡就有棕色虎斑，紅色和銀色虎斑也在品種歷史早期就變得受歡迎。這種貓現在有多種新毛色，配上三種傳統虎斑花紋：經典（或稱寬紋）虎斑，花紋呈寬渦紋狀；鯖魚虎斑的花紋較細，另外就是斑點虎斑。玳瑁虎斑貓的毛皮則有第二種底色。

尾巴有均勻完整的環紋

前額有虎斑貓典型的M字形斑紋

底色均勻覆蓋全身

兩頰有細紋

脖子有項鍊般的條紋

四肢有顏色較深的環紋

紅色經典虎斑毛皮

尖點色英國短毛貓
British Shorthair-Tipped

發源地 英國，1800年代
品種登錄 CFA、FIFe、GCCF、TICA
體重範圍 4-8公斤

理毛頻率 每週一次
毛色與斑紋 多種變化，包括黑尖點配白或金色底毛；紅尖點配白色底毛。

這種貓毛色細膩，毛皮閃耀，個性親人，喜歡與小孩和其他寵物作伴。

尖點色貓淡色的底毛上看似撲著薄薄一層有顏色的粉。會產生這種效果，是因為表層毛髮末端約八分之一有顏色。尖點色英國短毛貓原本叫金吉拉短毛貓，現在有多種毛色型態，包括銀色（白底毛，黑尖點）、金色（暖金或杏黃色底毛，黑尖點）和罕見的紅色（白底毛，紅尖點），這在美國稱為貝殼浮雕色。

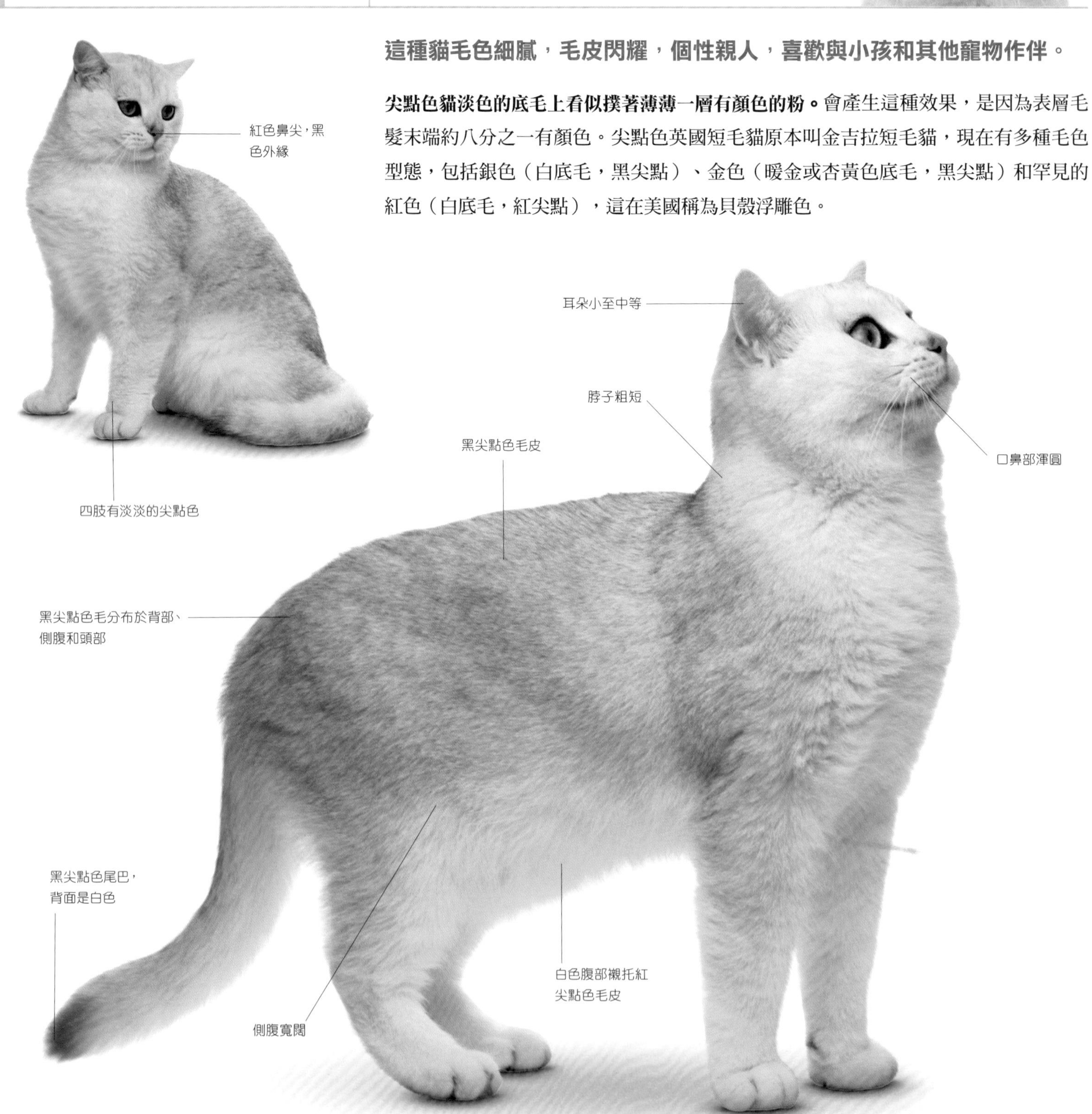

玳瑁英國短毛貓
British Shorthair-Tortie

發源地 英國，1800年代
品種登錄 CFA、FIFe、GCCF、TICA
體重範圍 4-8公斤

理毛頻率 每週一次
毛色與斑紋 藍奶油色、巧克力色、丁香色或黑色玳瑁紋（玳瑁區塊和白色區塊之間摻雜著白斑）。

毛皮上交雜的色彩，賦予這個品種的貓大理石般的獨特外觀。

玳瑁貓身上會有兩種毛色輕柔地調和在一起。變化很多，但最常見的是黑色混紅色，這也是英國短毛貓最先培育出的玳瑁色。藍色取代黑色、奶油色取代紅色形成的藍奶油玳瑁色，是另一種流傳較久的顏色，1950年代起就獲得認可。若是玳瑁白斑貓（在美國稱為三色貓），毛色會分成更清楚的色塊。因為基因關係，玳瑁貓幾乎全是母貓，罕有的公貓無法生育。

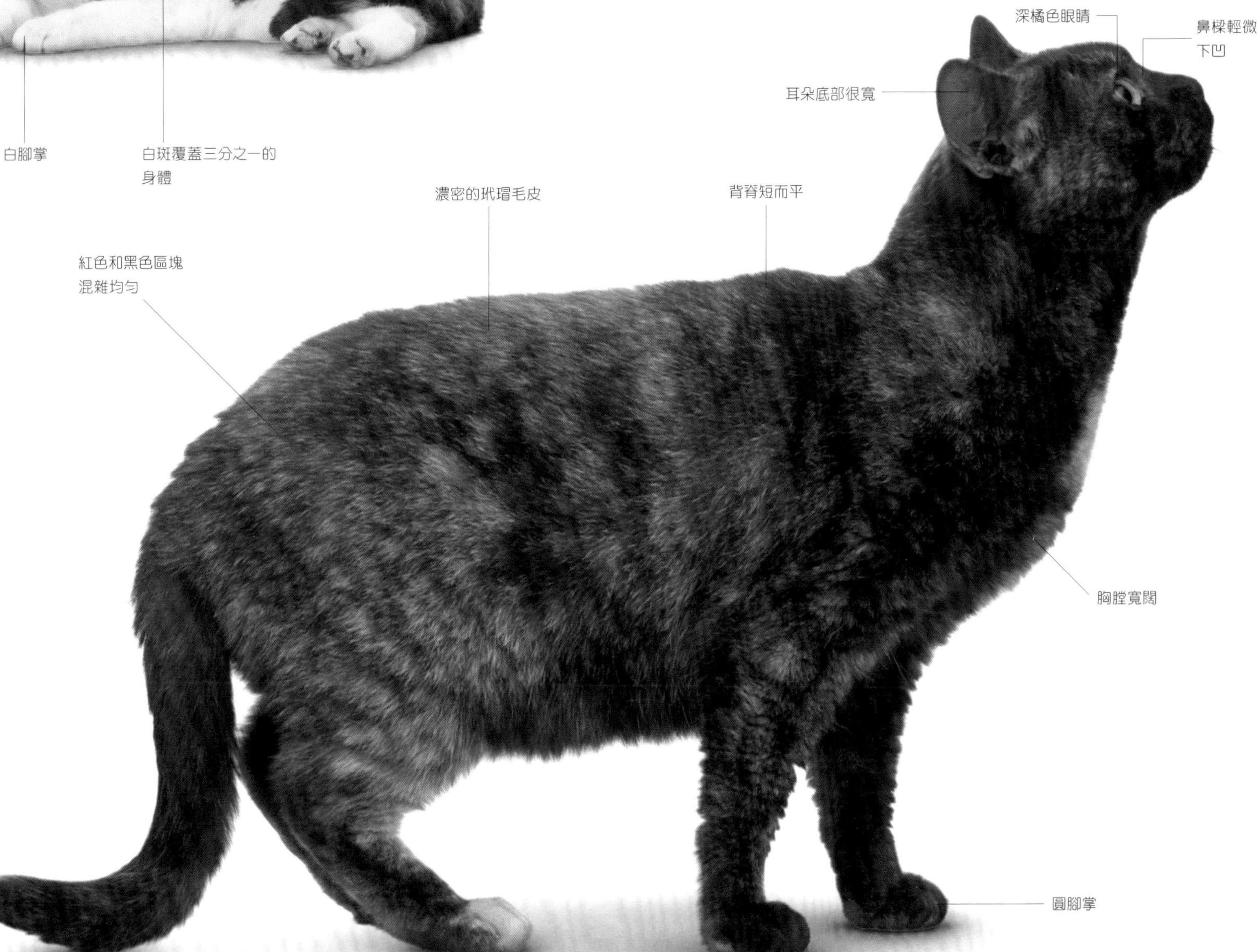

土耳其短毛貓 Turkish Shorthair

發源地 土耳其，1700年代以前
品種登錄 其他
體重範圍 3-8.5公斤
理毛頻率 每週一次
毛色與斑紋 除巧克力色、肉桂色、丁香色和小鹿色以外的所有顏色，除了重點色以外的所有斑紋。

這個品種的貓罕為人知，個性親人，與人相處融洽，尤其若是從小就習慣社交的話。

土耳其短毛貓的歷史尚無定論，但這種貓自然出現在土耳其許多地區，很可能已經存在了相當長的時間。土耳其短毛貓又叫安納托利亞貓，土耳其語稱之為Anadolu Kedishi，跟長毛的土耳其梵貓很像，因此常常被搞混。即使在原生國，安納托利亞貓也很罕見，但各地的育種者正努力增加牠們的數量，尤其是在德國和荷蘭。這種貓強壯、敏捷，熱愛玩水，以樂於洗澡聞名。

這個品種相當於**短毛版**的**土耳其安哥拉貓**。

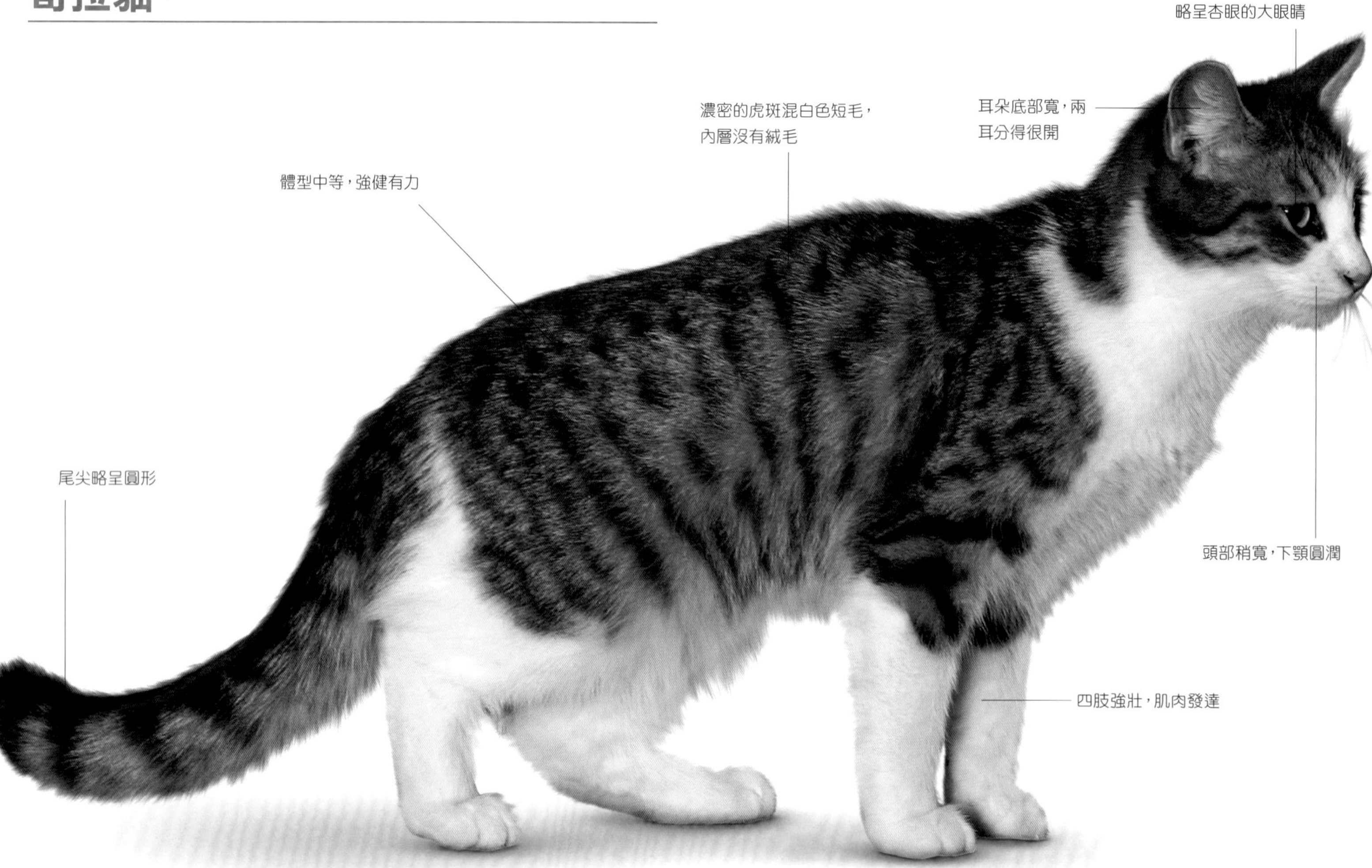

歐斯亞史烈斯貓 Ojos Azules

發源地 美國，1980年代
品種登錄 TICA
體重範圍 4-5.5公斤

理毛頻率 每週一次
毛色與斑紋 所有顏色和斑紋。

這種神秘罕見的貓是純種貓界的新人，個性活潑友善，容易照顧。

歐斯亞史烈斯貓（原名為西班牙語，意指藍眼睛）1984年首度在美國新墨西哥州被發現，是世界上最稀有的貓之一。那雙懾人的藍色眼睛尤其特別，因為不管貓是什麼毛色斑紋，同樣都會出現，可能單眼也可能雙眼都是藍色，包括長毛版本也不例外。藍眼的歐斯亞史烈斯貓只能和深色眼珠的個體雜交，以避免特定的遺傳性健康問題。由於培育數量太少，這種美麗優雅的貓有哪些特徵，現在所知還很少，但據說個性親人且友善。

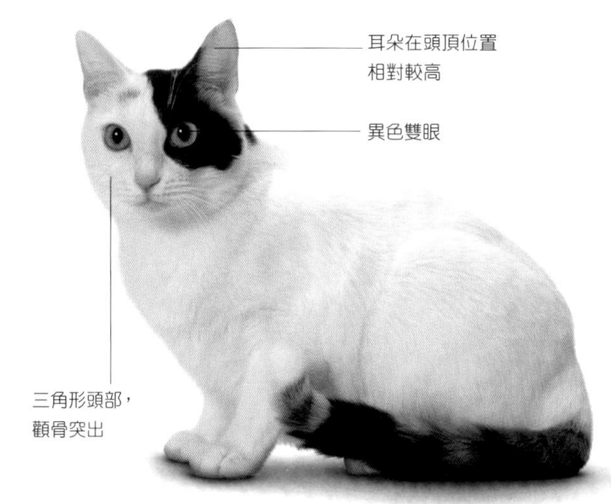

與其他短毛貓種雜交，也許**有助於避免**純種歐斯亞史烈斯貓的**健康疾患**。

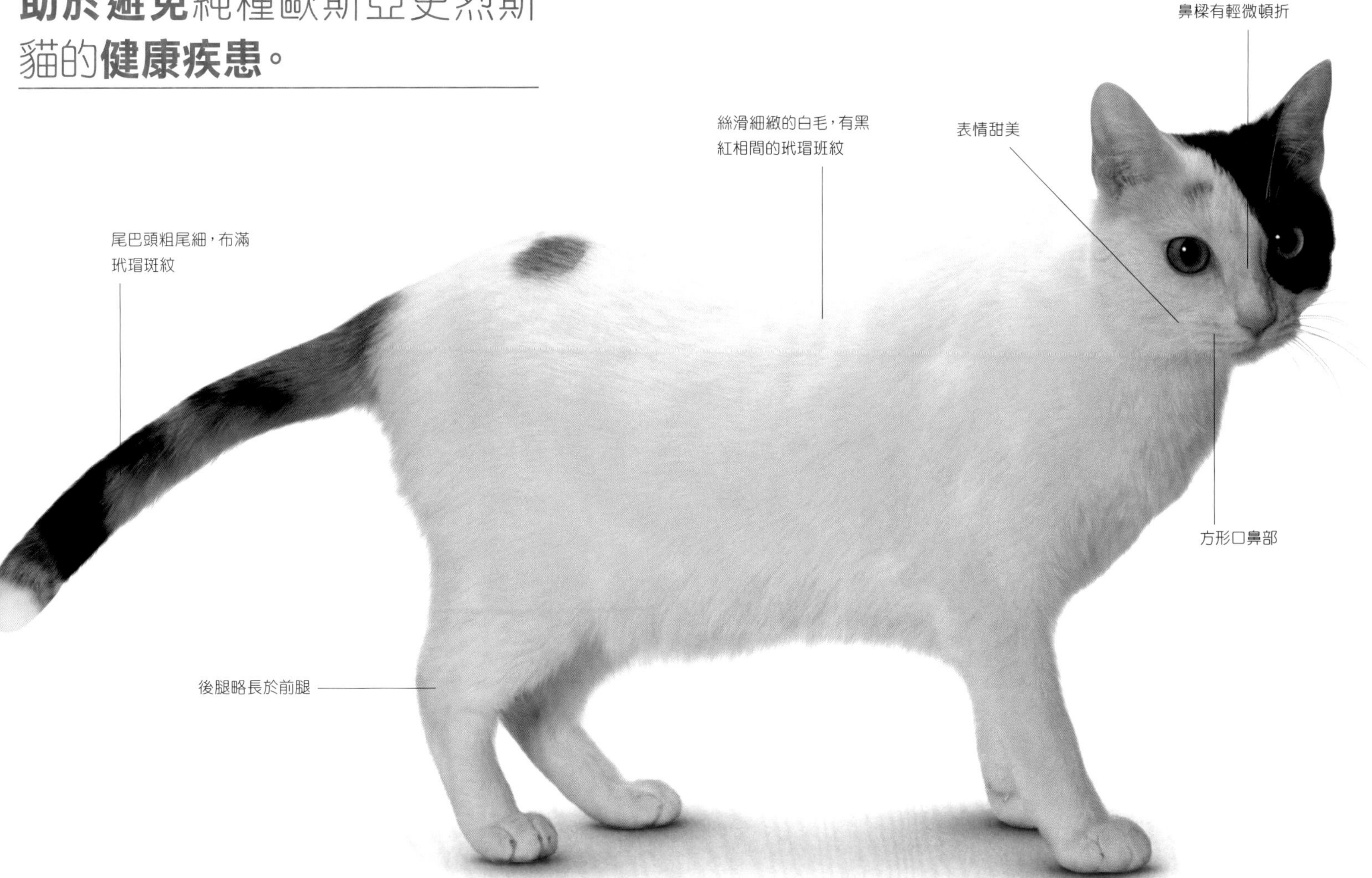

埃及貓 Egyptian Mau

發源地 埃及，1950年代
品種登錄 CFA、FIFe、GCCF、TICA
體重範圍 2.5-5公斤

理毛頻率 每週一次
毛色與斑紋 黃銅色和銀色的斑點虎斑。黑煙色者有隱約的虎斑。

斑紋奪目，神情機警，具有王室血統，是唯一未經人工培育、自然就有斑點的家貓品種。

這種貓十分神似古埃及法老墓穴壁畫裡身體修長的斑貓，但無法肯定是直系後代。培育出現代埃及貓的是俄國一位流亡公主，娜妲莉・托貝茲科伊（Natalie Troubetzkoy），她在1956年從義大利進口了幾隻斑點埃及貓到美國。多年以來，埃及貓在美國的培育數量一直很少，直到20世紀末引入新貓，才重新活化了基因庫。埃及貓個性親人，但也有敏感害羞的傾向，必須從小接受細心的社交訓練，應該最合適經驗老到的貓飼主。但只要跟家人建立起感情，埃及貓一輩子都會忠心耿耿。

埃及貓據說是**跑得最快**的**家貓**品種。

阿拉伯貓 Arabian Mau

發源地 阿拉伯聯合大公國，2000年代（現代品種）
品種登錄 其他
體重範圍 3-7公斤
理毛頻率 每週一次
毛色與斑紋 多種單色毛皮、多種斑紋，包括虎斑和雙色。

對家居生活適應良好的沙漠貓，個性活潑好奇，保有天生的狩獵本能。

這種貓是阿拉伯半島的原生品種，原本生活在沙漠，因人口擴張侵入棲地而移居到城市街道。2004年展開阿拉伯貓的育種計畫，目標在於保存這種貓的原始特徵和天生的耐力。阿拉伯貓精力旺盛，需要很多大腦刺激，不願意整天懶洋洋閒晃，飼養上可能有些麻煩。不過，阿拉伯貓忠實且親人，富有同理心的飼主常常會發現，養牠當寵物能獲得很高的回報。

橢圓形眼睛，眼角略往上揚
斑點花紋延伸到下腹部
長腿，橢圓形腳掌
白單色毛
體型中等到大，肌肉發達
大大的尖耳
鼻子略往下凹
鬍鬚墊突出
項鍊般的頸紋
四肢有環紋
單層鯖魚虎斑毛皮，質地紮實

這種貓**排列緊密的毛皮**內層**沒有絨毛。**

阿比西尼亞貓 Abyssinian

發源地 英國，19世紀
品種登錄 CFA、FIFe、GCCF、TICA
體重範圍 4-7.5公斤

理毛頻率 每週一次
毛色與斑紋 多種毛色型態，全都有明顯的多層色和面部斑紋。

忠實而親人的寵物，身形玲瓏優雅，天性好奇，活力充沛，需要空間供牠探索玩耍。

關於阿比西尼亞貓的歷史，有許多不同的說法，其中一個迷人但可能性很低的故事認為，阿比西尼亞貓是古埃及聖貓的後代。比較可信的版本則稱，最早幾隻這種貓（見右欄），可能是1860年代末，阿比西尼亞戰爭結束時，英國士兵從阿比西尼亞（現在的衣索比亞）帶回來的。但基因研究顯示，阿比西尼亞貓毛皮的多層色斑紋可能源自印度東北部海岸地帶的貓。可以確定的是，阿比西尼亞貓的現代品種是在英國培育出來的，最有可能是以虎斑英國短毛貓（見125頁）與一隻比較奇特、可能是海外引進的品種雜交所生。阿比西尼亞貓體格健壯、血統高貴、擁有美麗的多層色毛皮，是帶有一絲「野性」氣息的出色貓種——宛如一隻小山獅。最初的毛色又稱「常態色」，是大地色調的深紅棕色；其他毛色還包括小鹿色、巧克力色和藍色。阿比西尼亞貓聰明且親人，是很好的寵物，但牠們喜歡充滿刺激的生活，平日需要人花很多時間陪伴。

「常態」色的小貓

祖拉

關於阿比西尼亞貓的歷史考據當中，有一則廣為流傳的故事，說這個品種的開山祖師可能是一隻名叫「祖拉」（Zula）的貓，1868年被一名英國陸軍軍官從英軍駐紮在阿比西尼亞（今日伊索比亞）的軍營帶回英格蘭。1870年代初，有阿比西尼亞貓在倫敦水晶宮參展，但沒有記錄證明牠們是祖拉的後代。1876年發行了一張祖拉的畫像，但除了多層色毛皮以外，牠與現代阿比西尼亞貓並不相像。

祖拉的畫像

炯炯有神

眼觀四面，耳聽八方，阿比西尼亞貓警覺性強，時時處於戒備狀態。幾乎任何東西都能引起這種聰明絕頂的貓注意，必須定期給予牠們刺激。

澳大利亞霧貓 Australian Mist

發源地 澳洲，1970年代
品種登錄 GCCF、TICA
體重範圍 3.5-6公斤
理毛頻率 每週一次
毛色與斑紋 斑點或大理石虎斑蒙上多層色，包括棕色、藍色、粉桃色、巧克力色、丁香色和金色。

這種可愛的貓有一身美麗的毛皮，脾氣穩定，對任何人都是絕佳的寵物。

這種貓是第一隻在澳洲培育出的純種貓，由緬甸貓（見87-88頁）、阿比西尼亞貓（見132-133頁）和澳洲的短毛家貓雜交所生。這種貓原本叫斑點霧貓（Spotted Mist），有多種迷人的斑點或大理石花紋及顏色，全都受到多層毛色強化，產生一種朦朧的「柔霧」效果。完整的毛色最多可能要兩年才會長成。澳大利亞霧貓在原生國極度受歡迎，因為特別容易飼養而享有美名。這種貓身體健康、脾氣溫和、天性親人，樂於居住在室內，既適合當孩子的玩伴，也能夠忠實陪伴較不愛動的主人。搶眼的外表和善於社交的天性，也讓澳大利亞霧貓在展場上愈來愈受歡迎。

小貓（粉桃色斑點毛皮）

創造一種貓

楚妲·史崔德博士（Dr Truda Straede）費時九年才培育出澳大利亞霧貓，並為她的新貓取得官方認證。史崔德博士結合了她最愛的貓種的特質，選擇種貓時，由緬甸貓（見87-88頁）提供美麗柔和的毛色及隨和的天性，由阿比西尼亞貓（見132-133頁）提供多層色斑紋和開朗性情，並加入短毛家貓，不只能增加斑紋的變化，形成大理石紋的毛皮，也增加了基因組合，讓身體健康。

大理石斑紋小貓

錫蘭貓 Ceylon

發源地 斯里蘭卡，1980年代
品種登錄 其他
體重範圍 4-7.5公斤

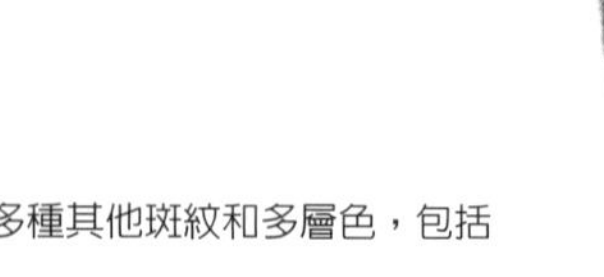

理毛頻率 每週一次
毛色與斑紋 馬尼拉色（沙金底色配黑多層色）；多種其他斑紋和多層色，包括藍色、紅色、奶油色和玳瑁色。

這種骨架纖細的貓友善體貼、個性調皮、充滿活力，擁有迷人的多層色毛皮。

錫蘭貓以原生家鄉（今日斯里蘭卡）命名，1980年代初輸入義大利，品種在此受到培育。如今世界各地都看得到錫蘭貓，或許不如其他品種有名，但在義大利享有相當的人氣。這種貓有美麗的多層色毛皮，毛色沙黃，外型神似阿比西尼亞貓（見132-33頁），但兩者並無關係。錫蘭貓前額有一塊醒目的斑紋，稱為「眼鏡蛇斑」，很受珍視。培育者多稱讚這種貓個性友善，受到注意時會熱情回應。

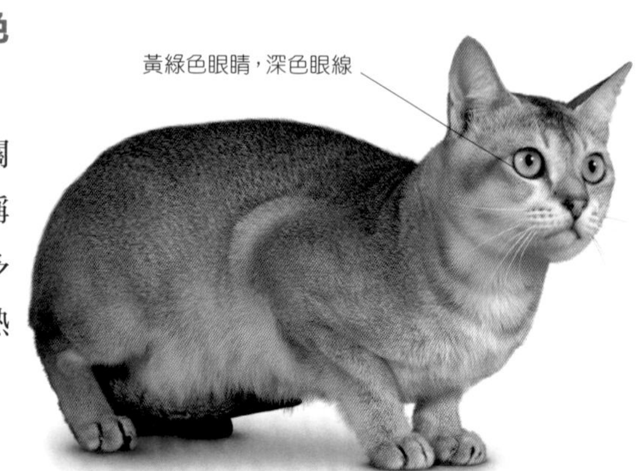

歐西貓 Ocicat

發源地 美國，1960年代
品種登錄 CFA、FIFe、GCCF、TICA
體重範圍 2.5-6.5公斤

理毛頻率 每週一次
毛色與斑紋 黑色、棕色、藍色、丁香色和小鹿色，帶斑點虎斑花紋。

歐西貓適應力強、充滿自信，是好奇頑皮的品種，對訓練反應良好。

雖然名字很像，這種美麗的斑點貓並不是美洲豹貓（ocelot，原生於中南美洲的叢林貓）與家貓雜交的產物，不過外型倒是和美洲豹貓極為相似。歐西貓其實是1964年，為了培育出一隻能與阿比西尼亞貓（見132-133頁）的多層色毛皮相配的重點色暹羅貓（見104-109頁）而意外造就的成果。第一隻出生的斑點小貓僅被當成寵物飼養，但後來出生的就被用於培育新品種。培育計畫中也引入美國短毛貓（見113頁），讓歐西貓體型變大，體質更強壯。歐西貓性情開朗，喜歡有人陪伴，而且易於照顧。

阿茲提克貓 Aztec

發源地 美國，1960年代
品種登錄 GCCF
體重範圍 2.5-6.5公斤
理毛頻率 每週一次
毛色與斑紋 各種顏色的經典虎斑花紋，包括銀色。

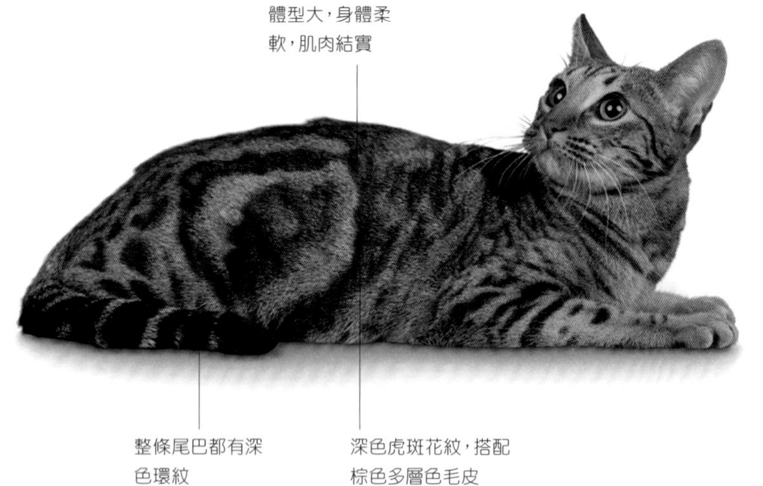

這種花紋美麗的大虎斑貓，個性非常親人，是忠心的寵物。

這種貓舊名為經典虎斑歐西貓（Ocicat Classic），是歐西貓的一種，花紋不是斑點而是經典虎斑，直到最近才被認定是一個獨立品種，但還沒被所有的品種協會接受。阿茲提克貓的歷史與其斑點表親（見137頁）相似，一樣是暹羅貓（見104-109頁）、阿比西尼亞貓（見132-133頁）和美國短毛貓（見113頁）的混種。這個品種的貓精力充沛，熱衷於遊戲，愛往高處攀爬。個性非常好，而且非常擅於社交。阿茲提克貓長時間獨處會不開心，最適合人多熱鬧的家庭。

肯亞貓 Sokoke

發源地 肯亞，1970年代（現代品種）
品種登錄 FIFe、GCCF、TICA
體重範圍 3.5-6.5公斤
理毛頻率 每週一次
毛色與斑紋 只有棕色多層色虎斑。

罕見的品種，擁有多層色虎斑花紋，性情平靜，但對家園和家人可能會有占有欲。

這種美麗奪目的虎斑貓原生於肯亞海岸的阿拉布科索柯凱森林（Arabuko Sokoke Forest），在1970年代末被人發現，當時一名住在肯亞的英國人收養了兩隻斑紋醒目的野生小貓，並用於育種。肯亞貓後來輸入歐洲和美國，21世紀又引入新血統。現代的肯亞貓結合了現在稱為舊血脈和新血脈兩方的特徵。這種貓能與家人培養出親密感情，有些還擁有用叫聲跟主人溝通的天賦。小貓即使成年後依然十分活潑，喜歡玩遊戲。

獨特的斑紋結合毛皮**底色**，形成一種**透視的效果。**

加州閃亮貓 California Spangled

發源地 美國，1970年代
品種登錄 無
體重範圍 4-7公斤
理毛頻率 每週一次
毛色與斑紋 斑點虎斑：底色包括銀色、黃銅色、金色、紅色、藍色、黑色、棕色、深灰色和白色。

這種貓雖然具有異國的「叢林」外表，又擁有強大的狩獵本能，但個性一點也不凶猛。

這個珍奇品種有如花豹和美洲豹貓等野生貓科動物的迷你翻版，目前已停止繁育。培育者是保育人士保羅・凱西（Paul Casey），他為了遏止人為了取得毛皮而殺害野生動物，特地培育出這個品種。凱西認為，假如大眾看到斑點毛皮會想起自己的寵物貓，應當也會厭惡以時尚之名殘害野生動物的做法。加州閃亮貓是以多種家貓培育而成，血統中並沒有野生貓科物種。這種活潑的貓最愛打獵和玩耍，但也擅於社交、親人，而且容易照顧。

玩具虎貓 Toyger

發源地 美國，1990年代
品種登錄 TICA、GCCF
體重範圍 5.5-10公斤

理毛頻率 每週一次
毛色與斑紋 只有棕色鯖魚虎斑。

這種聰明友善的貓，也是美麗絕倫的珍奇品種，個性閒適悠哉。

玩具虎貓是1990年代由條紋短毛貓和孟加拉貓（見142-143頁）雜交培育出的品種。 玩具虎貓的毛皮花紋宛如老虎，直條紋任意排列，與其他虎斑花紋相當不同。這種獨一無二的「玩具老虎」體格強健、肌肉發達，活動起來有叢林大貓流暢的力與美。玩具虎貓天生自信、個性外向，生活態度輕鬆隨意，因而在任何家庭都能適應良好。這種貓雖然活潑好動，但很容易照顧，可以教牠們玩遊戲或繫繩走路。

孟加拉貓 Bengal

發源地 美國，1970年代
品種登錄 FIFe、GCCF、TICA
體重範圍 5.5-10公斤

理毛頻率 每週一次
毛色與斑紋 棕色、藍色、銀色和雪色，花紋有斑點虎斑和大理石經典虎斑。

擁有一身美麗耀眼的斑點毛皮，個性活潑、好奇調皮，非常有活力。

1970年代，科學家將小型野生亞洲豹貓（見下欄）與短毛家貓配種，希望把野生貓科動物對貓白血病的天然免疫力引進寵物圈。實驗計畫失敗了，但生出的混種貓引起多名美國貓迷的興趣。經過一連串選擇育種計畫，這些混種貓與多種純種家貓雜交配種，包括阿比西尼亞貓（見132-133頁）、孟買貓（見84-85頁）、英國短毛貓（見118-127頁）和埃及貓（見130頁），結果就生出了孟加拉貓，原稱小豹貓（Leopardette），1980年代正式認可為新品種。

這種貓斑紋華麗、骨架壯碩，為家中客廳帶來濃濃的叢林氣息。雖然擁有野生血統，但孟加拉貓不具任何危險，個性親暱討喜，只是的確有滿滿的活力，最適合經驗老到的飼主。孟加拉貓天性友善，總是想成為家裡的焦點，不只需要人陪伴，也需要體能活動和智力刺激。孟加拉貓一無聊就會不開心，很可能會搞破壞。

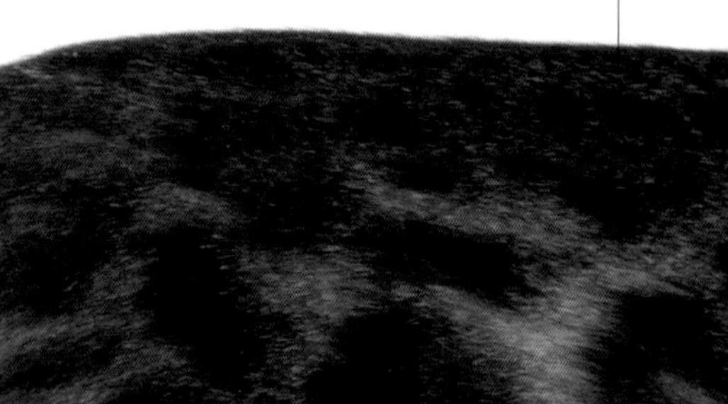

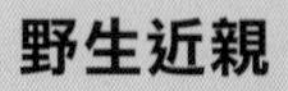

野生近親

亞洲豹貓（學名 *Prionailurus bengalensis*）被用於培育孟加拉貓，原生地遍布印度、中國和東南亞大部分地區，包括印尼。其斑點毛皮依所在地區不同，有多種顏色變化，孟加拉貓的育種計畫也引進了其中一些。美麗的外表使亞洲豹貓飽受商業毛皮貿易和野生寵物交易迫害，總數量因此驟減，部分豹貓亞種已被認定為瀕臨滅絕。

野貓郵票

小貓
華麗的雪斑，毛皮濃密、
觸感絲滑
頭部長度大於寬度
顴骨突出
耳朵相對較短，圓耳，
底部寬
眼周有「眼影」似的斑
紋
四肢強壯有力
大圓腳掌

野貓風範
迦南貓是天生的運動員，動作展現出明顯的力與美。光滑的斑點毛皮神似牠們的野貓祖先。

迦南貓 Kanaani

發源地 以色列，2000年代
品種登錄 其他
體重範圍 5-9公斤
理毛頻率 每週一次
毛色與斑紋 斑點和大理石虎斑花紋，多種底色。

這種貓強壯矯健卻不失優雅，個性很活潑，保有祖先一定的野性。

迦南貓（名字源自《聖經》裡的「迦南地」〔Canaanite〕）很罕見，為了擁有與斑點非洲野貓神似的外表，由人工培育出來。首位培育者是耶路撒冷一名雕刻師，直到2000年，這個新品種才獲得世界聯合貓會（World Cat Association）認證，但很多官方協會尚未承認這個品種。這種貓正慢慢為人所知，在德國和美國都有人培育。2010年以前，迦南貓的育種計畫允許以非洲野貓、孟加拉貓（見142-143頁）和東方短毛貓（見91-101頁）異形雜交，因為這些貓種都有斑點毛皮。但2010年以後出生的所有小貓，雙親一定只能是迦南貓。迦南貓身體大而修長，腿長、脖子長，耳朵生有簇毛，長得就像野生的沙漠貓。這種貓性情溫和親人，但又保有野外祖先獨立的習性，也是優秀的獵手。

改變斑紋

桃莉絲·波拉謝克（Doris Pollatschek，下圖）著手培育迦南貓時，目的是想創造出一種貓，看起來就像貨真價實的野貓，必須像牠的藍本非洲野貓（見第9頁）一樣，擁有一身斑點虎斑毛皮。不過，迦南貓現在的品種標準也允許有大理石虎斑花紋，這在非洲野貓身上並不會出現。迦南貓的育種者目前傾向保守，還不想引進銀毛的版本，銀毛在類似品種身上很受歡迎，例如孟加拉貓（見142-143頁）和非洲草原貓（見146-147頁）。

小貓

非洲草原貓 Savannah

發源地 美國，1980年代
品種登錄 TICA
體重範圍 5.5-10公斤
理毛頻率 每週一次
毛色與斑紋 棕色斑點虎斑、黑銀色斑點虎斑，黑色或黑煙色。黑色或黑煙色可能看得見隱約的斑點。

高而優雅的貓，擁有奇特不凡的外表。高度好奇，對主人要求可能很高。

非洲草原貓2012年才獲得官方認證，是最新的貓品種之一。起源是一隻公藪貓（一種生長於非洲平原的野貓，見8-9頁）與母家貓意外交配的結果。非洲草原貓繼承了藪貓的許多特徵，包括斑點毛皮、長腿、直立的大耳朵，兩眼經常有延伸出來的「淚紋」，跟獵豹臉上的一樣。這種貓身手矯健又愛冒險，最高能跳到空中2.5公尺。牠們隨時都在找好玩的事做，這可能包括玩水、翻箱倒櫃或開門。但牠們也跟狗很像，忠實而擅於社交。由於非洲草原貓常常我行我素，照顧上要求很高，因此並不適合第一次養貓的人。有些國家地區明文限制飼養和繁殖非洲草原貓，尤其是早期世代的貓。

小貓

世代變化

如同許多跨種雜交的案例，第一代混種子代（F1）的生育能力會受到損害。以非洲草原貓來說，公貓多半不育，直到可生育的母貓後代身上的藪貓基因稀釋為止——這通常要等到第五代（F5）或第六代（F6）。不過，當這些第五代和第六代的公貓成功跨種回去與母藪貓交配時，生下的小貓會長得更像藪貓，尤其毛皮斑紋會變得更加清晰。

第六代非洲草原貓

平坦的棕色斑點虎斑毛皮，觸感略顯粗糙，但斑點比較柔軟

身體修長矯健

眉毛略遮住眼睛

三角形頭部，與身體相比略小

超大耳朵直豎在頭頂

腿很長，肌肉發達

長脖子

腿和腳掌上有較小的斑點

塞倫蓋蒂貓 Serengeti

發源地 美國，1990年代
品種登錄 TICA
體重範圍 3.5-7公斤
理毛頻率 每週一次
毛色與斑紋 黑單色毛；各種色調的棕色或銀色斑點虎斑（銀底色、黑斑點）；也有黑煙色。

高挑優雅的品種，喜歡爬到高處，性情溫和但外向。

塞倫蓋蒂貓是珍奇品種，神似藪貓（生長在非洲草原、體型嬌小、四肢細長的野生貓科動物），1990年代中期在加州培育出來，如今在歐洲和澳洲也為人所知。這個品種是孟加拉貓（見142-143頁）和東方短毛貓（見91-101頁）雜交的結果，脖子長、腿長，站姿抖擻，在其他貓之間特別突出。最顯眼的是塞倫蓋蒂貓那一對特大的招風耳，長度和頭部一樣。這種貓身手靈活，喜歡攀爬探索高處。能與主人建立親密的感情，是長時間在家的人理想的寵物。

塞倫蓋蒂貓能和主人建立**長久的感情**，主人走到哪裡，牠就跟到哪裡。

非洲獅子貓 Chausie

發源地 美國，1990年代
品種登錄 TICA
體重範圍 5.5-10公斤

理毛頻率 每週一次
毛色與斑紋 黑單色和多層色虎斑花紋，棕色和灰黑色。

這個獨具魅力的品種體態修長、玲瓏有緻，而且充滿活力，需要能多多關注牠的主人。

雖然過去野生叢林貓和家貓可以（也八成有）自然而然地跨種雜交，但非洲獅子貓是1990年代人為混種培育出來的。起初，叢林貓可與多種貓混種，但現在為維持非洲獅子貓體型和毛色的一致，只用阿比西尼亞貓（見132-133頁）和特定的短毛家貓。非洲獅子貓與其他混種貓一樣，天性活潑，熱愛探索。牠們不只聰明，還有無窮無盡的好奇心，很快就能學會打開櫃子窺探裡頭。這種貓需要經驗豐富的主人花很多時間在家裡陪牠。

這種貓的英文名字源自**叢林貓的拉丁文：*Felis Chaus*。**

曼基貓 Munchkin

發源地 美國，1980年代
品種登錄 TICA
體重範圍 2.5-4公斤
理毛頻率 每週一次
毛色與斑紋 所有毛色、色調和斑紋。

腿短短的曼基貓，性情友善體貼，非常擅於社交，喜歡玩玩具。

曼基貓有如貓版的臘腸狗，一看到那四隻短腿和低低的身體就認得出來。1980年代，第一隻曼基貓在美國路易斯安納州培育出來。奇短無比的腿是意外突變造成的——多年來，短腿貓在許多國家都曾自然出現（見下欄）。這項特徵被曼基貓的育主保留下來，品種也獲得國際貓協（TICA）正式認證。然而，雖然現在不論是短毛版或長毛版（見233頁）的曼基貓都愈來愈受歡迎，但其他很多品種協會都不認可。曼基貓的小短腿並不會嚴重妨礙行動，很多人說曼基貓跑起來像雪貂，還會像兔子或袋鼠一樣坐在後腿上，抬起前腳。除此之外，短腿基因似乎並不影響健康和壽命。這種小貓或許不像其他高大的表親一樣有跳高的能力，但依然有辦法爬到家具上，且個性活潑調皮。不過，曼基貓的確需要人協助理毛。曼基貓也被用來培育其他短腿的品種，例如明斯欽貓（見155頁）。

小貓

袋鼠貓

雖然曼基貓的培育發展到1980年代才開始，但特短腿的貓並非最近才有。與短腿野貓相關的記錄，至少能追溯到1930年代，有些報導為牠們取了個綽號叫「袋鼠貓」，因為牠們前肢明顯比後腿短，看上去有如正在吃草的袋鼠。早期觀察也記錄到同一窩裡混雜了短腿和正常腿長的小貓，今日的曼基貓也常有這種狀況。下圖的兩隻貓就是同窩兄弟。

顴骨高，輪廓分明
胸廓渾圓
尾巴可能和身體等長
前額扁平
耳朵底部寬，
位於頭頂
濃密的水貂重點色
毛皮，防風耐寒
圓潤的楔形頭部
胡桃形狀的黃眼睛
鼻子有輕微頓折
腿長約是其他貓種平均
長度的一半

侏儒捲耳貓 Kinkalow

發源地 美國，1990年代
品種登錄 TICA
體重範圍 2.5-4公斤
理毛頻率 每週一次
毛色與斑紋 多種毛色和斑紋，包括虎斑和玳瑁。

新奇罕見的品種，據說聰明調皮，喜歡趴在主人腿上。

侏儒捲耳貓是一種珍奇的侏儒貓，是1990年代用曼基貓（見150-151頁）和美國捲耳貓（見159頁）雜交，刻意培育出來的。品種還在實驗階段，理想上應該有曼基貓小巧的身體和特短的四肢，加上捲耳貓後翻的耳朵。但因為基因突變的關係，不是所有侏儒捲耳貓的小貓都具有這些極端特徵，有些小貓生下來四肢長度正常，耳朵也向上直立。侏儒捲毛貓的培育與其品種標準的確立，都還是進展中的計畫。到目前為止，這種迷你貓看來並沒有特殊的健康問題，短腿也不至於妨礙行動。

這個**矮小的品種**是由美國育主**泰瑞・哈里斯（Terri Harris）所創。**

侏儒捲毛貓 Lambkin Dwarf

發源地 美國，1980年代
品種登錄 TICA
體重範圍 2-4公斤
理毛頻率 一週2-3次
毛色與斑紋 所有毛色、色調和斑紋。

這種貓性情可愛，容易照顧，非常溫和、好動，腿雖然很短，卻是跳高好手。

這種少有人知的混種侏儒貓，是短腿的曼基貓（見150-151頁）和毛捲捲的塞爾寇克捲毛貓（見174-175頁）雜交所生。牠們有時也被稱作「納努斯捲毛貓」（Nanus，「侏儒」之意）。侏儒捲毛貓很罕見，目前認定仍在實驗階段，因為要培育出符合的外型極為困難。同一窩出生的小貓，有些可能雙親的突變基因都遺傳到，同時繼承了一方的矮小身材和另一方的捲毛，其他小貓則可能是短腿直毛、長腿直毛，或者長腿捲毛。這種貓據說有捲毛貓的溫順，但又帶有一絲曼基貓的調皮。

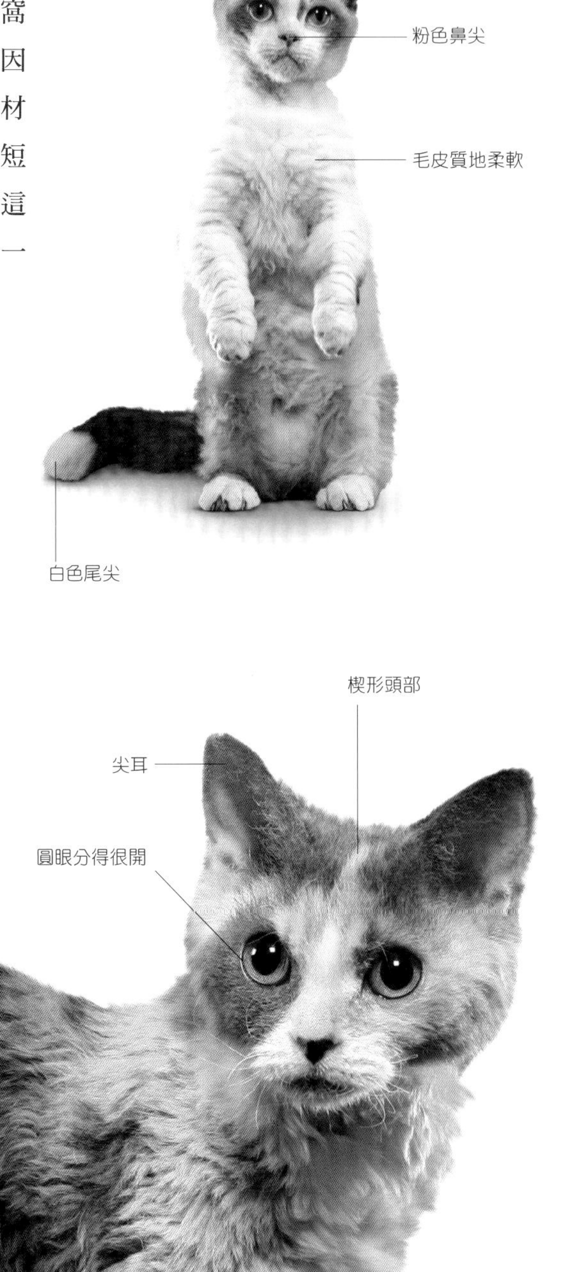

罕見的品種，因為品種標準**很難達到。**

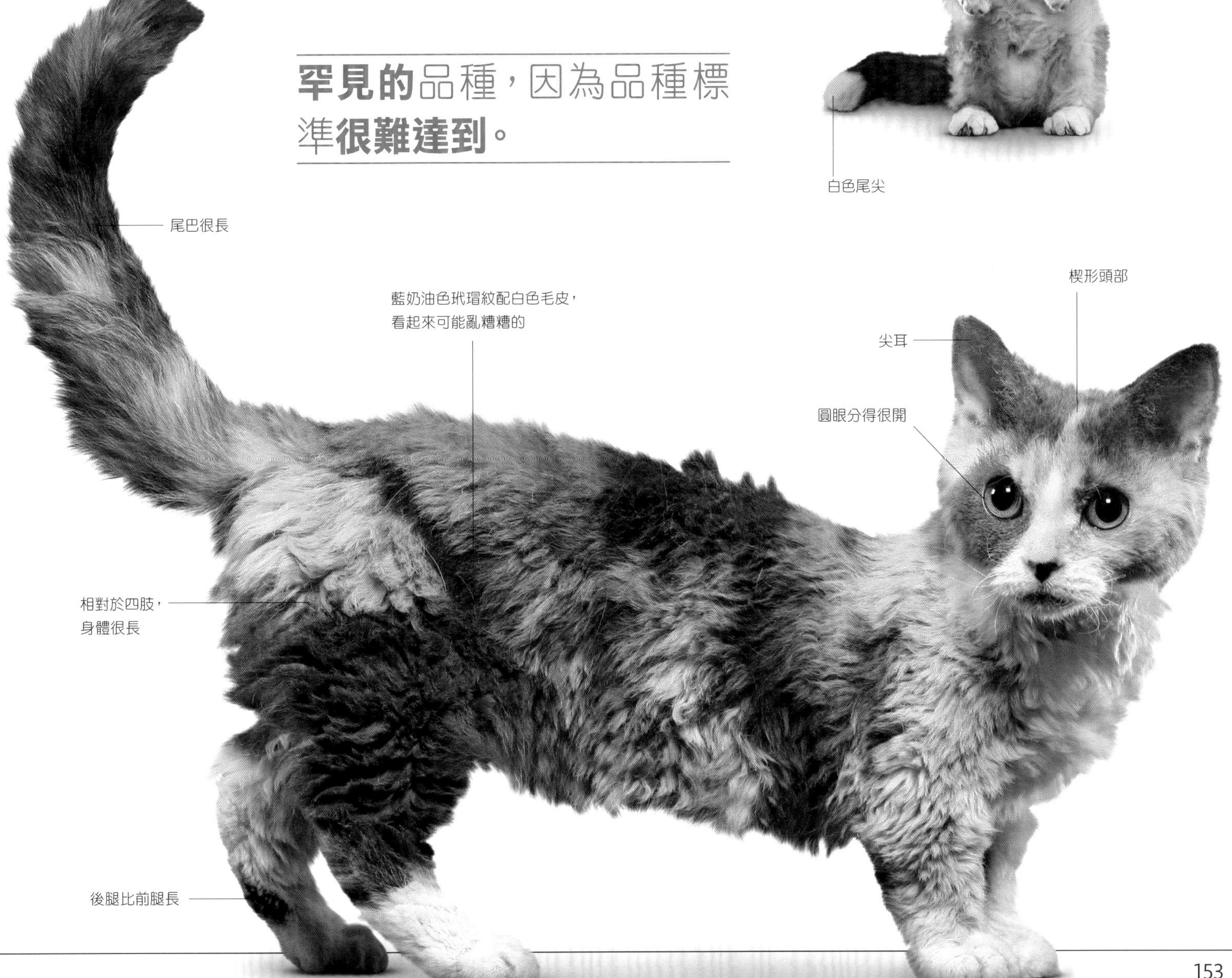

巴比諾貓 Bambino

發源地 美國，2000年代
品種登錄 TICA
體重範圍 2-4公斤
理毛頻率 一週2-3次
毛色與斑紋 所有毛色、色調和斑紋。

長相古怪的新品種，溫和但活潑，個性親人，有牠陪伴充滿樂趣。

這個21世紀的侏儒實驗品種，是所有珍奇品種當中最與眾不同的一種，在美國由曼基貓（見150-151頁）與斯芬克斯無毛貓（見168-169頁）混種培育出來。巴比諾貓的腿奇短無比，耳朵很大，皺巴巴的的皮膚彷彿全裸，但表面通常覆蓋著很細的粉桃色絨毛。同一窩出生的小貓，可能有短腿也有長腿。雖然外表嬌弱，這種貓其實很強壯，身手敏捷，肌肉結實、骨架紮實，跑跳攀爬都在行。牠們也很聰明，善於社交。不過因為缺少毛髮，巴比諾貓受不了強烈的陽光和低溫，必須養在室內。理毛應包括定期洗澡，以免皮脂自然堆積。

小貓

明斯欽貓

美國育主保羅·麥克梭利（Paul McSorley）同樣以曼基貓和斯芬克斯貓混種雜交，培育出另一種短腿貓，稱為明斯欽貓（Minskin）。命名的由來是把「迷你」（miniature）和「皮膚」（skin）兩個字加在一起。雖然名字暗指缺少毛髮，但這種貓除了肚子光禿以外，身體其實長有細絨毛，與巴比諾貓的不同之處在於，牠的頭部、耳朵和尾巴有濃密的重點色毛髮。麥克梭利在達到目標以前，為明斯欽貓引進了德文捲毛貓（見178-179頁）和緬甸貓（見87-88頁）的血統。明斯欽貓有各種不同的毛色，包括虎斑和重點色。

蘇格蘭摺耳貓 Scottish Fold

發源地 英國／美國，1960年代
品種登錄 CFA、TICA
體重範圍 2.5-6公斤

理毛頻率 每週一次
毛色與斑紋 大部分毛色、色調和斑紋，包括重點色、虎斑和玳瑁。

這個品種安靜友善，擁有獨特的摺耳，很忠心，與孩童相處融洽。

罕見的基因突變使得這種貓耳朵向前折起，有如戴在頭上的小帽子，形成一種頭圓圓的獨特長相。第一隻被人發現的摺耳貓，是一隻純白的長毛母貓，名叫蘇西（Susie），1960年代出生在蘇格蘭一座農場。一開始，這隻貓和牠生下的摺耳小貓只在當地引起興趣，但後來遺傳學家注意到這件事，蘇西幾隻後代於是被送到了美國。在美國，摺耳貓與英國短毛貓（見118-127頁）和美國短毛貓（見113頁）雜交，進而確立了這個品種。培育蘇格蘭摺耳貓的過程中，也出現長毛的版本（見237頁）。這種貓需要細心育種，以免出現與摺耳基因有關的特殊骨骼疾病。也因為有此風險，蘇格蘭摺耳貓並未獲得所有品種協會認可。蘇格蘭摺耳貓的小貓若帶有摺耳基因，出生時耳朵一定是直的，出生後大約三週內才漸漸向前伸平。耳朵保持直立的話，叫作蘇格蘭直耳貓。蘇格蘭摺耳貓目前還很罕見，在貓展比較容易看到，養在家裡的很少。不過，這種貓以個性忠實聞名，如果當成寵物，很容易適應各種家庭型態，是安靜且親人的良伴。

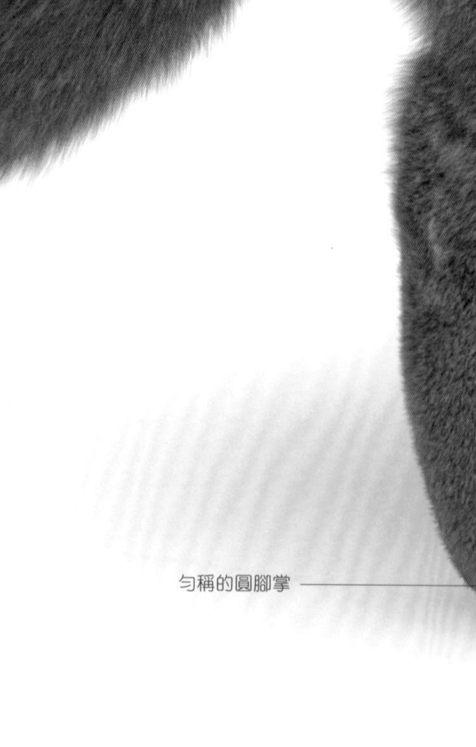

KITTEN

旅遊良伴

美國作家彼得·蓋瑟斯（Peter Gethers）的自傳三部曲，大幅提升了蘇格蘭摺耳貓的人氣。作品出版於2009年和2010年，內容講述他和蘇格蘭摺耳貓諾頓（Norton）的冒險見聞。蓋瑟斯當初收到一隻小貓當禮物，立刻淪陷成為貓奴。諾頓陪著主人環遊世界，不只陪蓋瑟斯搭長途班機，上餐館也坐在一起。貓咪16歲去世時，名氣已十分響亮，《紐約時報》還為牠刊登了訃聞。

濃密的藍色短毛高高豎起
獨特的摺耳向前下方
彎曲
金黃色的大圓眼
短脖子
鼻子短而寬，略有弧度

高地貓 Highlander

發源地 北美洲，2000年代
品種登錄 TICA
體重範圍 4.5-11公斤
理毛頻率 每週一次
毛色與斑紋 所有毛色、各種虎斑花紋，包括重點色。

活潑調皮、精力充沛的品種，喜歡成為矚目焦點，能帶來許多樂趣。

這個品種最近才培育出來，也有長毛版本（見240頁），目前還非常稀有。高地貓的外表很好辨認，身體很大，短尾巴，毛皮濃密。最醒目的是牠那一對大大的捲耳，通常長有濃密的絨毛，為牠增添了一抹野性氣息。雖然還不普及，但高地貓個性獨特，當寵物很討喜，因此漸漸獲得肯定。高地貓見到每個人都喜歡，能成為忠誠奉獻的好伙伴。牠們有一種壓抑不住想找樂子的衝動，老是想玩，據說很好訓練。

美國捲耳貓 American Curl

發源地 美國，1980年代
品種登錄 CFA、FIFe、TICA
體重範圍 3-5公斤
理毛頻率 每週一次
毛色與斑紋 所有毛色、色調和斑紋。

這種貓優雅迷人，好奇心強，洋溢熱情。性情像小貓，因此是可愛的寵物。

第一隻美國捲耳貓與這個品種的創始母貓一樣是長毛（見238-239頁），最早在加州被人發現。短毛版後來才培育出來，與長毛版基本上是同樣的貓，只是毛皮不同。美國捲耳貓生有一雙大眼睛，身材比例優雅，外表非常迷人。出生後約一週內耳朵會捲起來，為牠增添了一抹時尚魅力，不過捲耳突變完全是自然發生的現象。這個品種以性情溫柔出名，能與家人形成緊密連結，家裡發生的大小事都想一探究竟。

日本短尾貓 Japanese Bobtail

發源地 日本，約17世紀
品種登錄 CFA、FIFe、TICA
體重範圍 2.5-4公斤
理毛頻率 每週一次
毛色與斑紋 所有毛色和斑紋，包括虎斑（除了多層色虎斑）、玳瑁和雙色。

這種可愛的貓叫聲動聽，長著獨特的毛球尾巴，個性活潑調皮，樂於與人互動。

在原生國日本，這種貓據說能招來好運，常被做成陶瓷擺飾，在民間很受歡迎。1960年代，美國一名愛好者發現日本短尾貓，送了幾隻回美國，展開育種計畫。短毛版本在1970年代末獲得認證，約十年後，長毛版本（見241頁）也相繼獲得認證。日本短尾貓聰明外向，迷人且體態勻稱，聲音富有旋律，悅耳動聽。寵愛牠的主人喜歡說，日本短尾貓會對他們說話，甚至唱歌。

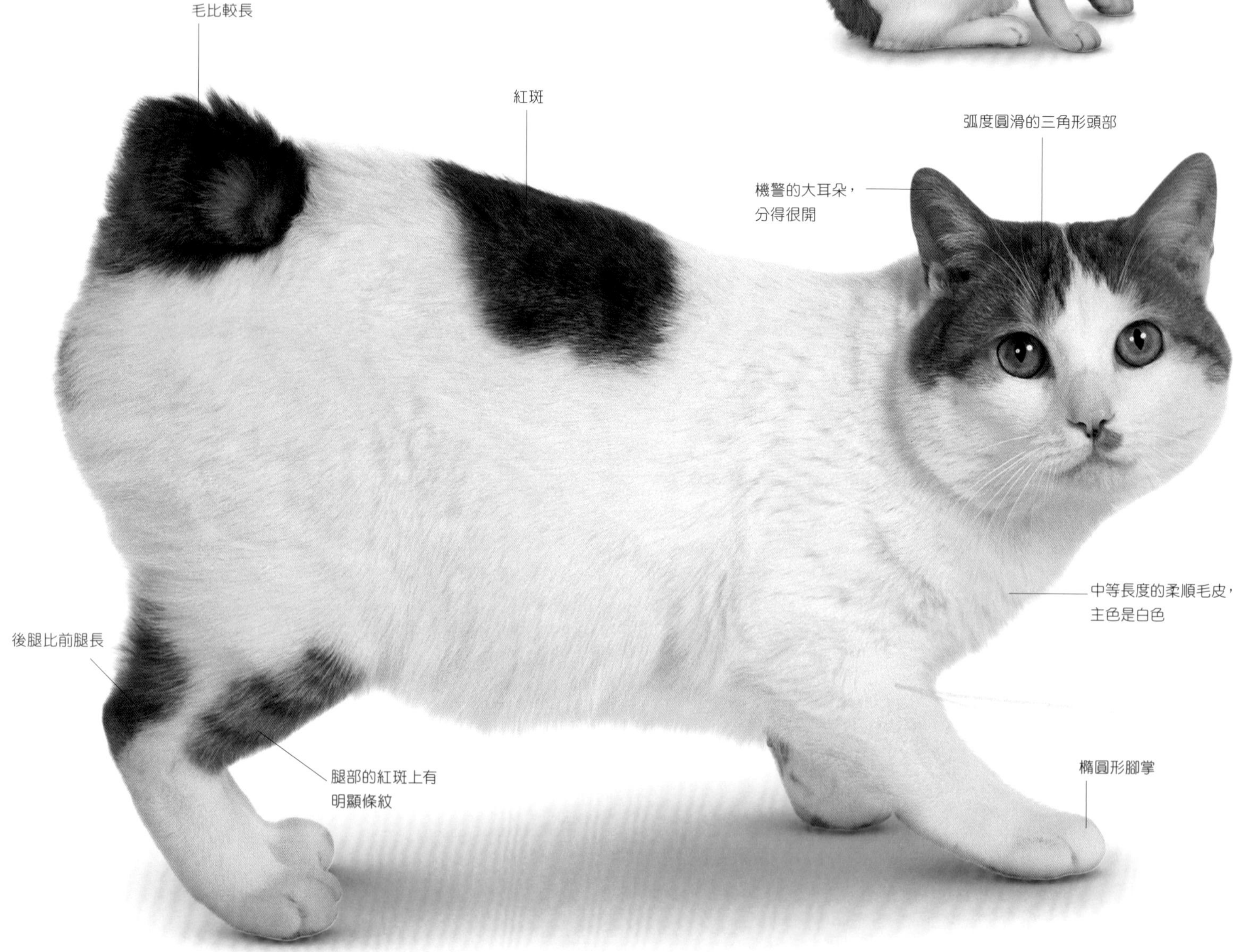

千島短尾貓 Kurilian Bobtail

發源地 北太平洋，千島群島，20世紀
品種登錄 FIFe、TICA
體重範圍 3-4.5公斤

理毛頻率 每週一次
毛色與斑紋 大多數單色、大多數色調，花紋有雙色、玳瑁和虎斑（多層色虎斑除外）。

這種貓體格結實、四肢強健，長著古怪的尾巴，聰明且擅於社交。

千島群島位在西伯利亞外海，在北太平洋和鄂霍次克海之間形成島弧。千島短尾貓是此地的原生種，20世紀在俄羅斯本土首度成為受歡迎的寵物家貓。1990年代起，不論是長毛或短毛版本，這種貓都固定在俄羅斯的貓展亮相，但在其他地方卻很少人知道。千島短尾貓古怪的尾巴是自然突變的結果，每一隻貓的尾巴都不一樣，但一定會有幾個扭拐，往任何方向捲曲或彎折幾乎都有可能。千島短尾貓個性閑散、擅於社交，據說抓老鼠功力一流。

湄公河短尾貓 Mekong Bobtail

發源地 東南亞，20世紀以前
品種登錄 其他
體重範圍 3.5-6公斤
理毛頻率 每週一次
毛色與斑紋 與暹羅貓一樣的重點色（見104-109頁）。

罕為人知的品種，有一身暹羅貓似的重點色毛皮，個性活潑親人，是很好的寵物。

湄公河流經中國、寮國、緬甸和越南，這種短尾貓以這條大河命名，是自然生長在東南亞廣大地帶的一種貓。在俄羅斯，湄公河短尾貓被當作實驗品種進行培育，2004年起受到部分官方協會認可，但在全世界並不特別有名。這種貓體格健壯，有一雙明亮的藍眼睛，與一身暹羅貓似的重點色毛皮。湄公河短尾貓敏捷好動，擅長跳躍攀爬。據說是一個安靜的品種，性格友善、健全。

根據**東方傳說**，湄公河短尾貓是**王室之貓**，也是**古神廟的守護者**。

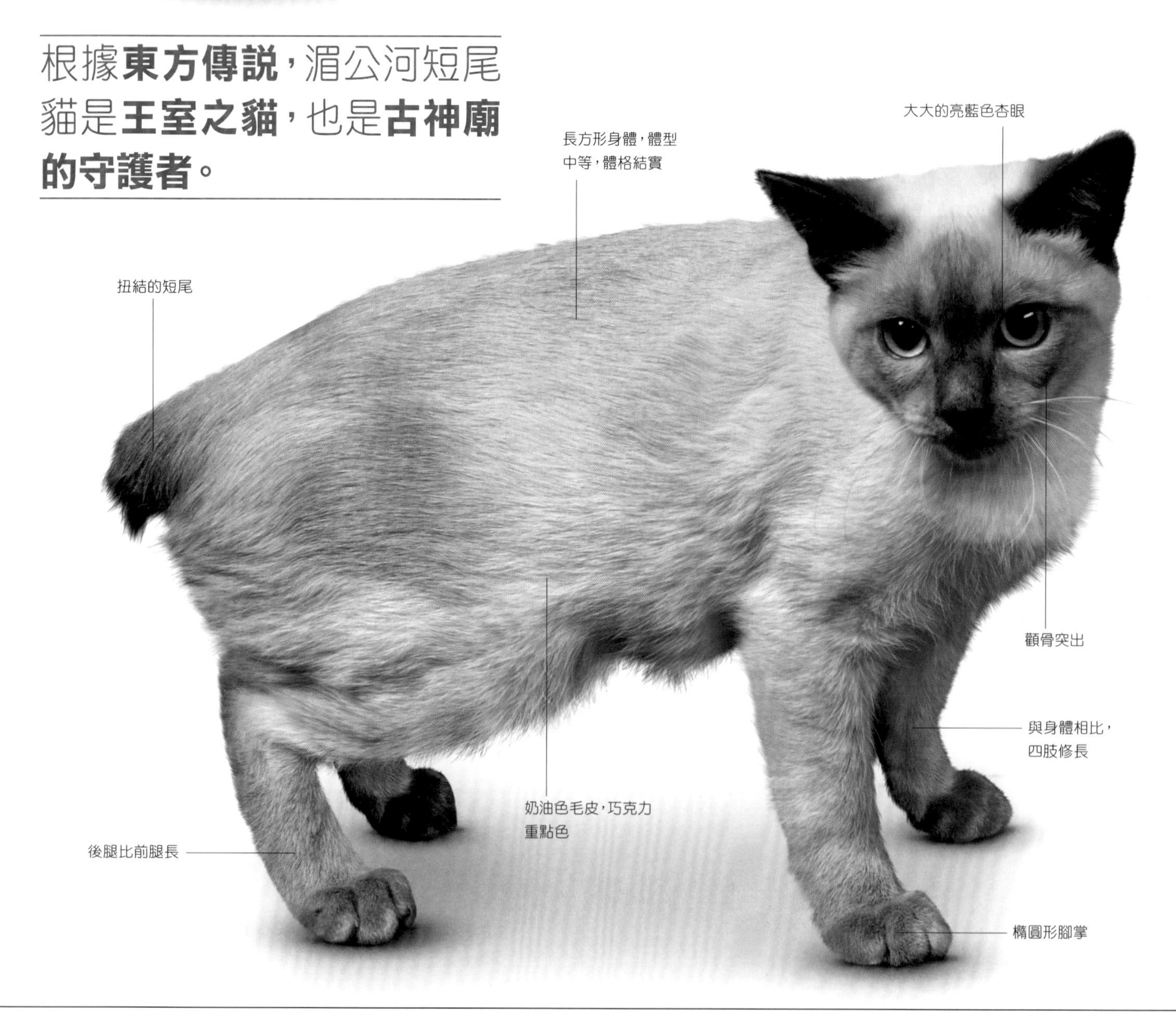

美國短尾貓 American Bobtail

發源地 美國，1960年代
品種登錄 CFA、TICA
體重範圍 3-7公斤

理毛頻率 每週一次
毛色與斑紋 所有毛色、色調和斑紋，包括虎斑、玳瑁和重點色。

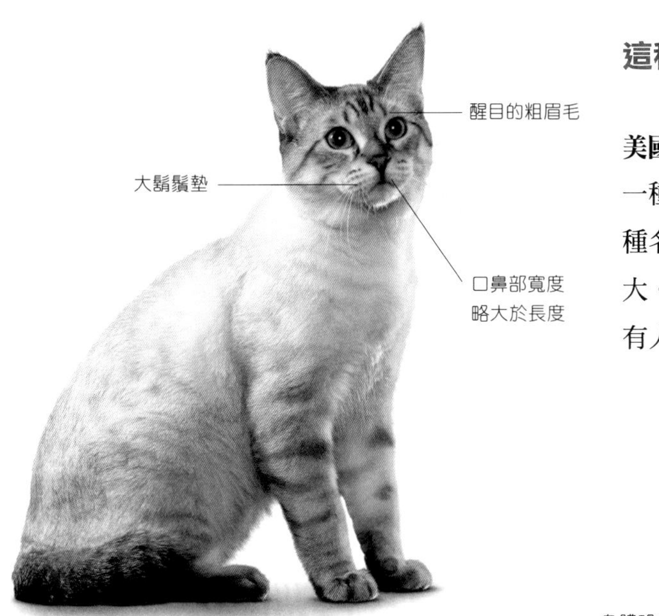

這種貓大而美麗，適應力強，是絕佳的寵物，要求不會太多。

美國原生短尾家貓的培育，約自20世紀中葉起就有多次記錄，但至目前只有這一種完全獲得認可。另外也有毛較長的版本（見247頁），兩種型態都如其品種名所稱，擁有自然生成的短尾。美國短尾貓體格結實，肌肉強健，骨架粗大。這種貓聰明、機警、活潑但不至於過分好動，也能享受安靜時光。樂於有人陪伴，但不會瘋狂討人注意，來到任何型態的家庭都能適應。

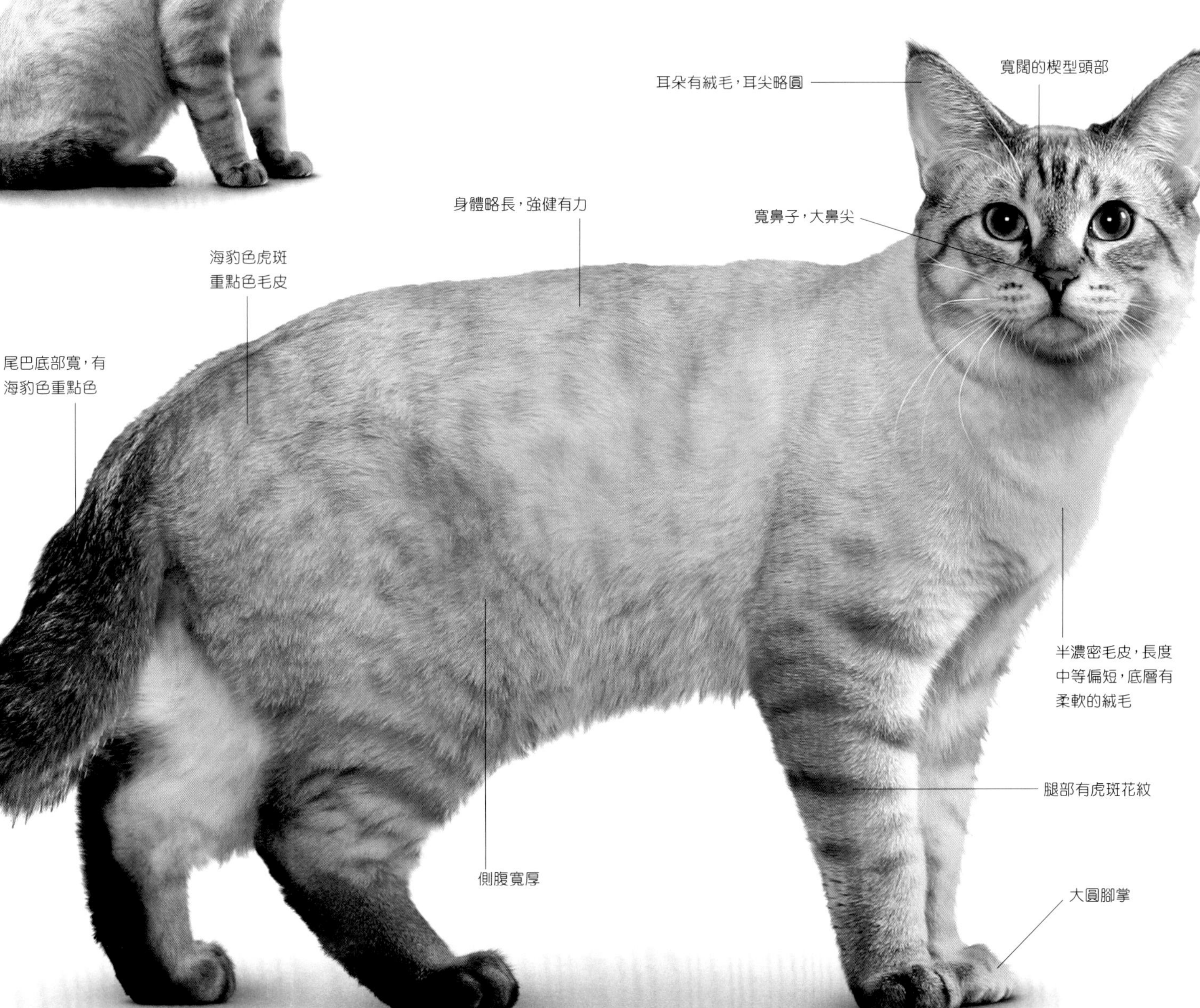

照尾巴分類

曼島貓可依照尾巴長度不同分類，包括完全沒有尾巴的「無尾」（rumpy）、尾巴有一節到三節尾椎的「短尾」（stumpy），跟尾巴幾乎是正常長度的「長尾」（longy）。

曼島貓 Manx

發源地 英國，18世紀以前
品種登錄 CFA、FIFe、GCCF、TICA
體重範圍 3.5-5.5公斤
理毛頻率 每週一次
毛色與斑紋 所有毛色、色調和斑紋，包括虎斑和玳瑁。

「兔貓」傳說

在一則流傳已久的傳說中，曼島貓是貓和兔子交配生下的「兔貓」(cabbit)。那個年代還不知道，就生物學而言，異種雜交是不可能的，因此會出現這種謬論並不難理解。曼島貓擁有渾圓的臀部、長長的後腿和短短一截尾巴，特徵的確很像兔子。令人意外的是，到了21世紀，仍不時有人聲稱看到類似「兔貓」的動物。

最有名的一種無尾貓，因其沉靜的魅力受到喜愛，是家中的良伴。

很少品種像無尾的曼島貓一樣，擁有這麼多種起源故事。在一些加油添醋的傳說裡，這種貓是在諾亞方舟上意外失去尾巴的。事實上，牠是位於愛爾蘭海的曼島原生的貓種，之所以沒有尾巴是因為自然突變。另一則傳說則稱曼島貓是貓和兔子的混種（見左欄）。從20世紀初開始，曼島貓就引起了廣大貓迷的興趣，跟牠的長毛近親威爾斯貓（見246頁）一起名聞全球。即使是同一窩小貓，無尾、半尾或全尾都有可能出現，不過只有無尾的曼島貓有資格參展。育種必須細心控制，以避免無尾貓有時容易產生的脊椎疾病。曼島貓可以接受訓練，玩「你丟我撿」的遊戲或繫繩走路。曼島貓從前是工作貓，只要有機會，牠依然可以是打獵高手。

小貓

北美洲短毛貓 Pixiebob

發源地 美國，1980年代
品種登錄 TICA
體重範圍 4-8公斤
理毛頻率 每週一次
毛色與斑紋 只有棕色斑點虎斑。

這種健壯魁梧的貓雖然長相凶猛，但其實性情溫柔，非常親人且擅於社交。

北美洲短毛貓的英文名字源自山貓。和山貓一樣，牠的毛皮粗厚，耳朵有簇生毛，生著一張尖臉和強壯的身體，步態靈活優雅。這個品種有一項共同特徵，且意外被品種標準所採納，那就是牠的其中一隻或多隻腳掌上會有額外的腳趾（多趾症，見245頁）。不論是短毛或長毛的北美洲短毛貓，都有色彩濃豔的斑點毛皮，滿足人對野貓的幻想。雖然外表野性，北美洲短毛貓的個性完全像家貓，喜歡居家生活，會黏主人、陪小孩子玩，而且脾氣很好，能接納其他寵物。

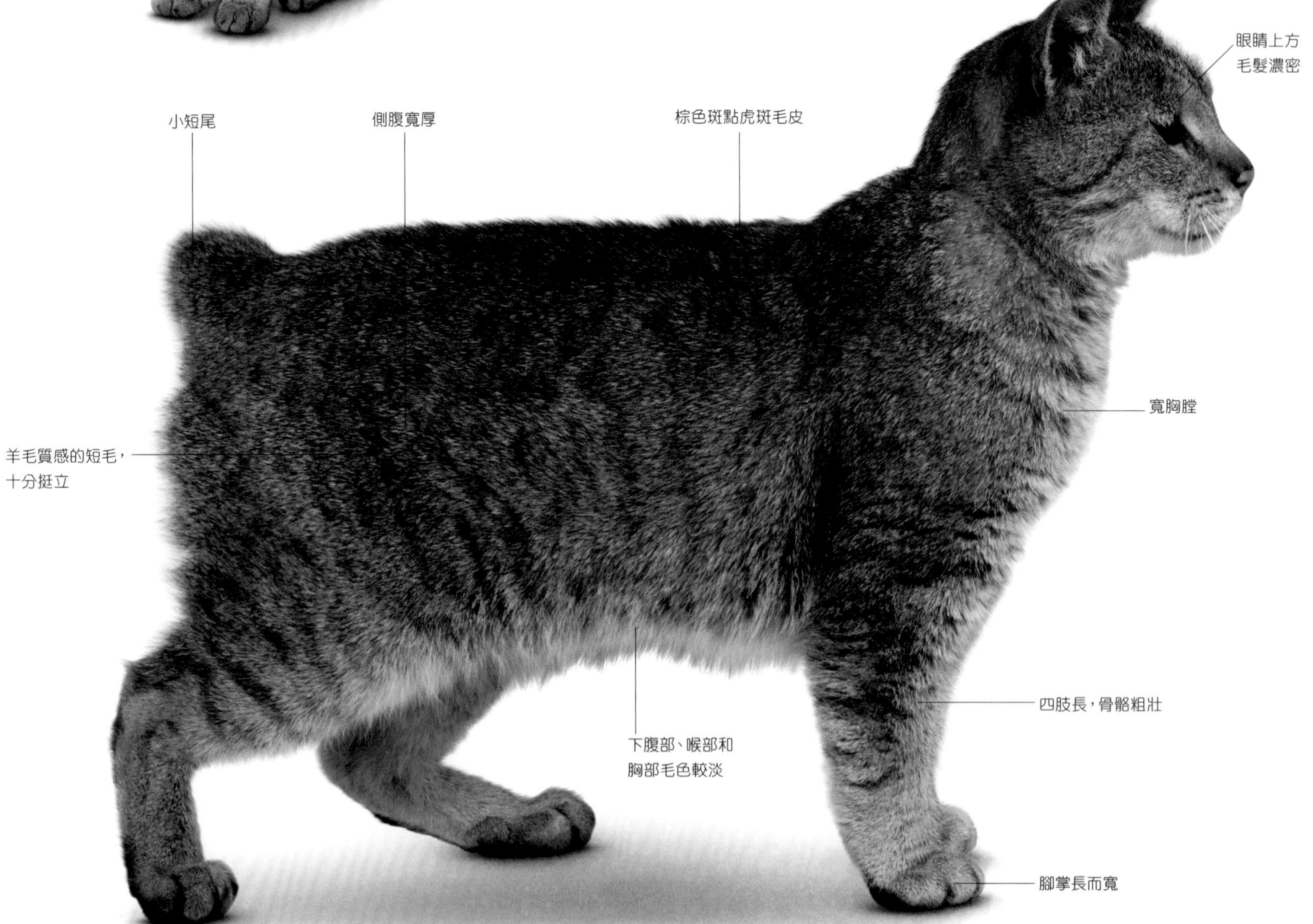

美國環尾貓 American Ringtail

發源地 美國，1990年代
品種登錄 TICA
體重範圍 3-7公斤
理毛頻率 每週一次
毛色與斑紋 所有毛色、色調和斑紋。

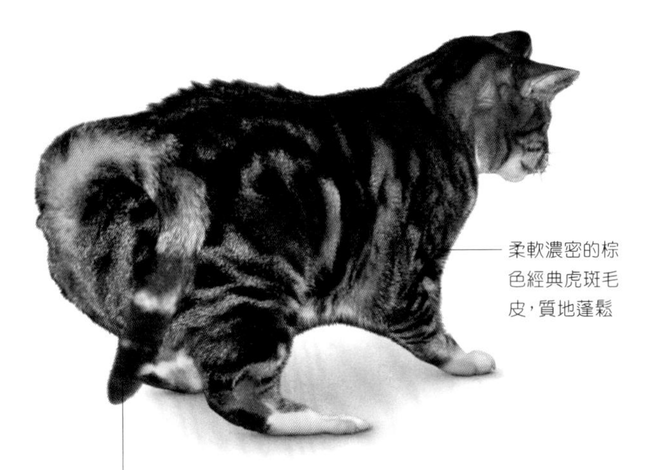

體型健美、毛皮蓬鬆的貓，尾巴扭轉成圈圈。性格友善，但對不認識的人可能有些冷淡。

這種貓的尾巴特殊，別的貓都沒有。牠的尾巴柔軟易彎，在背部或側腹盤成一圈。美國環尾貓當初在加州意外被人發現，截至目前的品種培育過程中，曾引入東方短毛貓類型的血統。這種貓數量還很少，不大常見，但育主對牠的興趣正漸漸增加。另外也有長毛版本。美國環尾貓愛玩耍、愛攀爬，會到處查看任何引起牠強烈好奇心的東西。因為會發出柔和顫音，這種貓原本被叫作環尾歌唱貓（Ringtail Sing-a-Ling）。

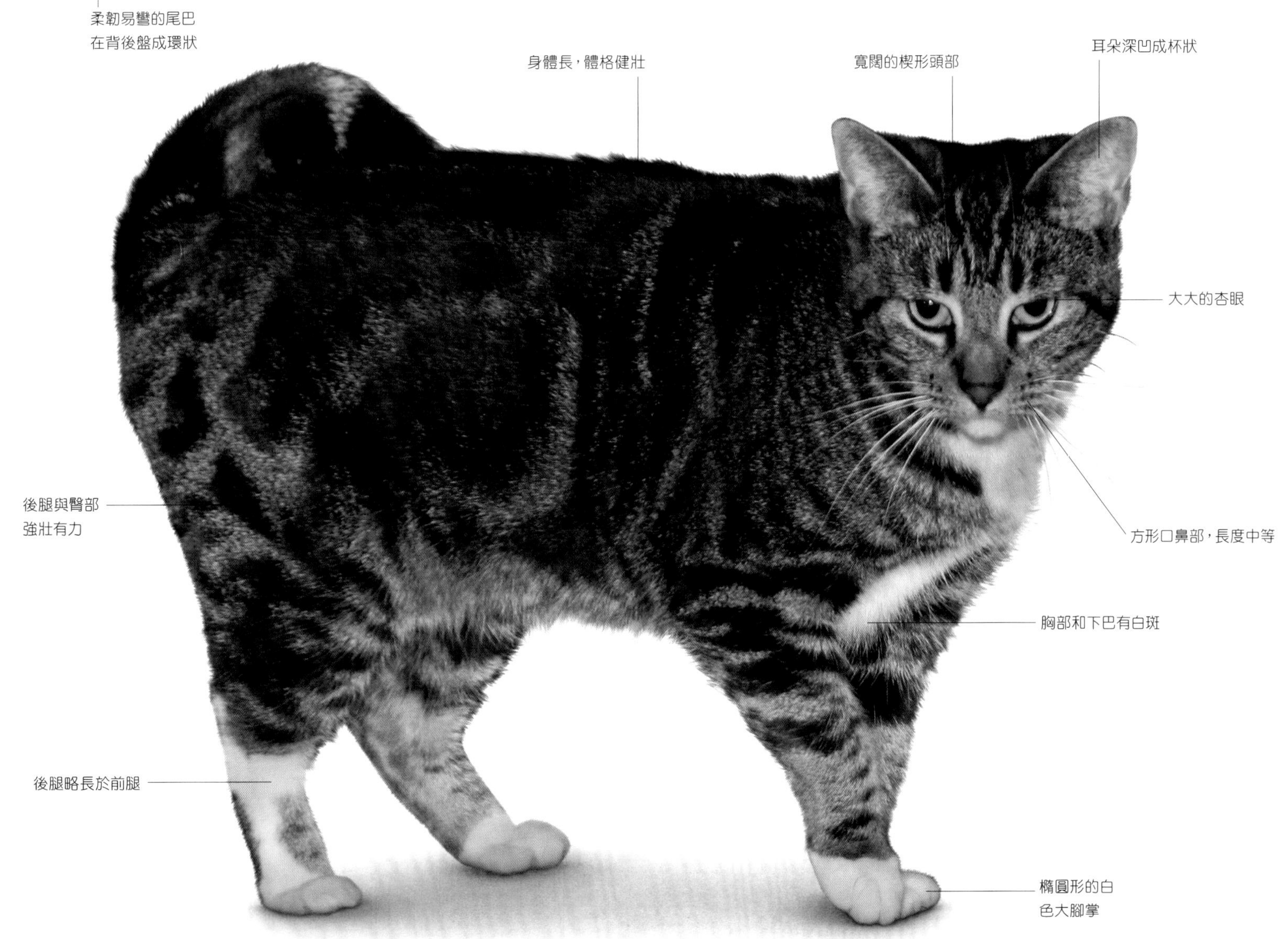

狼貓 Lykoi

發源地 美國，2011年
品種登錄 CFA、GCCF、TICA
體重範圍 3-7公斤

理毛頻率 每週
毛色與斑紋 所有顏色和斑紋的雜色毛

優雅、聰明而外向，擁有獨特的雜色毛，和明顯類似狼的外觀。

這個於2011年確立的新品種讓人聯想到狼人，長相十分獨特。狼貓出自一種對毛皮造成影響的罕見自然突變，使得牠局部無毛，而無毛的部位出現在耳朵、眼睛、鼻子和吻部周圍，更加強了牠和狼的外觀相似度。狼貓的特徵最初是在美國的流浪貓中發現，之後與帶有這種隱性突變基因的黑色短毛貓，以及帶有同樣獨特被毛的流浪貓進行品種間雜交，而培育出這個品種。一隻帶有狼貓基因的黑色短毛貓在2013年被帶到英國，如今英國長毛和短毛種的狼貓都有。

均勻分布的白色護毛使毛皮呈雜色

品種名稱取自**希臘文**的LYCOS，意思是**狼**，以形容牠的**外觀**。

斯芬克斯貓 Sphynx

發源地 加拿大，1960年代
品種登錄 CFA、FIFe、GCCF、TICA
體重範圍 3.5-7公斤

理毛頻率 一週2-3次
毛色與斑紋 所有毛色、色調和斑紋。

這種無毛貓個性調皮、討人喜愛，對主人忠心不渝，是很好的寵物。

斯芬克斯貓源於加拿大，因為號稱神似古埃及的神話生物人面獅身像「斯芬克斯」而有了這個名字。這種貓沒有毛髮是自然突變所致，人類對牠的興趣可以追溯至1966年，加拿大安大略省一隻短毛農場貓生下了一隻無毛的小公貓。這隻小貓，以及往後十年出現的其他無毛小貓，都被用來奠定品種。無毛雖然常常伴隨著其他突變，但經過謹慎擇種培育，包括與柯尼斯捲毛貓（見176-177頁）和德文捲毛貓（見178-179頁）雜交，確保了斯芬克斯貓相對得以免於基因疾病。斯芬克斯貓並非全禿，大多數身上還是有細細一層麂皮似的絨毛，頭部、尾巴和腳掌往往也有稀疏的毛髮。斯芬克斯貓長相確實奇特，不見得人人喜歡，但牠友善討喜又親人的個性擄獲不少人的心。這種貓易於與人生活，但必須養在室內，避開極端的氣溫變化。缺少正常的毛皮也表示牠們無法吸收多餘的皮脂，所以需要定期洗澡。

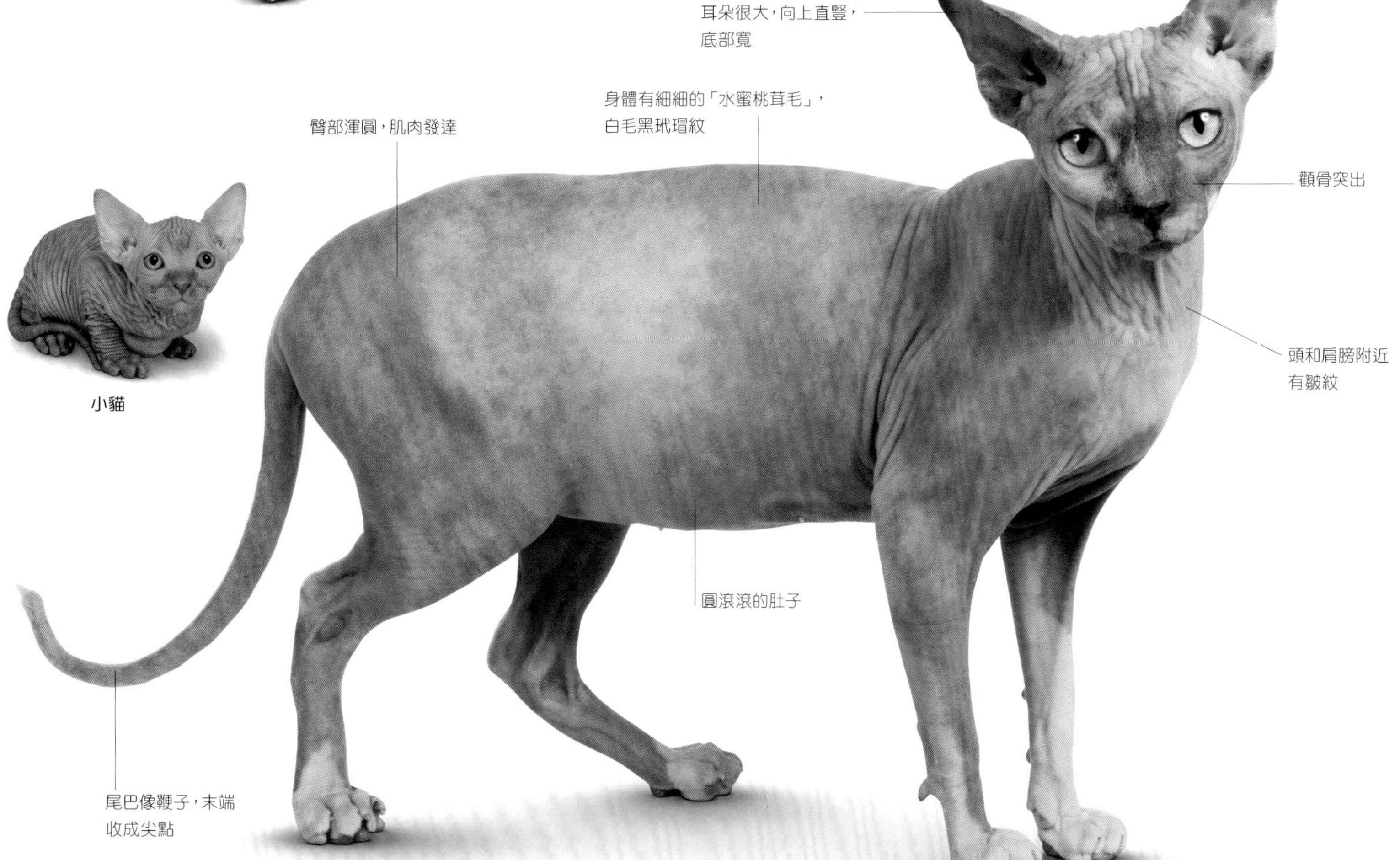

小貓

頓斯科伊貓 Donskoy

發源地 俄羅斯，1980年代
品種登錄 FIFe、TICA
體重範圍 3.5-7公斤
理毛頻率 一週2-3次
毛色與斑紋 所有毛色、色調和斑紋。

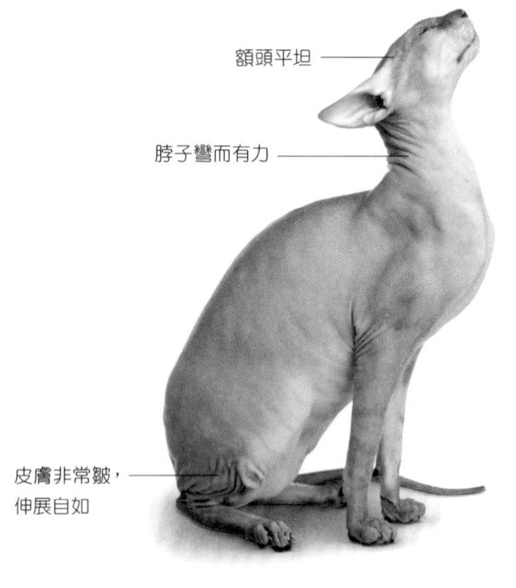

雖然長得像外星生物，但這種活潑的貓其實個性溫和，超級友善，而且天性親人。

這個品種又叫「頓河斯芬克斯貓」，為它奠定品種的是一隻受虐的小貓，被人從俄羅斯的羅斯托夫（Rostov-on-Don）的街頭救起。這隻流浪貓成年後失去原本似乎是正常的毛皮，生下的子代也出現相同變異。有多種毛皮型態會出現在頓斯科伊貓身上，有些個體真的無毛，有些則保有部分毛皮，可能是絨毛甚至是捲毛。特別的是，無毛的類型到了冬天可能會暫時長出塊狀毛皮。頓斯科伊貓擁有皺皺的皮膚和特大的耳朵，並不是人人喜歡，但貓迷稱讚牠個性溫和、討人喜愛，與人互動自然。理毛須包括定期洗澡，以除去多餘的皮脂。

這種貓擁有**梨形身材**，非常擅**於社交**，經過**訓練**能**聽懂口語命令**。

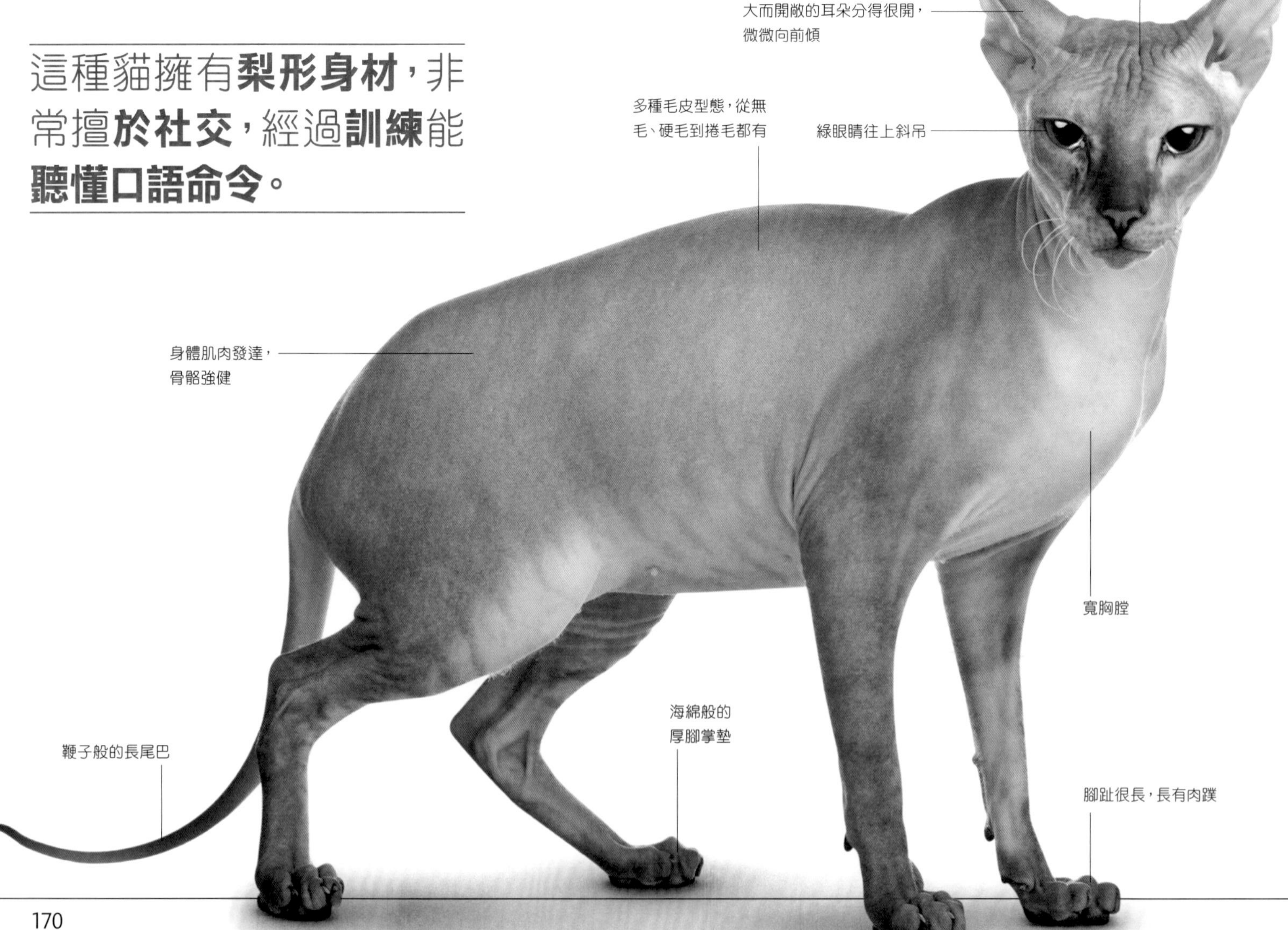

彼得禿貓 Peterbald

發源地 俄羅斯，1990年代
品種登錄 FIFe、TICA
體重範圍 3.5-7公斤
理毛頻率 一週2-3次
毛色與斑紋 所有毛色、色調和斑紋。

端莊優雅的品種，毛皮有多種型態，話多而友善，喜歡成為注意力焦點。

彼得禿貓發源於俄羅斯，是相當新的品種，由東方短毛貓（見91-101頁）與頓斯科伊貓（見左頁）雜交所生。這種貓外觀多變，可能完全無毛，也可能長著細細一層柔軟的絨毛，或是擁有一身濃密的硬毛，摸起來像刷子。出生時有毛的小貓成年時可能會變成無毛，有些則會保有絨毛覆蓋的色斑。彼得禿貓性格討喜，是很好的家庭寵物。無毛或是毛非常稀疏的種類不能受到日曬雨淋，應該養在室內最好。無毛類型的皮膚摸起來可能會有點黏，需要定期洗澡。

彼得禿貓的飼主常說，這種貓**玩耍時**像在表演**「空中芭蕾」**。

烏拉爾捲毛貓 Ural Rex

發源地 俄羅斯，1980年代
品種登錄 其他
體重範圍 3.5-7公斤

理毛頻率 一週2-3次
毛色與斑紋 各種毛色和斑紋，包括虎斑。

這種長相奇特的捲毛貓知名度還不高，但適應力強，大多數家庭都適合。

第一隻這種捲毛貓誕生在葉卡捷琳堡（Yekaterinburg），一座坐落在烏拉爾山腳下的俄羅斯大城市。經過30年的細心育種，烏拉爾捲毛貓在俄羅斯貓迷之間大受歡迎，現在德國也有人培育。這種貓細緻濃密的雙層毛皮，有短毛也有半長毛，排列緊密的特殊卷毛具有彈力，有時最多要兩年才能長完全。理毛並不難，但必須定期進行。烏拉爾捲毛貓被形容為安靜、好脾氣的貓，是家中的絕佳良伴。

烏拉爾捲毛貓**小時候**的毛是**半閉合的捲子**，日後才變成**均勻的波浪**。

額頭寬而平

短楔形頭部

細膩柔滑的黑煙色毛形成鬆散的卷毛，緊貼身體

身體苗條，相對短，肌肉發達

胸部、下腹部和四肢是白色

尾巴偏細，長度中等

四肢修長，腳掌小

拉邦貓 LaPerm

發源地 美國，1980年代
品種登錄 CFA、FIFe、GCCF、TICA
體重範圍 3.5-5.5公斤
理毛頻率 一週2-3次
毛色與斑紋 所有毛色、色調和斑紋，包括重點色斑。

聰明又好奇，喜歡與人接觸，成年以後仍像小貓一樣活力充沛。

這種捲毛貓源於美國俄勒岡州一座農場，後來培育出短毛與長毛版本（見250-251頁）。拉邦貓的毛皮非常好摸，不是波浪狀就是細卷狀，質地輕盈有彈性。這種貓個性外向，討人注意也不會害羞，是活潑可愛的寵物。拉邦貓能輕鬆適應各種型態的家庭，且會和主人建立深厚的感情。需要人陪伴，不宜單獨留在家裡太久。保養拉邦貓的毛皮，推薦最好的方法是輕輕梳毛，偶爾洗澡後用毛巾擦乾。

塞爾凱克捲毛貓 Selkirk Rex

發源地 美國，1980年代
品種登錄 CFA、FIFe、GCCF、TICA
體重範圍 3-5公斤
理毛頻率 一週2-3次
毛色與斑紋 所有毛色、色調和斑紋。

貓版的快樂「泰迪熊」，親人又有耐心，喜歡有人陪伴。

這種貓的名字取自其發源地附近的塞爾凱克山脈，位於美國蒙大拿州。品種創始於1980年代末，最初源自一間動物收容中心，一隻野貓生下的一窩小貓裡，出現一隻捲毛貓，其他小貓都是直毛。這隻小貓後來成了塞爾凱克捲毛貓的創始母貓。隨著品種慢慢培育起來，塞爾凱克捲毛貓與純種貓計畫性交配，產生了短毛和長毛（見248頁）兩種型態，長毛型態是與波斯貓雜交的結果。兩種型態生下的小貓之中，直毛的變異個體都很常見。塞爾凱克捲毛貓濃密柔軟的毛皮呈不規則的卷子或波浪，不像其他捲毛貓，毛皮有時會卷得很整齊。這種貓脖子和肚子附近的毛通常比較卷。鬍鬚稀疏卷曲，很容易折斷。替塞爾凱克貓理毛並不難，但建議動作放輕，因為太用力梳毛會把鬈毛拉直。這種貓雖然沉著寬容，但一點也不嚴肅，反而喜歡人家抱抱。塞爾凱克捲毛貓成年以後仍童心未泯，總是喜歡玩耍。

捲毛平貼著尾巴

慢慢變捲

塞爾凱克捲毛貓的捲毛要完全長成，有時得花上兩年時間。一窩小貓裡，一眼就能看出哪一隻小貓會長成捲毛，因為牠從出生鬍鬚就是捲的。生下來毛皮是捲毛的小貓，毛通常會變直幾個月（但鬍鬚不會），直到約八個月大時才又再度變捲。最好看的毛皮會出現在切除卵巢的母貓和不論結紮與否的成年公貓身上。

捲毛小貓

小貓
長方形身體，肌肉發達
蓬鬆捲曲的黑白毛皮
圓滑的頭骨
耳朵底部寬，兩耳
分得很開
口鼻部短而方
大眼睛，神態甜美
鬍鬚捲曲易斷
四肢中等偏長，
骨骼強健
大圓腳掌

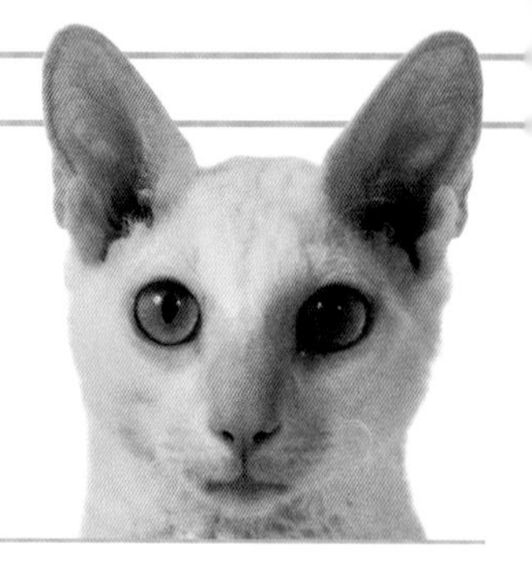

柯尼斯捲毛貓 Cornish Rex

發源地 英國，1950年代
品種登錄 CFA、FIFe、GCCF、TICA
體重範圍 2.5-4公斤

理毛頻率 每週一次
毛色與斑紋 所有單色和陰影色，所有斑紋，包括虎斑、玳瑁、重點色和雙色。

兩種類型

第一批在英國培育出來的柯尼斯捲毛貓，體格比今日見到的矮壯得多，因為雜交使用的品種當中，以健壯的英國短毛貓為主。柯尼斯捲毛貓出現在美國以後，血統中引進了比較苗條的東方短毛貓。雖然英國版和美國版的柯尼斯捲毛貓現在都偏向瘦長，但兩者各自發展出兩種截然不同的類型，要分辨的話，美國版的體格比較健美，腰線向上揚起（見下圖）。

好奇心強、靈活敏捷，一身捲毛從鬍鬚延伸到尾巴，是活潑且精力旺盛的寵物。

這個搶眼的品種，創始者是一隻名叫卡利邦克（Kallibunker）的公貓，1950年出生在柯尼斯一座農場。這隻公貓與兄弟姊妹不同，擁有如今已成為經典的波浪捲毛，體型修長、腿長、臉部骨感、耳朵很大。有理論認為，這隻貓的波浪捲毛與其他捲毛貓特徵，是附近錫礦的輻射所造成的突變。但事實上，引起突變的是隱性基因。早期育主靠近親交配來保存柯尼斯捲毛貓的特徵，但這導致子代健康出問題。因此，卡利邦克的後代後來與其他品種雜交，包括美國短毛貓（見113頁）、英國短毛貓（見118-127頁）和暹羅貓（見104-109頁），藉以改善柯尼斯捲毛貓的精力和基因多樣性，也連帶增加了多種毛色。極度柔細的波浪毛皮與流線型的身體，讓這種貓在群貓之中獨樹一幟。牠們個性外向，有一籮筐的逗趣行為，始終保持著小貓的人生態度，但遊戲時間結束時，也會親暱地窩在你腿上。由於毛髮稀疏，柯尼斯捲毛貓無法承受極端溫度，理毛時動作也要輕。

小貓

長齊一身毛皮

柯尼斯捲毛貓的小貓生來就有波浪捲毛，但有些會在幾週大的時候掉光，身上暫時覆蓋一層麂皮似的短毛。到了三個月大，如照片中所見這隻成年貓身上的波浪才會完全長齊。

德文捲毛貓 Devon Rex

發源地 英國，1960年代
品種登錄 CFA、FIFe、GCCF、TICA
體重範圍 2.5-4公斤
理毛頻率 每週一次
毛色與斑紋 所有毛色、色調和斑紋。

這個調皮搗蛋的品種綽號「精靈貓」，活力充沛，擁有一些狗的特質。

這個高度特化的品種源於德文郡的巴克法斯特（Buckfastleigh），品種創始者是一隻捲毛的流浪公貓跟一隻被人收養的玳瑁街貓。這個不可思議的組合生下了一窩小貓，當中有一隻捲毛小貓，後來被用於進行第一波育種計畫。一開始，大家以為這個德文郡的新品種可以跟柯尼斯捲毛貓（見176-177頁）雜交，那是另一個捲毛品種，早了幾年在不遠的地方被發現。但這兩個品種交配後，卻只生下正常毛皮的小貓，這回大家才知道，兩個不同的隱性基因，地理起源位置雖然出奇地接近，但產生的捲毛卻有些微不同（見下欄）。德文捲毛貓的毛很柔細，而且很短，護毛很少。理想上，波浪應該排列鬆散、均勻分布於全身，但波浪或捲曲的程度事實上因貓而異，也可能會因為季節性掉毛或發育成熟而有所變化。這種貓鬍鬚皺縮，容易斷裂，還沒長到全長就會斷掉。這種貓因為毛皮很薄，比起其他的貓，摸起來可能感覺比較溫暖，但牠們也容易著涼，居住環境需要防風。德文捲毛貓通常只需要擦擦身子，就能保持在良好狀態。這種貓也能接受溫和的洗浴，前提是小時候就接觸過水。雖然外表苗條、四肢纖細，但德文捲毛貓一點也不脆弱，有耗不盡的精力可以玩耍、爬高。這種貓喜歡受到注目，不適合整天都在外面的家庭。

捲毛毛皮

雖然每一個品種的捲毛貓毛皮都很像，但造成捲毛的突變基因卻各不相同。隱性基因必須遺傳自父母雙方才會表現在小貓身上，顯性基因則只須父母其中一方即可。德文捲毛貓和柯尼斯捲毛貓（見176-177頁）雖然地理起源位置相近，兩者的毛皮卻是不同的隱性基因突變造成的結果。比方說，柯尼斯捲毛貓的突變基因影響的是毛囊形狀，使毛囊呈橢圓形而非圓形，造成毛髮捲曲。

柯尼斯捲毛貓

長脖子，頭相對小
耳朵特別大，底部很寬
口鼻部短，
鬍鬚捲曲
鼻子有明顯頓折
寬顴骨
柔細捲曲的銀色虎斑
毛皮，護毛很少
四肢修長，橢圓形
小腳掌

小貓

德國捲毛貓 German Rex

發源地 德國，1940年代
品種登錄 FIFe
體重範圍 2.5-4.5公斤
理毛頻率 一週2-3次
毛色與斑紋 所有毛色、色調和斑紋。

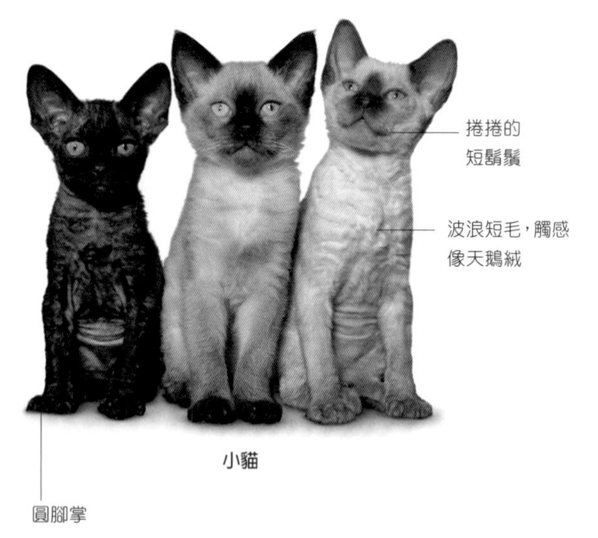

小貓

能與主人建立親密感情，需要很多跟家人相處的「優質時光」。

第二次世界大戰剛結束時，柏林有一隻野貓被人收養，結果成為德國捲毛貓這個品種的創始母貓。隨著培育日久，許多貓也被輸入到歐洲其他地區和美國。這種貓之所以有波浪毛皮，突變的基因與柯尼斯捲毛貓（見176-177頁）相同，有很多年時間，柯尼斯捲毛貓都被列入德國捲毛貓的育種計畫。在某些國家，這兩個品種並未被視為不同品種。德國捲毛貓脾氣溫和友善，能和任何人玩在一起，但也喜歡安靜地待在主人身邊。由於短毛無法有效吸收天然皮脂，需要定期洗澡。

毛色較淡的貓，夏天耳朵可能需要**塗防曬乳**。

美國硬毛貓 American Wirehair

發源地 美國，1960年代
品種登錄 CFA、TICA
體重範圍 3.5-7公斤
理毛頻率 每週一次
毛色與斑紋 多種單色、多種色調，多種斑紋，包括雙色、虎斑和玳瑁。

這種貓適應力強、安靜且友善，不論待在室內或室外、與任何年紀的人在一起，都能樂在其中。

1966年的紐約州，兩隻正常毛皮的家貓生下一窩小貓，裡頭出現了一隻硬毛小貓，就是美國硬毛貓這個品種的創始者。日後的培育過程還用了美國短毛貓（見113頁）。造成這種特殊毛皮的突變基因，還不曾聽說出現在美國以外的地方。美國硬毛貓身上每一根毛髮都皺縮彎曲，或在末端形成鉤狀，使毛皮摸起來粗糙而有彈性，有人比喻成鋼絲絨。有些貓身上的毛可能容易斷裂，因此最好是用洗澡的方式來理毛，且動作要輕柔，以免傷害毛皮。

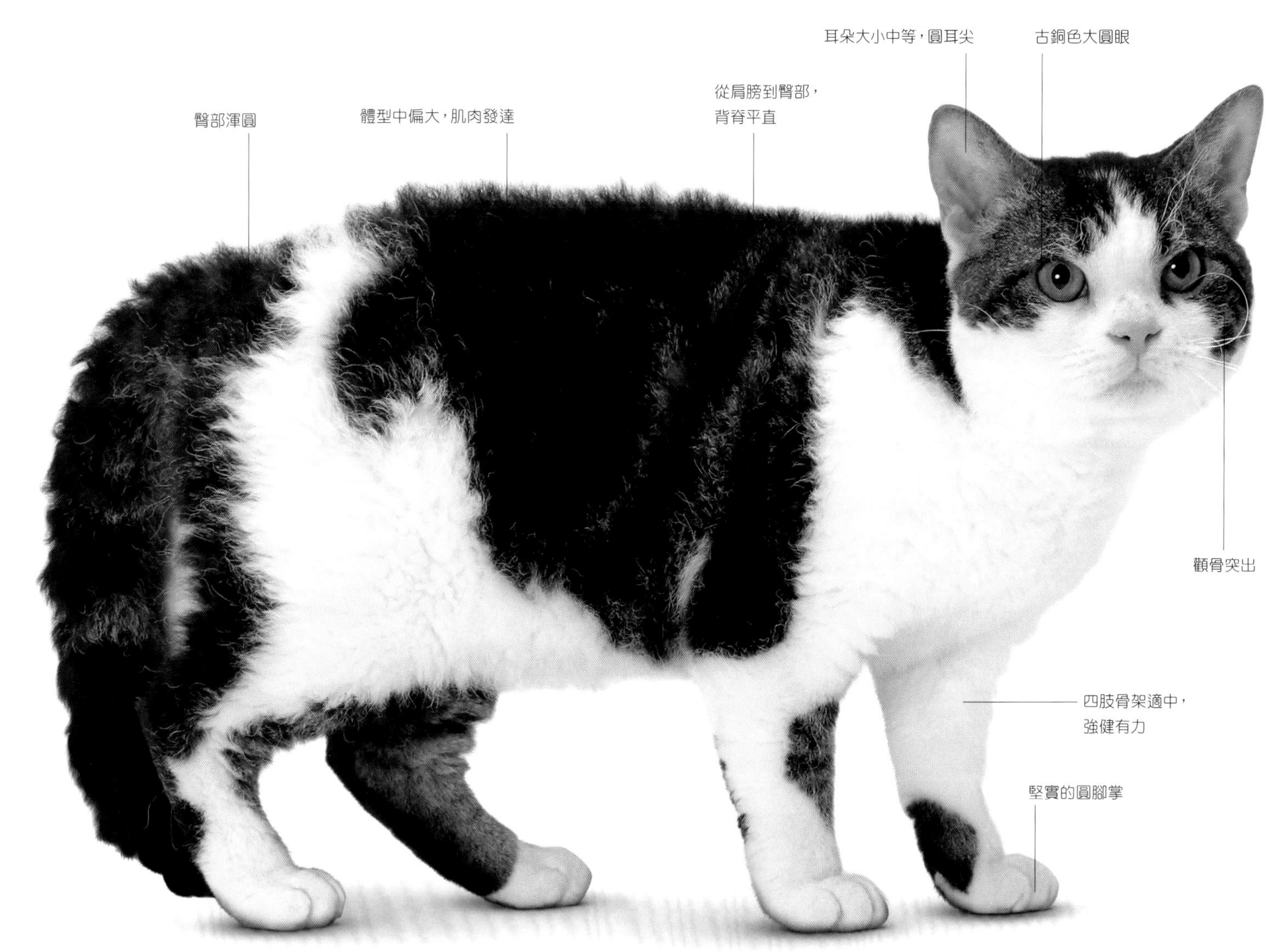

短毛家貓 Housecat-shorthair

這些貓耐得住惡劣環境，在世界各地都很受歡迎，是易於飼養的絕佳寵物。

第一隻馴化的家貓是短毛貓，全世界凡是有人養貓的地方，短毛貓依然最為普遍。品種隨機交配生下的短毛貓，幾乎任何可能的配色都有，以虎斑、玳瑁和傳統的單色最為常見。這些貓大多一律是中等體型。擇種培育創造出某些極端血統，但大多略過短毛家貓，雖然偶爾也可見到隱約的跡象，例如東方短毛貓的精瘦體型，顯示父母有一方出身不尋常。

藍白鯖魚虎斑
隨機配種的貓之中，帶白斑的虎斑貓雖然很常見，但藍色變種卻是難能可貴。這隻貓的斑紋因為底色深而顯得模糊。

紅白經典虎斑
這隻漂亮的貓體型大、毛皮濃密，可見牠可能有英國短毛貓或美國短毛貓的血統。不過牠的綠眼睛可能是遺傳自其他血脈。

藍白雙色
純種貓的白斑公認愈對稱愈好，家貓的白斑很少像純種貓一樣對稱。不過，純色色塊搭配白色永遠都很搶眼，隨意的效果也增添了個別魅力。

棕色虎斑
這隻貓身上破碎的條紋，事實上介於鯖魚虎斑和斑點虎斑之間。虎斑花紋常出現在家貓身上，在短毛上特別明顯。

黑紅花紋混雜

玳瑁白色
玳瑁貓的斑紋有多種配色，黑與紅是最傳統的組合。身體有超過一半是白毛的玳瑁貓，在美國稱為三色貓。

個性更重要

選擇寵物貓時，外型當然吸引人。不過，比起配色完美與否、符不符合品種標準，大多數飼主還是更看重寵物的性情。

適合冷天的毛皮

挪威森林貓厚厚的長毛能夠保暖、阻絕寒風。這種毛皮是生活在寒冷地帶的貓身上的典型特徵，這些地方的天氣條件有時是很惡劣的。

長毛貓

一般認為，家貓出現長毛是基因自然突變所致，這樣的特徵在低溫環境中占有優勢，因而在寒冷地區的貓族群中傳播開來。人類的育種選拔進一步將長毛細緻化，使家貓容易梳理，不易糾結成團。野生貓科動物通常擁有濃密的被毛而非長毛。

長毛貓的種類

西歐最早有人看到長毛貓，大約是在16世紀。這些長毛貓是安哥拉貓，一個體態苗條、毛皮柔滑的土耳其品種。安哥拉貓享有一定的人氣，直到19世紀才被波斯貓這種新型長毛貓取代。波斯貓體格比安哥拉貓健壯，毛皮更長、更厚，有一條大尾巴和一張圓臉。到了19世紀末，牠們已是貓迷心目中長毛貓的首選。安哥拉貓消失無蹤，必須等到1960年代，愛好者才重新培育出這個品種。波斯貓一直是大家的最愛，但進入20世紀後，其他長毛貓也開始受到矚目，包括被形容為半長毛的貓。牠們一樣擁有長毛，只是底層絨毛沒有波斯貓那麼濃密蓬鬆。

最美麗的半長毛貓之一，是原生於北美洲的緬因貓。這個品種巨大漂亮，因為表層毛皮的毛髮長度不一，因此外觀蓬亂。幾乎一樣搶眼的還有藍眼睛的布偶貓，而尾巴像刷子的索馬利貓則培育自阿比西尼亞貓，具有後者的優雅血統。美麗的巴厘貓是半長毛版本的暹羅貓，風采比較接近原本的安哥拉貓，擁有絲滑柔順、排列緊密的毛。為追求更多變化，育主也讓長毛貓跟一些較為奇特的短毛貓雜交。短尾、捲耳和摺耳的品種，波浪捲毛的塞爾凱克捲毛貓和德文捲毛貓，以及毛捲得像羊毛一樣的拉邦貓，如今也都有華美的長毛版本。

梳理長毛

很多長毛貓都很會掉毛，尤其到了比較溫暖的季節，長毛貓也可能換上一種比較光潔的外觀。經常理毛能把掉毛量降到最低，防止底層的厚絨毛打結，有些品種可能需要每天理毛。

單色波斯貓 Persian Self

發源地 英國，1800年代
品種登錄 CFA、FIFe、GCCF、TICA
體重範圍 3.5-7公斤

理毛頻率 每天
毛色與斑紋 黑色、白色、藍色、紅色、奶油色、巧克力色和丁香色。

這種溫柔迷人的貓，是全世界最受歡迎的長毛貓的原版，需要盡責的主人。

19世紀末，當純種貓展開始吸引全球人的目光時，波斯貓（有時被稱為長毛貓〔the Longhair〕）在英美就已大受歡迎。這種毛皮雍容華美的貓，在歐洲歷經了漫長隱晦的歷史才走上展示台，至今仍無從得知這個品種的真正祖先，是否真的來自波斯（伊朗）。最早受到認可的波斯貓皆為單色，即全身上下的毛都是單一純色。

已知最早的波斯貓是純白色的，通常配上藍眼睛——除非育種過程細心控制，否則這種顏色組合常常伴隨著耳聾。純白色波斯貓與其他顏色的單色波斯貓配種能生出橘色眼睛，而橘眼、藍眼或雙眼異色（一眼一色）的白波斯貓後來也獲得認可。藍波斯貓會流行起來，可以歸功維多利亞女王（那是她最愛的貓），其他早期常見的單色還有黑色和紅色。約自1920年代以來，其他單色變化也陸續培育出來，包括奶油色、巧克力色和丁香色。

典型的波斯貓圓頭扁臉、獅子鼻，一雙圓眼睛大又迷人。體型矮壯，身體結實，四肢短而強壯。華麗厚重的長毛，是波斯貓的飼主最大的責任。為防毛髮打結，或形成穿不透且難以去除的硬塊，每天都必須理毛。

波斯貓以溫和親人的性情和愛家的個性聞名，牠們絕不是愛玩好動的貓，不過給牠玩具，牠也可以玩得逗趣可愛。

現代育種計畫過度強調波斯貓扁臉的特徵，導致許多健康疾患。波斯貓常有呼吸困難和鼻淚管的毛病。

小貓

質地柔細厚重的白色長毛

顯赫背景

19世紀末，英國上流社會的女性之間，興起一陣培育傳統波斯貓（有時又稱「娃娃臉」波斯貓）的熱潮。其中一位貴族育主也是英格蘭貓會（Cat Club of England）的創辦人，馬可斯·貝瑞福德夫人（Lady Marcus Beresford），她的藍波斯貓「龍膽」（Gentian，右圖）曾在貓展獲獎，是她眾多著名的成就之一。為紀念貝瑞福德夫人而命名的美國貝瑞福德學會，曾贊助舉辦美國最早的一場貓展。

藍眼與異色眼雙色波斯貓
Persian-Blue-and Odd-eyed Bicolour

發源地 英國，1800年代
品種登錄 CFA、FIFe、GCCF、TICA
體重範圍 3.5-7公斤

理毛頻率 一週2-3次
毛色與斑紋 白色與多種單色，包括黑、紅、藍、奶油色、巧克力色和丁香色。

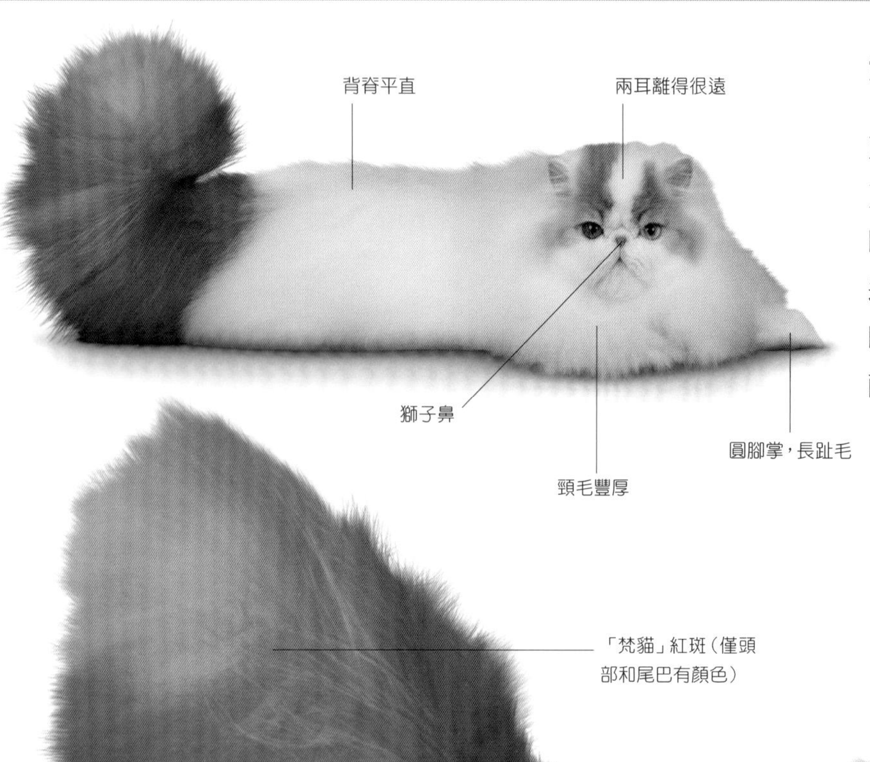

這種稀奇的波斯貓很罕見，但名氣正在上揚。

藍眼和異色眼的雙色與三色波斯貓是雙色波斯貓（見204頁）的變化種，1990年代末才被貓迷圈接受。異色眼比藍眼更少見，但因其外表獨特迷人，目前愈來愈受歡迎。這種貓一眼藍色、另一眼銅色，兩眼色彩一樣明亮。雙眼異色的貓很難培育，因為兩隻異色眼的貓就算成功交配，也不保證生下的小貓會有異色眼。

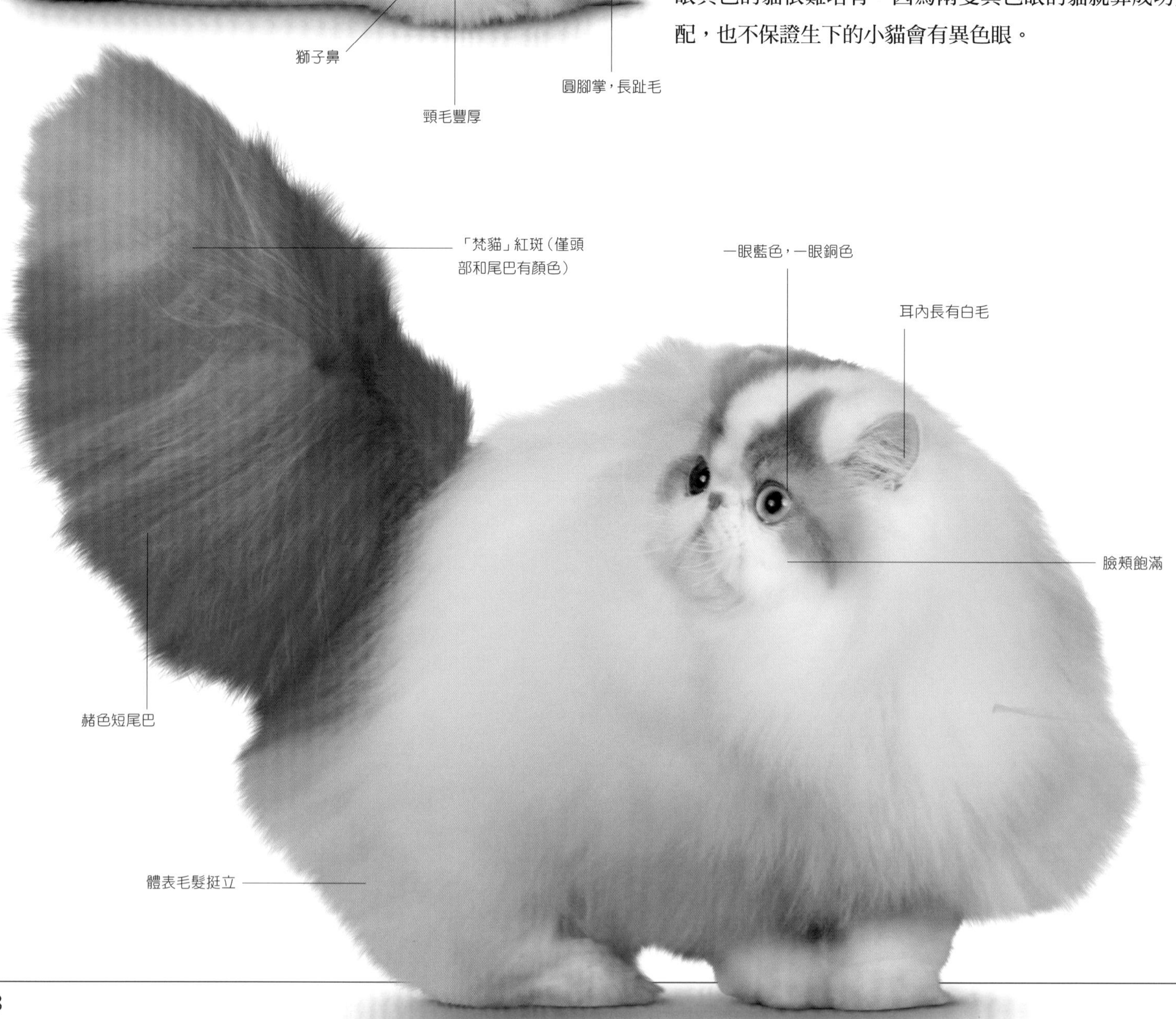

浮雕色波斯貓 Persian-Cameo

發源地 美國、澳洲和紐西蘭，1950年代
品種登錄 CFA、FIFe、GCCF、TICA
體重範圍 3.5-7公斤

理毛頻率 每週一次
毛色與斑紋 紅、奶油、黑、藍、丁香和巧克力色單色，玳瑁斑紋。

這個品種毛色柔美，毛皮閃閃動人，需要定期梳理。

這個版本的波斯貓培育於1950年代，由煙色波斯貓（見196頁）和玳瑁波斯貓（見202-203頁）交配所生，被許多貓迷視為最美麗的波斯貓顏色。浮雕色波斯貓的毛髮底色為白色，毛幹末端有不同程度的染色。「尖點色」類型，顏色只會出現在每根毛髮尖端，若是「陰影色」的貓，顏色最多會延伸到毛幹的三分之一。浮雕色會為毛皮帶來色澤變幻的波光效果，貓走動的時候尤其明顯。

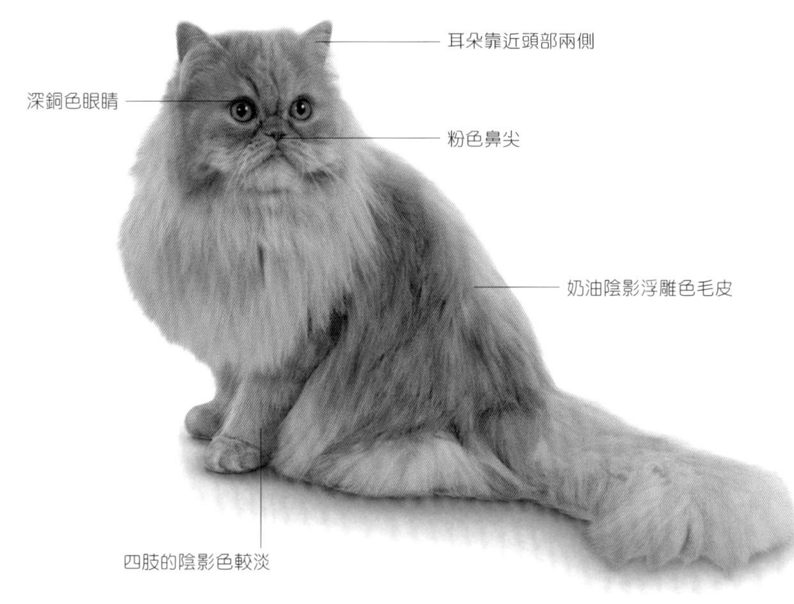

金吉拉波斯貓 Persian-Chinchilla

發源地 英國，1880年代
品種登錄 CFA、FIFe、GCCF、TICA
體重範圍 3.5-7公斤
理毛頻率 每天
毛色與斑紋 白色配上黑尖點色。

銀白毛皮的品種，以美貌出名，外表可比電影明星，是熱門的寵物。

第一隻金吉拉波斯貓出現在1880年代，不過為這種貓帶來名氣的，是1960年代開拍的007系列電影。金吉拉波斯貓現身大銀幕，扮演超級特務龐德的死對頭布洛費的寵物。金吉拉波斯貓擁有一身閃閃發亮的銀白毛皮，每根毛髮尖端都帶有黑尖點色。金吉拉波斯貓的品種名稱源自南美洲一種名叫毛絲鼠（chinchilla）的小型齧齒動物，因為牠們的毛皮色澤和毛絲鼠很像。毛絲鼠一度因毛皮美麗柔軟而淪為時尚產業的犧牲品。

眼睛四周的黑框讓金吉拉波斯貓看起來**像化了妝。**

黃金波斯貓 Persian-Golden

發源地 英國，1920年代
品種登錄 CFA、FIFe、GCCF、TICA
體重範圍 3.5-7公斤
理毛頻率 每天
毛色與斑紋 杏黃色到金色，配上海豹棕或黑尖點色。

這種貓的毛色曾被視為「錯誤」，如今卻是公認最美的波斯貓之一。

這個新品種從1970年代起在美國獲得認可，毛皮色澤亮麗，介於濃豔的杏黃色到金黃色之間，廣受喜愛。但最早的黃金波斯貓出現於1920年代，是金吉拉波斯貓生下的小貓，以純種貓界的標準來看，被視為劣品。當時這種貓被泛稱為「棕貓」（brownie），雖然上不了展示台，卻是討喜的寵物。後來，育種者看到黃金波斯貓的潛力，才投入培育這種可愛的波斯貓。

成貓與小貓

有些黃金波斯貓一**出生**就有**美麗濃豔的毛色**，有些則可能要**兩、三年**才會長出來。

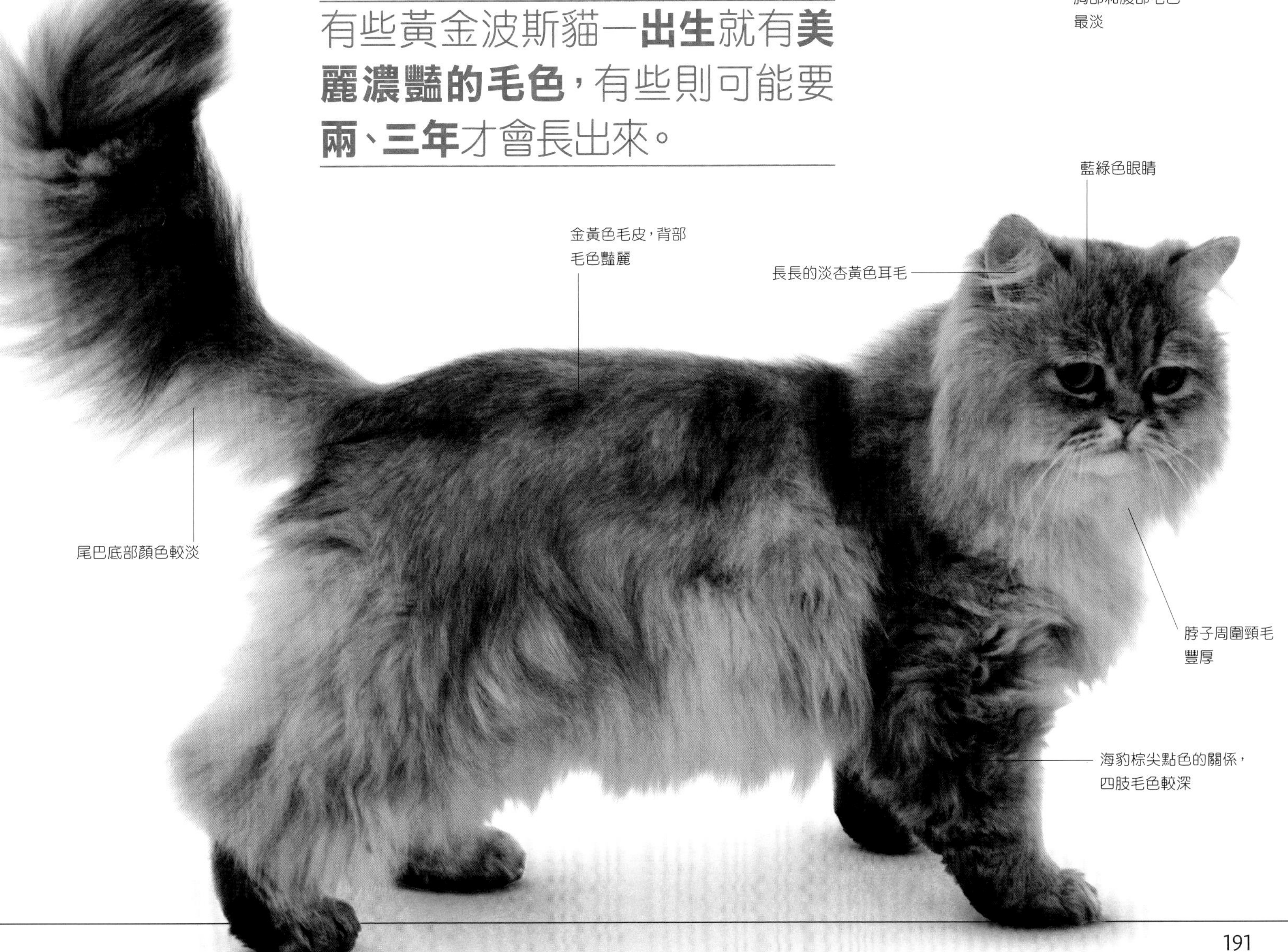

白鑞波斯貓 Persian-Pewter

發源地 英國，1900年代
品種登錄 CFA、FIFe、GCCF、TICA
體重範圍 3.5-7公斤
理毛頻率 每天
毛色與斑紋 毛色很淡，有黑或藍色尖點。

黃銅色眼睛的貓，毛皮美麗飄逸，個性沉穩，是很受歡迎的寵物。

目前兩種類型的白鑞波斯貓，最初是以金吉拉波斯貓配種，精心培育多年的成果。這種貓原本稱為藍金吉拉貓，毛色很淡，接近白色，毛髮有藍或黑色尖點色。這種配色造成的效果有如一件斗篷，從頭頂沿著背部蓋下來。白鑞波斯貓的小貓生來帶有典型虎斑花紋，色彩濃度會隨著長大慢慢變淡，但成年後仍然保有一定程度的花紋。招牌的深橘或黃銅色眼睛，讓這種貓的外觀更顯獨特。

浮雕雙色波斯貓
Persian-Cameo Bicolour

發源地 美國、澳洲和紐西蘭，1950年代
品種登錄 CFA、FIFe、GCCF、TICA
體重範圍 3.5-7公斤

理毛頻率 每天
毛色與斑紋 紅色、奶油色、藍奶油色、黑色、藍色、丁香色或巧克力色搭配白色；玳瑁紋混白色。

這個可愛的品種真的是波斯貓，端莊優雅、個性溫和，美麗的毛皮非常好辨認。

這個版本的浮雕色波斯貓（見189頁），毛色組合幾乎無窮無盡。除了有浮雕色波斯貓代表性的陰影色和尖點色毛皮，毛幹只有部分長度著色，另外又再加上雙色和三色斑紋，使得這個品種看起來像許多不同品種的貓。紅色調很常見，但也看得到黑色、藍色、巧克力色、奶油色和玳瑁花色（黑紅或藍奶油），全都配上大面積的白色。閃亮的白色區塊和不同濃淡的彩色區塊形成美麗對比。

銀陰影色波斯貓
Persian-Shaded Silver

發源地 英國，1800年代
品種登錄 CFA、FIFe、GCCF、TICA
體重範圍 3.5-7公斤
理毛頻率 每天
毛色與斑紋 白色配黑尖點色。

這種精緻可愛的貓性情溫馴，有時比其他波斯貓來得活潑。

這種波斯貓和金吉拉貓（見190頁）有不少相似之處，兩個品種都是白毛，毛髮末端有比較深的尖點色。這種貓一度被描述為「銀貓」（silvers）。不過，經過20世紀以來數十年的培育，金吉拉貓的毛色變得更淡，兩者之中，銀陰影色波斯貓的毛色較深，現在很容易就能分辨出來。銀陰影色波斯貓的育主尤其努力，想培育出從背部披下來的招牌深色斗篷。

這種貓**個性像狗**，喜歡跟在主人身邊。

銀虎斑波斯貓
Persian-Silver Tabby

發源地 英國，1800年代
品種登錄 CFA、FIFe、GCCF、TICA
體重範圍 3.5-7公斤
理毛頻率 一週2-3次
毛色與斑紋 銀虎斑、玳瑁銀虎斑；一定有白色色塊。

銀毛版本的傳統虎斑貓，毛皮柔滑，是最吸引人的長毛貓之一。

所有波斯貓之中，毛色最細緻的當屬銀虎斑波斯貓。這種貓有清晰分明的虎斑花紋，但傳統虎斑貓的暖銅色底毛，換成了銀白或藍白色。雙色銀虎斑貓有明顯白色區塊，最好是極小量分布在口鼻部、胸膛、腹部，有時四肢也有。假如是三色貓，毛皮還會再多混入一種顏色，例如紅色調或棕色調。

這種虎斑貓身上帶有**抑制基因**，
讓**毛髮只有尖端著色**。

煙色波斯貓 Persian-Smoke

發源地 英國，1860年代
品種登錄 CFA、FIFe、GCCF、TICA
體重範圍 3.5-7公斤

理毛頻率 每天
毛色與斑紋 白色配深尖點色，包括黑、藍、奶油和紅色，有玳瑁花紋。

這個品種毛色罕見，是波斯貓最搶眼的一種花紋，從絕種邊緣被搶救回來。

煙色波斯貓的毛皮斑紋中，每根毛髮的根部都是淡色，顏色順著長度逐漸加深。煙色波斯貓的小貓剛出生時，並無法明顯看出這種毛色，要等到幾個月大以後才會逐漸成色。煙色波斯貓的相關記錄最早可追溯到1860年代，但向來不常見。到了1940年代，這個品種已接近消失。幸好，少數愛貓人士持續培育煙色波斯貓，並且拓展了毛色變化，使外界對這個品種產生新的興趣。

波斯貓典型的
矮壯身材

藍煙色毛皮

深藍色面斑和耳朵

黑色鼻尖

白色底毛，走動時
較明顯

底部毛色較淡

煙色雙色波斯貓
Persian-Smoke Bicolour

發源地 英國，1900年代
品種登錄 CFA、FIFe、GCCF、TICA
體重範圍 3.5-7公斤
理毛頻率 每天
毛色與斑紋 白色配煙色，包括藍、黑、紅，巧克力色、丁香色和多種玳瑁色。

性情溫柔沉穩，毛色融合得很美，是最漂亮的波斯貓之一。

這個多色調的品種，毛皮結合了白色區塊和不同的煙色，煙色毛的每根毛髮大半截都有顏色，但毛根為白色。比起陰影色或尖點色毛皮，煙色形成的顏色更深邃，淡色的根部除非走動否則不明顯。雙色煙色波斯貓可能是黑色、藍色、巧克力色、丁香色和紅煙色的色塊搭配白色，三色的類型則包括多種玳瑁煙色，例如藍奶油玳瑁。

波斯貓的**眼睛顏色會隨著毛色而不同，**煙色雙色貓的眼睛是**黃銅色。**

虎斑與玳瑁虎斑波斯貓
Persian-Tabby and Tortie-Tabby

發源地 英國，1800年代
品種登錄 CFA、FIFe、GCCF、TICA
體重範圍 3.5-7公斤

理毛頻率 每天
毛色與斑紋 多種毛色，也有銀尖點的虎斑和玳瑁虎斑花紋。

這種貓通常隨遇而安，但若期望沒有獲得滿足，會任性賭氣。

虎斑波斯貓的歷史比其他很多波斯貓都久。棕色虎斑波斯貓1870年代就在英國最早的幾場貓展上亮相，而最早的純種貓迷學會當中，有一個就是為了推廣這個品種而創立的。從那時開始，虎斑波斯貓已培育出多種毛色，可接受的斑紋型態有三種：經典虎斑（寬紋）、鯖魚虎斑（細紋）和斑點虎斑。若是玳瑁虎斑（有時又稱斑駁虎斑），虎斑花紋會長在雙色的底毛上。

虎斑三色波斯貓
Persian-Tabby Tricolour

發源地 英國，1900年後
品種登錄 CFA、FIFe、GCCF、TICA
體重範圍 3.5-7公斤
理毛頻率 一週2-3次
毛色與斑紋 經典和鯖魚虎斑花紋，多種顏色搭配白色。

這個品種的貓，虎斑色彩飽滿，個性溫和，喜歡成為矚目焦點。

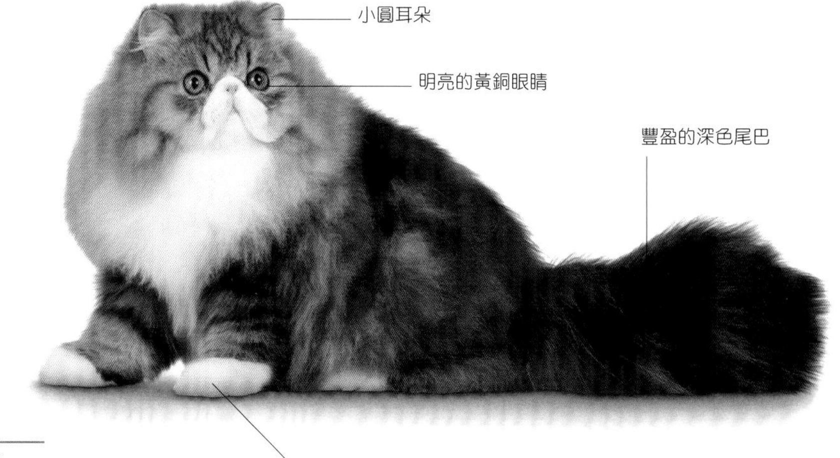

這種可愛的波斯貓結合了閃亮的白色和暖色調的虎斑。可接受的斑紋有兩種：經典虎斑（有時又稱寬紋虎斑），斑紋有如大片暈染的色塊；鯖魚虎斑則呈現較細的深色條紋。虎斑雙色或虎斑三色波斯貓於1980年代首度在貓展獲得冠軍，由於毛皮豐厚，產生柔化效果，讓美麗的斑紋顯得朦朧，牠們也因此成為育主和飼主心目中屹立不搖的最愛。

為符合品種標準，**白色**應擴及**腳**、**腿**、**腹部**、**胸部**和**口鼻部**。

永遠的最愛

豐厚的長毛、扁平的口鼻部、加上一雙貓頭鷹般的大眼，想認錯波斯貓都難。自19世紀在貓展首度亮相以來，這個品種始終享有高人氣。

調色盤花紋

黑白毛色中加入一抹紅色虎斑，創造出鮮豔的混色。玳瑁白貓（又稱為三色貓）的花色，在波斯貓絲滑的長毛上格外引人注目。

玳瑁與玳瑁白波斯貓
Persian-Tortie and Tortie and White

發源地 英國，1880年代
品種登錄 CFA、FIFe、GCCF、TICA
體重範圍 3.5-7公斤

理毛頻率 每天
毛色與斑紋 玳瑁（黑與紅）、巧克力玳瑁、丁香奶油色和藍奶油色；也有帶白斑的。

這種罕見的波斯貓十分搶手，毛色繽紛美麗，但也很難培育。

玳瑁花紋貓，通常簡稱玳瑁貓，毛皮混雜兩種顏色，傳統是黑色與紅色，形成搶眼的色塊花紋或是比較細緻的花斑。最近的一個變化版本是巧克力玳瑁，配色是棕色與紅色。這種波斯貓也有三色版本，即玳瑁白波斯貓（在美國稱為三色貓）。不論是玳瑁波斯貓或玳瑁白波斯貓，都擁有明亮的黃銅色雙眼。玳瑁波斯貓在19世紀末已為人所知，但還要經過一段時間，玳瑁花紋才被接受，成為波斯貓的合格毛色。1914年，美國貓迷協會終於為玳瑁波斯貓建立了品種標準。玳瑁波斯貓向來很難培育，因為基因組成的緣故，幾乎所有玳瑁花色的貓都是母貓，少數出現的公貓則不能生育。玳瑁波斯貓與其他種類的波斯貓一樣，上展場和在家一樣自在，不過據說比其他波斯貓更外向、更有自信。

玳瑁白波斯貓小貓

長得像獅子狗的貓

近幾十年來，波斯貓獨特的扁臉被推向極致，育主培育出以扁得誇張的臉為特徵的貓。這種長相是所謂的「獅子狗臉」，原本是自然發生的突變，在展示台上很受歡迎，但也使得波斯貓原本就很常見的健康問題更形惡化，包括呼吸障礙、咬合能力差影響進食，以及因淚管阻塞引起的流淚。

雙色波斯貓 Persian-Bicolour

發源地 英國，1800年代
品種登錄 CFA、FIFe、GCCF、TICA
體重範圍 3.5-7公斤

理毛頻率 每天
毛色與斑紋 白色混多種單色，包括黑、紅、藍、奶油色、巧克力色和丁香色，有玳瑁斑紋。

分明的色塊讓這種長毛貓更具魅力，需要仔細理毛。

一直到1960年代以前，育種者對雙色波斯貓都興趣缺缺，認為這種貓只適合當寵物。但在今日的展示台上，雙色波斯貓的人氣已對單色波斯貓構成挑戰。最早一隻獲得認可的雙色波斯貓是黑白雙色，一度被形容為「喜鵲」，現在其他許多單色配白色也受到認可。育主培育雙色玳瑁白貓時，希望花紋清晰分明且兩邊對稱，但這個理想很難達到。

這種貓**流眼淚，**
可能會使**毛色變**
深或**形成淚斑。**

重點色波斯貓 Persian-Colourpoint

發源地 美國，1930年代
品種登錄 CFA、FIFe、GCCF、TICA
體重範圍 3.5-7公斤

理毛頻率 每天
毛色與斑紋 單色，玳瑁和虎斑花紋的重點色斑。

這種貓有漂亮的藍眼睛和變化多端的重點色，美麗的外表能在展場上引起熱烈掌聲。

重點色波斯貓在美國稱為喜馬拉雅貓，是十多年前為培育出具有暹羅貓花紋的長毛貓，進行育種計畫的結果。圓臉、獅子鼻、大大的眼睛、矮壯的身體、豐厚的長毛，重點色波斯貓擁有波斯貓的所有代表特徵。這種貓喜歡受人疼愛，不過是安靜且要求不多的寵物。這個品種必須每天理毛，沒有經常照料的話，濃密的雙層毛皮容易結塊。

巴厘貓 Balinese

發源地 美國，1950年代
品種登錄 CFA、FIFe、GCCF、TICA
體重範圍 2.5-5公斤
理毛頻率 一週2-3次
毛色與斑紋 海豹色、巧克力色、藍色和丁香色的單色重點色斑。

這種特別的貓外表優雅，但性格剛強，親人、社交能力強，對主人觀察敏銳。

巴厘貓是長毛版的暹羅貓，纖細優美，兼具近親暹羅貓修長優雅的外型，與一身柔順光滑的長毛。記錄顯示，過去數十年來，短毛暹羅貓生下的幼崽不時會出現長毛的小貓，但一直要到1950年代才有育主著手培育這種新的外觀。巴厘貓個性外向，活力充沛、好奇心旺盛。雖然嗓門沒有暹羅貓那麼大，但一樣愛討人注意，且同樣有強烈的搗蛋傾向，建議飼主最好不要長時間把巴厘貓單獨留在家裡無人管照。

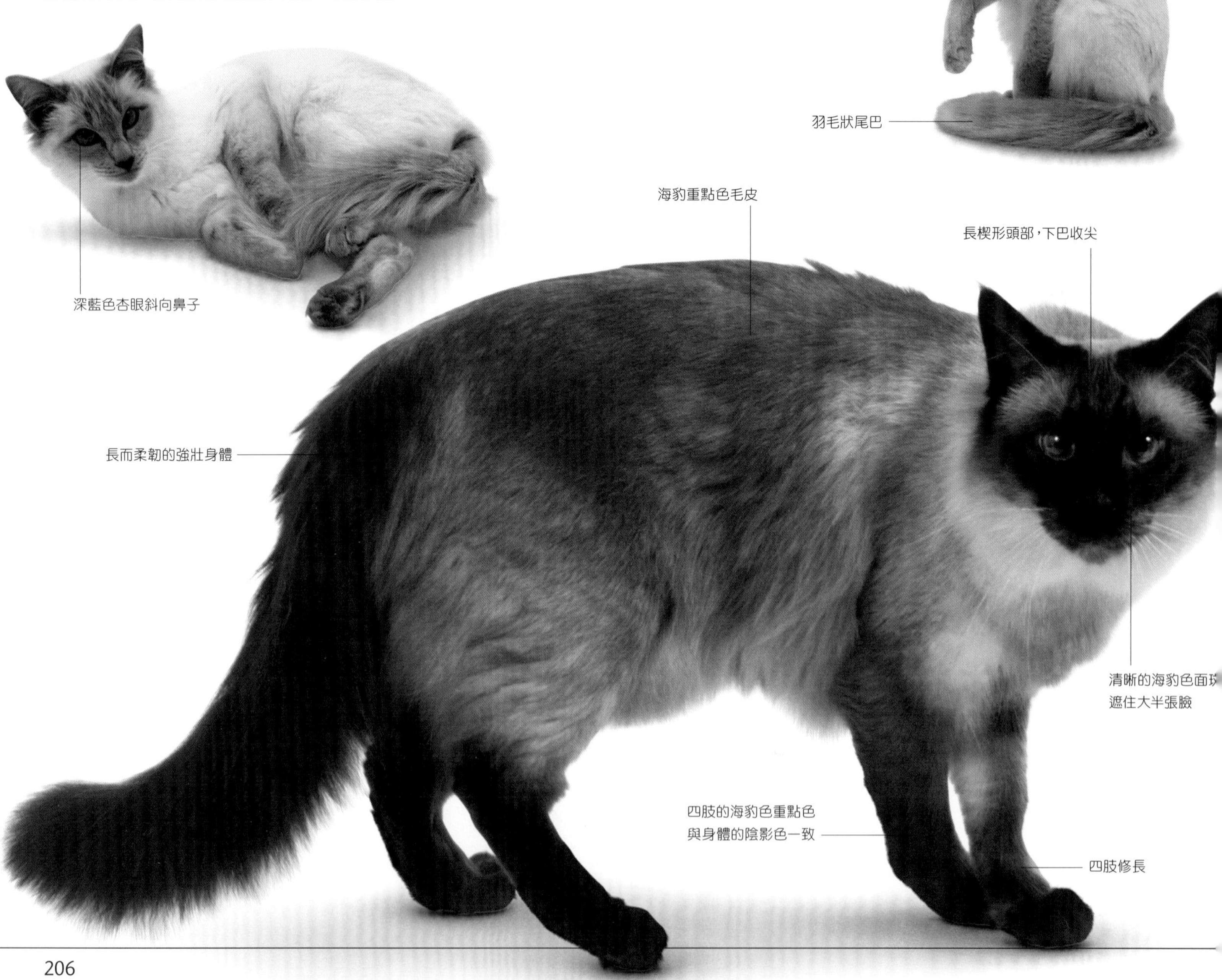

爪哇貓 Balinese-Javanese

發源地 美國，1950年代
品種登錄 CFA
體重範圍 2.5-5公斤
理毛頻率 一週2-3次
毛色與斑紋 多種重點色，玳瑁和虎斑花紋。

這種自信、愛說話且討人注意的貓有無窮無盡的好奇心，個性又十分大膽，會要求在家中擁有自己的一席之地。

這種迷人的貓，是從暹羅貓的長毛近親巴厘貓（見左頁）進一步培育出來的，體型和毛皮特點與巴厘貓的品種標準相似。兩者的差異在於毛色變化程度，以及爪哇貓身上的花紋，這些花紋來自於和重點色短毛貓（見110頁）雜交。爪哇貓雖然外表嬌弱，但其實身手靈活矯健，而且性格堅強。這是一種親人、健談的貓，沒在家裡四處窺探的時候，總愛在主人身邊跟前跟後。牠的毛皮絲滑，不易結塊，相對容易梳理。

約克巧克力貓 York Chocolate

發源地 美國，1980年代
品種登錄 其他
體重範圍 2.5-5公斤
理毛頻率 一週2-3次
毛色與斑紋 單色：巧克力色、薰衣草紫色；雙色：巧克力色與白色、薰衣草色與白色。

這種溫柔親人的貓，來到戶外是優秀的獵人，行動迅速精確，樂於追獵。

約克巧克力貓這個品種的創始母貓來自紐約州，毛色是深巧克力棕色，品種因此命名。這隻母貓生下的小貓，毛色同樣濃豔，主人於是萌生了繼續培育這個血統的興趣。雖然仍相對罕見，但約克巧克力貓已在北美洲舉辦的貓展引起不少注目。這個品種也包括雙色的種類，身上有巧克力色或薰衣草色的色塊。這是一種會窩在人膝上的溫和貓咪，性情親人，喜歡被撫摸。牠的聲線柔軟，在家會靜靜跟著主人到處走，讓主人感受到牠的存在，發生什麼事都想參一腳。

構成這個品種的小貓是由**兩隻混種貓**所生，其中一方帶有**隱性的暹羅貓基因。**

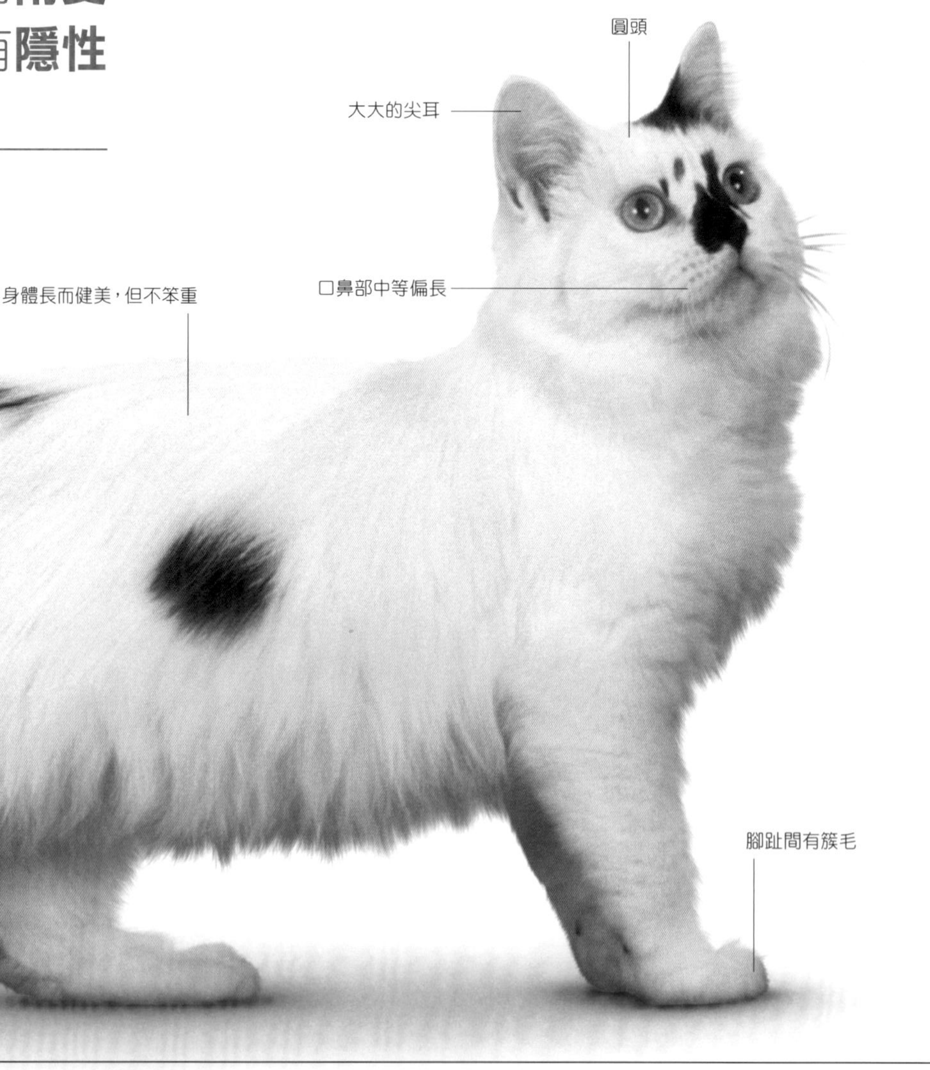

東方長毛貓 Oriental Longhair

發源地 英國，1960年代
品種登錄 CFA、FIFe、GCCF、TICA
體重範圍 2.5-5公斤

理毛頻率 一週2-3次
毛色與斑紋 多種毛色，包括單色、煙色和陰影色；玳瑁、虎斑和雙色斑紋。

典型的東方貓，想要一隻活潑可愛的忠實寵物，這種貓很適合。

這種貓原本叫英國安哥拉貓，2012年才重新命名為東方長毛貓，以免和土耳其安哥拉貓混淆（見229頁）。這個品種培育於1960年代，目的是想重新創造出毛皮柔滑的安哥拉貓，維多利亞時代的家庭喜歡養這種貓當寵物，直到後來被新崛起的波斯貓取代。當時的育種計畫囊括了多種長毛東方貓種，例如巴厘貓（見206-207頁），創造出來的品種本質上就是長毛版的暹羅貓——身體靈活，身段優雅，只是沒有重點色斑。東方長毛貓好奇調皮、非常活潑，喜歡受到家人的矚目，但往往只會選擇和其中一個人建立親密的感情。

醒目的綠色杏眼

柔細光滑的半長毛皮，底層沒有絨毛

脖子修長優雅

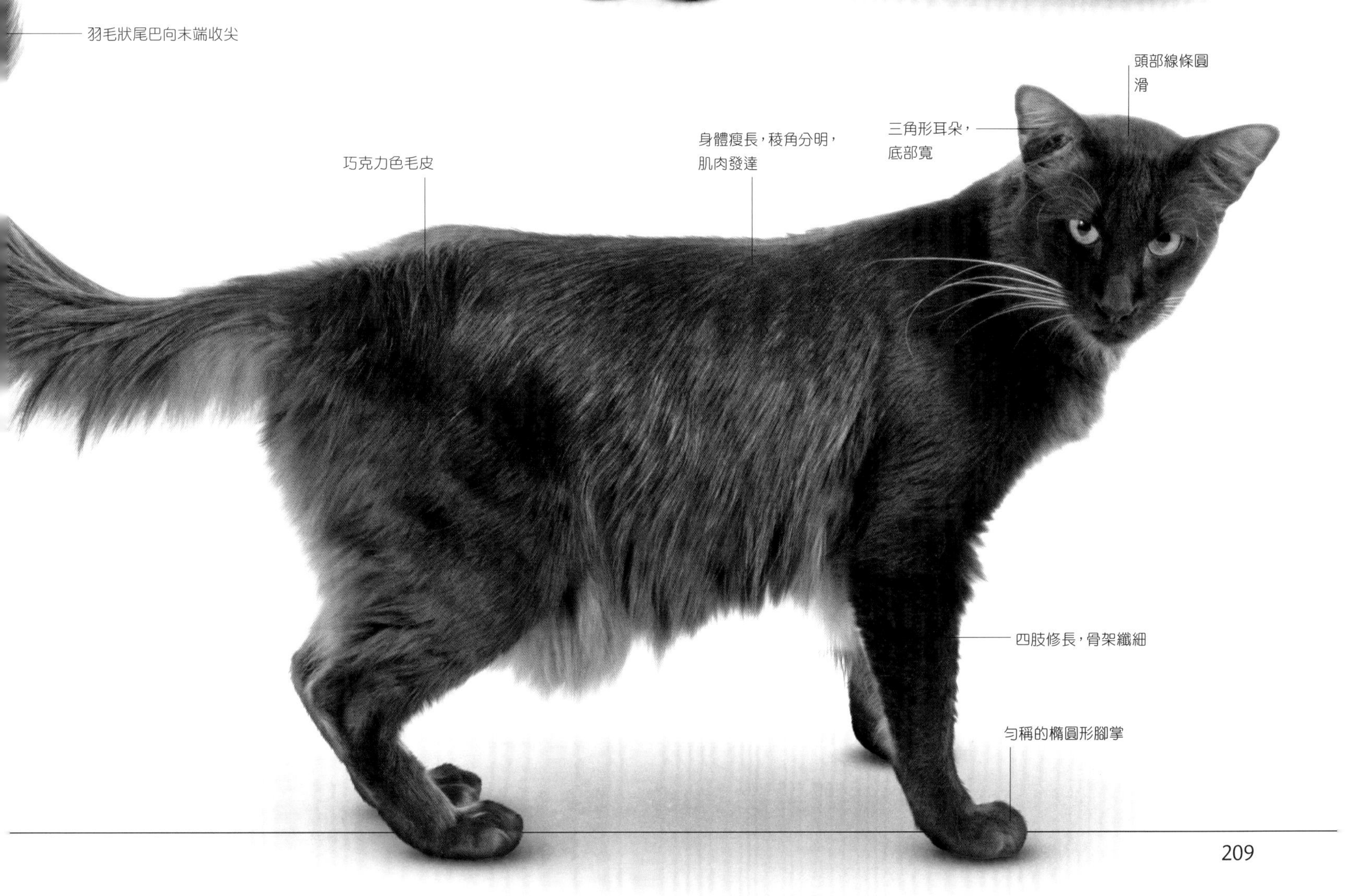

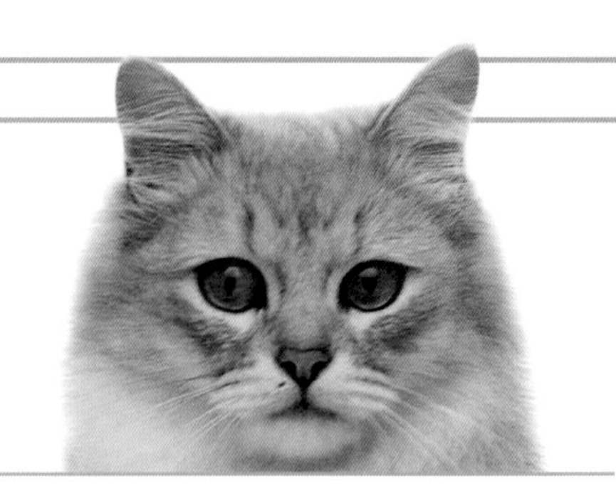

蒂凡尼貓 Tiffanie

發源地 英國，1980年代
品種登錄 GCCF
體重範圍 3.5-6.5公斤

理毛頻率 一週2-3次
毛色與斑紋 所有單色和陰影色；虎斑和玳瑁花紋。

這種貓聰明愛玩，是理想的寵物，會心甘情願等待主人回家。

這種貓正式名稱叫亞洲長毛貓（Asian Longhair），常和另一個又叫第凡內貓、香堤利貓、或香堤利－第凡內貓（見右頁）的美國品種搞混。第一隻蒂凡尼貓似乎是波米拉貓生下的長毛變種（至今TICA仍如此認定），波米拉貓本身則是歐洲緬甸貓（見87頁）和金吉拉波斯貓（見190頁）意外交配生出的驚喜。蒂凡尼貓個性溫柔、討人憐愛，且從緬甸貓那一方遺傳到一絲調皮氣息。這種貓很能自得其樂，但人如果想一起玩，牠也很高興。敏銳又聰明的蒂凡尼貓，據說很能體察主人的心情。

最早的蒂凡尼貓基本上是陰影色毛皮的**半長毛波米拉貓。**

香堤利－第凡內貓 Chantilly-Tiffany

發源地 美國，1960年代
品種登錄 其他
體重範圍 2.5-5公斤

理毛頻率 一週2-3次
毛色與斑紋 黑、藍、丁香色、巧克力色、肉桂色和小鹿色；多種虎斑花紋。

相對罕見的品種，毛皮柔軟豐厚、色彩濃豔。這種貓忠實、好相處，要求不會太多。

香堤利－第凡內貓的歷史，源自兩隻出身不明的長毛貓生下的一窩巧克力棕色的小貓。一度廣為流傳的說法認為，這個品種有緬甸貓的血統，但這個說法如今受到懷疑。這種貓在培育過程中登記過許多不同的名字，如異國長毛貓、第凡內貓和香堤利貓，造成不少混淆，目前最廣被接受的叫法就是雙名。雖然外型十分迷人且個性溫柔，但香堤利－第凡內貓還不太流行。牠喜歡人類陪伴，但會禮貌地索求，用溫柔的叫聲引起注意。

乖巧的寵物

和溫和可愛的伯曼貓一起生活格外輕鬆。就連那一身長毛也不難打理，因為毛皮底層絨毛很少，不太會打結或和掉下來的毛糾結成塊。

伯曼貓 Birman

發源地 緬甸／法國，1920年左右
品種登錄 CFA、FIFe、GCCF、TICA
體重範圍 4.5-8公斤
理毛頻率 一週2-3次
毛色與斑紋 所有重點色，腳掌一律是白色。

這種貓安靜溫和，但對主人的注意反應熱烈，是可愛討喜的寵物。

這種細緻可愛的貓擁有鮮明的重點色斑，貌似長毛版的暹羅貓，但要說這兩個品種血緣相近不太可能。根據傳說，伯曼貓的毛色遺傳自古緬甸祭司所飼養的一隻貓。有一天，這位祭司遭強盜襲擊，貓守在垂死的祭司身旁時，毛皮突然多了一抹金色，眼眸也化為深藍色，就像祭司侍奉的女神。事實上，這個品種應該是1920年代在法國培育出來的，不過種貓可能得自緬甸。這種貓身體長，體格健壯，以「羅馬鼻」（從側面看鼻尖微彎）和白腳掌聞名。毛髮質地絲滑，不易結塊。伯曼貓個性溫和、隨和，善於社交且聲線柔軟。喜歡有人陪伴，與小孩和其他寵物多半能相處融洽。

小貓

設計師的謬思

德國時尚設計師卡爾·拉格斐（Karl Lagerfeld）的伯曼貓邱佩特（Choupette），過著超級名模般的生活。牠出入都搭私人飛機，還有兩名私人助理，負責打點牠的各種需求、為牠進行固定的美容保養。邱佩特還曾接受過多家雜誌「專訪」，也是拉格斐貓主題系列配件背後的靈感來源，包括針織帽、圍巾、手套和皮件等。

卡爾·拉格斐與邱佩特的公仔

緬因貓 Maine Coon

發源地 美國，1800年代
品種登錄 CFA、FIFe、GCCF、TICA
體重範圍 4-7.5公斤
理毛頻率 一週2-3次
毛色與斑紋 多種單色和陰影色，配玳瑁、虎斑和雙色花紋。

體型碩大無朋，天性友善，易於飼養，是聰明又忠實的寵物。

緬因貓被視為美國原生的貓，因為在新英格蘭地區的緬因州首度受到承認，所以如此命名。這個品種的貓當初到底怎麼來到緬因州的，歷來有許多有趣但不大可能的說法。一些比較誇張的理論認為，緬因貓是維京人帶來的斯堪地那維亞貓的後代，或者說是法國大革命期間，瑪麗・安東尼皇后因為急欲保護她的寵物，把許多隻這種類型的貓送到了美國。還有一種說法認為緬因貓最初是野貓和浣熊雜交的混種。這絕對不足採信，因為科學上根本不可能，不過看到緬因貓毛茸茸的尾巴，不難想見起初為何會有人相信這種說法。緬因貓大又漂亮，擁有一身蓬亂防水的厚實毛皮，在早期扮演農場貓的時候發揮了很大功用，即使面對北美洲嚴寒的冬季，也能在戶外生活。這個品種的貓曾因抓老鼠的本領備受重視，20世紀中期起則成了熱門的寵物。緬因貓有許多討人喜愛的特質，包括一生都表現得像小貓一樣。有些人形容緬因貓的聲音像鳥兒啁啾，這麼大一隻貓，叫聲卻意外地小。這種貓發育緩慢，通常要到五歲左右，壯碩的體態才會完全長成。

小貓

小尼奇

2004年，一隻名叫小尼奇（Little Nicky）的緬因貓成為第一隻商業複製的寵物。牠的主人住在德州，原本有一隻寵物貓叫尼奇，在17歲去世，主人支付了5萬美元，為她深愛的寵物製作「複本」。尼奇的DNA被移植到卵細胞上，形成的胚胎由一隻代理孕貓懷著。這個備受爭議的作法最後創造出一隻外表和個性都和本尊一模一樣的小貓。

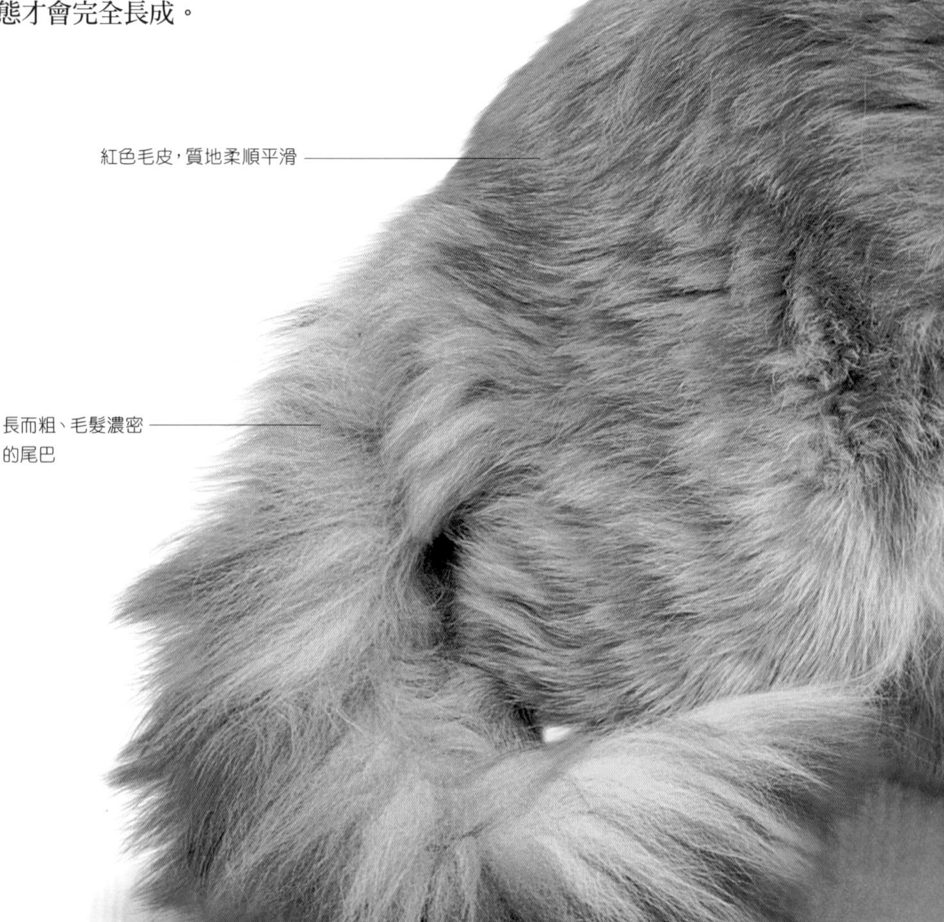

紅色毛皮，質地柔順平滑

長而粗、毛髮濃密的尾巴

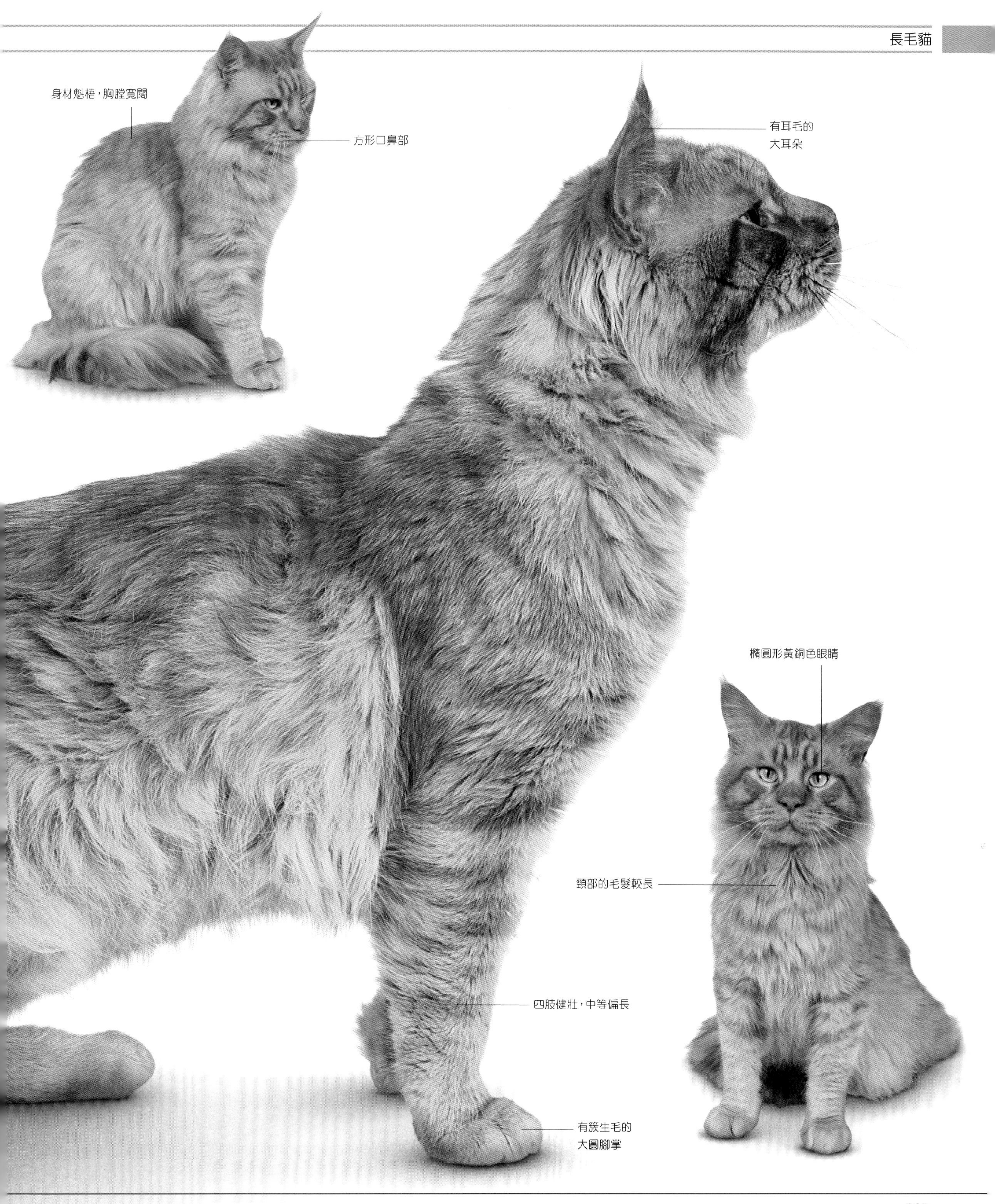
身材魁梧，胸膛寬闊
方形口鼻部
有耳毛的
大耳朵
橢圓形黃銅色眼睛
頸部的毛髮較長
四肢健壯，中等偏長
有簇生毛的
大圓腳掌

布偶貓 Ragdoll

發源地 美國，1960年代
品種登錄 CFA、FIFe、GCCF、TICA
體重範圍 4.5-9公斤

理毛頻率 一週2-3次
毛色與斑紋 大多數單色，配玳瑁和虎斑花紋；一定是重點色和雙色或白腳掌。

這種悠閒的大貓非常乖巧溫順，是生活忙碌之人的絕佳選擇。

布偶貓的名字取得很好，因為很少有貓更容易照顧，或像布偶貓那樣，隨時都願意坐上人的膝頭。這種貓是所有貓當中體型最大的之一，起源眾說紛紜，據說最早的布偶貓培育自一窩在加州出生的小貓，只要被抱起來，牠們就會變得異常癱軟，簡直「軟趴趴」的。這種貓喜歡人類陪伴，樂於和小孩玩耍，對其他寵物通常很有好感。布偶貓不是特別活潑好動，脫離小貓時期以後，大多喜歡溫和的遊戲。適度理毛就足以維持毛髮柔軟滑順、不打結。

耳朵分得很開

藍白雙色毛皮

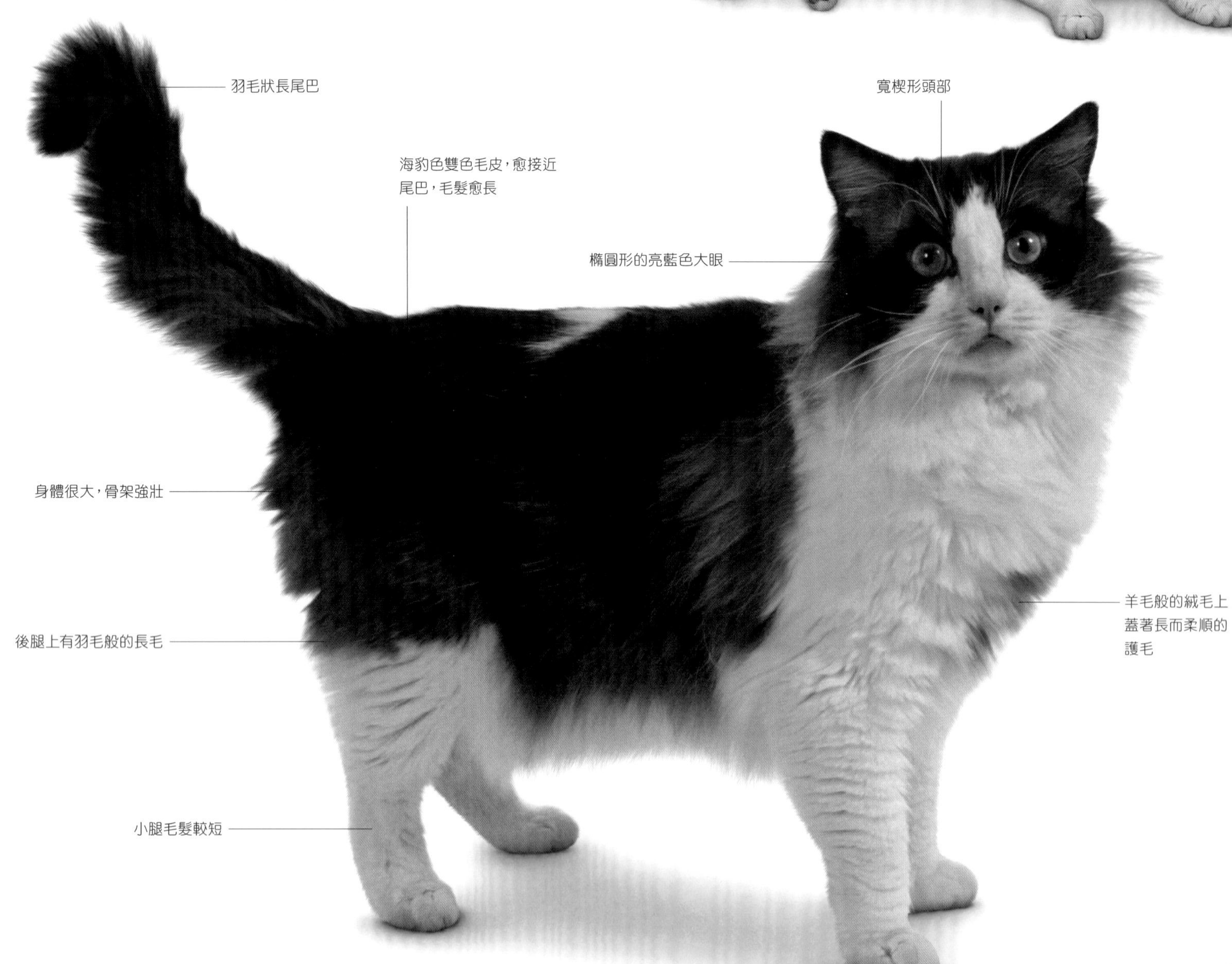

襤褸貓 Ragamuffin

發源地 美國，20世紀晚期
品種登錄 CFA、GCCF
體重範圍 4.5-9公斤

理毛頻率 一週2-3次
毛色與斑紋 所有單色，配雙色、玳瑁和虎斑花紋。

這種體型魁梧的貓，心胸寬大、沉穩可愛，能和主人建立堅定的感情，喜歡取悅主人。

這個品種出現得相對晚，起源歷史複雜，但算是較知名的布偶貓（見左頁）的新發展。襤褸貓體型很大，真正稱得上溫柔的巨人，遇到任何型態的家庭都能平靜地融入。愈受疼愛，長得愈好，性情溫順，是小孩子絕佳的寵物。襤褸貓玩心未失，很容易就能說服牠玩玩具。這種貓濃密柔滑的毛皮不容易結塊，定時進行簡短的梳理就能保持毛皮健康。

索馬利貓 Somali

發源地 美國，1960年代
品種登錄 CFA、FIFe、GCCF、TICA
體重範圍 3.5-5.5公斤
理毛頻率 一週2-3次
毛色與斑紋 多種毛色，有些有銀尖點；玳瑁花紋；銀毛一定是多層色。

這種貓外表搶眼、毛皮華麗，個性活潑逗趣，愛討人注意，不過是可愛的寵物。

這個美麗的品種是短毛阿比西尼亞貓（見132-133頁）的長毛後代。起初，阿比西尼亞貓的育主排斥長毛的小貓（見右欄），不過其他人發現這種貓很迷人，育主這才開始刻意培育。美國貓迷協會在1979年承認索馬利貓為一個品種。索馬利貓的多層色毛皮可以有多種顏色，從濃豔的赤紅色到藍色都有，每根毛髮上頭都有或深或淺的條紋，背脊到尾巴有一條深色條紋。幼貓最多要花18個月才能長齊全身毛色。索馬利貓最搶眼的特徵是那條毛茸茸的長尾巴。

脖子四周也有頸毛（公貓的比較豐厚顯眼），帶來一種君王般的威儀。

索馬利貓活潑好動、好奇心永不滿足，是有趣的寵物。雖然極度親人，對待家人友善，但通常不大會窩在人的腿上，因為索馬利貓精力太過充沛，受不了久坐不動。由於很有自信，這個品種很適合站上展示台。

小貓

早年遭排斥

阿比西尼亞貓身上意外出現長毛基因，使得長毛小貓與短貓的兄弟姊妹一起誕生。育主起初對牠們興趣缺缺，無意培育這項特徵，只把長毛小貓當寵物出售。少數走在尖端的育主看出這種新貓的潛力，但培育過程卻進展得很慢，最早的索馬利貓在展場上都受到參展者和評審的漠視。但決心換來成功，1979年後，索馬利貓終於獲得全面認可。

冬天的毛皮

索馬利貓到了冬天會長出豐厚的毛皮和頸毛。儘管如此，索馬利貓並不是非常適合寒冷氣候，但牠還是會堅持出去踩雪。

英國長毛貓 British Longhair

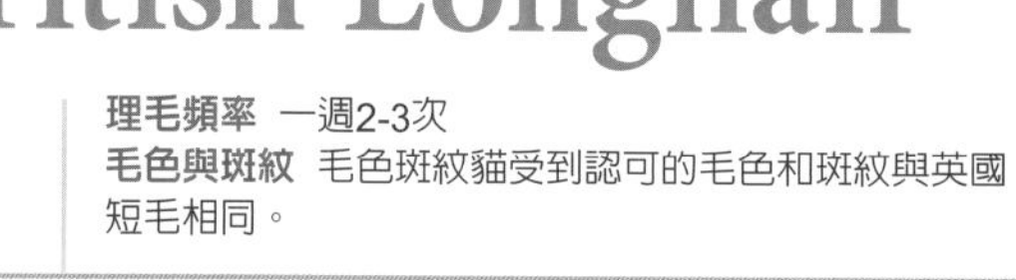

發源地 英國，1800年代
品種登錄 FIFe、TICA
體重範圍 4-8公斤

理毛頻率 一週2-3次
毛色與斑紋 毛色斑紋貓受到認可的毛色和斑紋與英國短毛相同。

漂亮的大塊頭，擁有一身直順的長毛，個性開朗隨和。

這種貓在美國叫低地貓，在歐洲叫不列顛貓，是英國短毛貓（見118-127頁）的長毛表親。兩者體型相似，同樣體格矮壯、大頭圓臉，毛色變化也大抵相同。並非所有純種貓登記協會都認定英國長毛貓是獨立的品種。不論官方地位如何，這種貓都是絕佳寵物，性情沉穩、隨和、親人。牠的長毛需要適度梳理，以免打結。

內華達貓 Nebelung

發源地 美國，1980年代
品種登錄 GCCF、TICA
體重範圍 2.5-5公斤

理毛頻率 一週2-3次
毛色與斑紋 藍色，偶爾有銀尖點。

親人的品種，喜歡固定的作息，偏好家人陪伴，面對陌生人會害羞。

內華達貓於20世紀晚期在美國科羅拉多州的丹佛市培育出來，是俄羅斯藍貓（見116-117頁）與其他品種雜交的結果，育種目的是為了重新創造維多利亞時代流行的一種長毛藍貓。這個品種的英文名稱取自德文字「nebel」，意思是薄霧或霧靄，這名字恰如其分，因為內華達貓有一身柔軟發亮的毛皮。這種貓天性內斂，喜歡安靜的環境，在有聒噪孩童的家庭可能會適應不良。但若能細心照顧，內華達貓是很忠實的寵物，不願讓主人離開視線範圍，也喜歡坐在人腿上。

挪威森林貓
Norwegian Forest Cat

發源地 挪威，1950年代
品種登錄 CFA、FIFe、GCCF、TICA
體重範圍 3-9公斤
理毛頻率 一週2-3次
毛色與斑紋 大多數單色、陰影色和斑紋。

這種貓雖然外表高大、粗獷、魁梧，性情卻是溫和文雅，喜歡待在家裡。

斯堪地那維亞半島自維京時代即已知有貓，貓被養在住家、村落和船上，當作鼠類剋星。挪威森林貓一直要到1970年代才完全培育成一個品種，但牠們的特徵明顯看得出來是源自於挪威農場數百年來所熟悉的那些貓。這些半野生的貓種長年不受人類干預，靠自己獵食，因此變得強悍、聰明且勇敢，因為在嚴苛環境下，只有適者得以生存。挪威森林貓曾出現於挪威的傳說當中（見右欄），今日已正式被認定為挪威國貓。這種貓至今依然高大健壯，值得一提的是，牠們最多需要五年時間，身體才會發育成熟。雙層毛皮是抵禦北方凜冽寒冬的天然絕緣體，到了較冷的月份可能會變得更厚，因為底層絨毛這時長得最濃密。意外的是，冬天並不需要因此多加理毛，不過春天掉毛會相形嚴重。雖然具有野生血統，這種貓其實溫和愛玩。

森林怪貓

數百年來，挪威的民間故事與傳說都一再提到體型巨大的長毛貓。由於體型大且孔武有力（見下圖），一度有人相信挪威森林貓——在原生國稱為「森林怪貓」（Skogkatt）——是貓狗雜交所生。儘管歷史悠久，但在20世紀下半葉，挪威森林貓已幾乎遭人遺忘，直到1970年代出了一項堅定的計畫，才重振了大眾對這個品種的興趣。

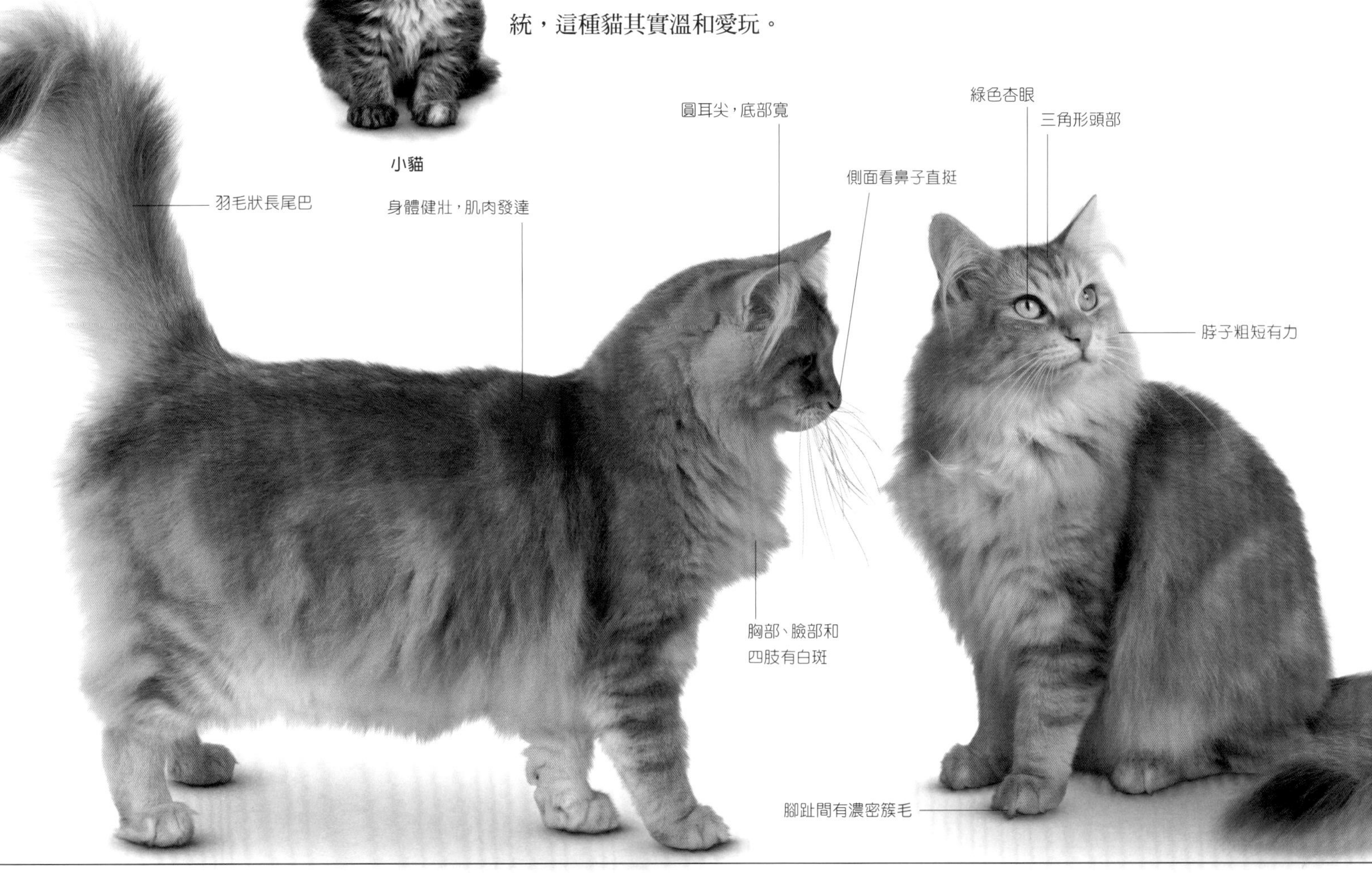

小貓

蓄勢待發

身強體壯、孔武有力的挪威森林貓，不會為了顧形象而忘記找樂子。這種貓是絕佳的寵物，但喜歡有充分的自由探索戶外。

土耳其梵貓 Turkish Van

發源地 土耳其／英國（現代品種），1700年以前
品種登錄 CFA、FIFe、GCCF、TICA
體重範圍 3-8.5公斤
理毛頻率 一週2-3次
毛色與斑紋 白色，頭和尾巴有較深的顏色。

調皮的品種，據說喜歡玩水，活力充沛，可以不停地找樂子。

這種貓的祖先，名字得自土耳其東部的梵湖一帶，存在於西南亞可能已有數百年之久。這個品種如今是土耳其當地的珍寶。現代的土耳其梵貓最早是在1950年代於英國培育出來的，此後也出口至其他國家，不過依然罕見。這種貓的特點是柔軟防水的半長毛、醒目的斑紋，以及小羊似的安靜叫聲。土耳其梵貓是聰明親人的寵物，但對希望貓咪靜靜趴在腿上的人來說，或許不是理想的選擇。這種貓熱情愛玩，需要充分運動。喜歡人類陪伴，也熱愛玩遊戲，特別是有家人一起參與的時候。很多土耳其梵貓據說愛玩水，喜歡踩水坑或揮抓水龍頭滴下的水。有人稱這種貓是游泳健將，於是牠們也有了「游泳貓」的綽號。

小貓

雙眼異色

出現在這種貓身上的異色雙眼，是白斑基因造成的（見53頁）。白斑基因會抑止黑色素（色素）抵達其中一眼的虹膜（眼球有顏色的部分）。所有土耳其梵貓的小貓生來都是淡藍色眼睛，之後才漸漸轉為成年的顏色。有些雙眼都變成琥珀色（見下圖），但有些一眼仍維持藍色。土耳其梵貓也可能兩眼都是藍色，但受白斑基因影響的個體，兩眼會呈現不同色調的藍色。

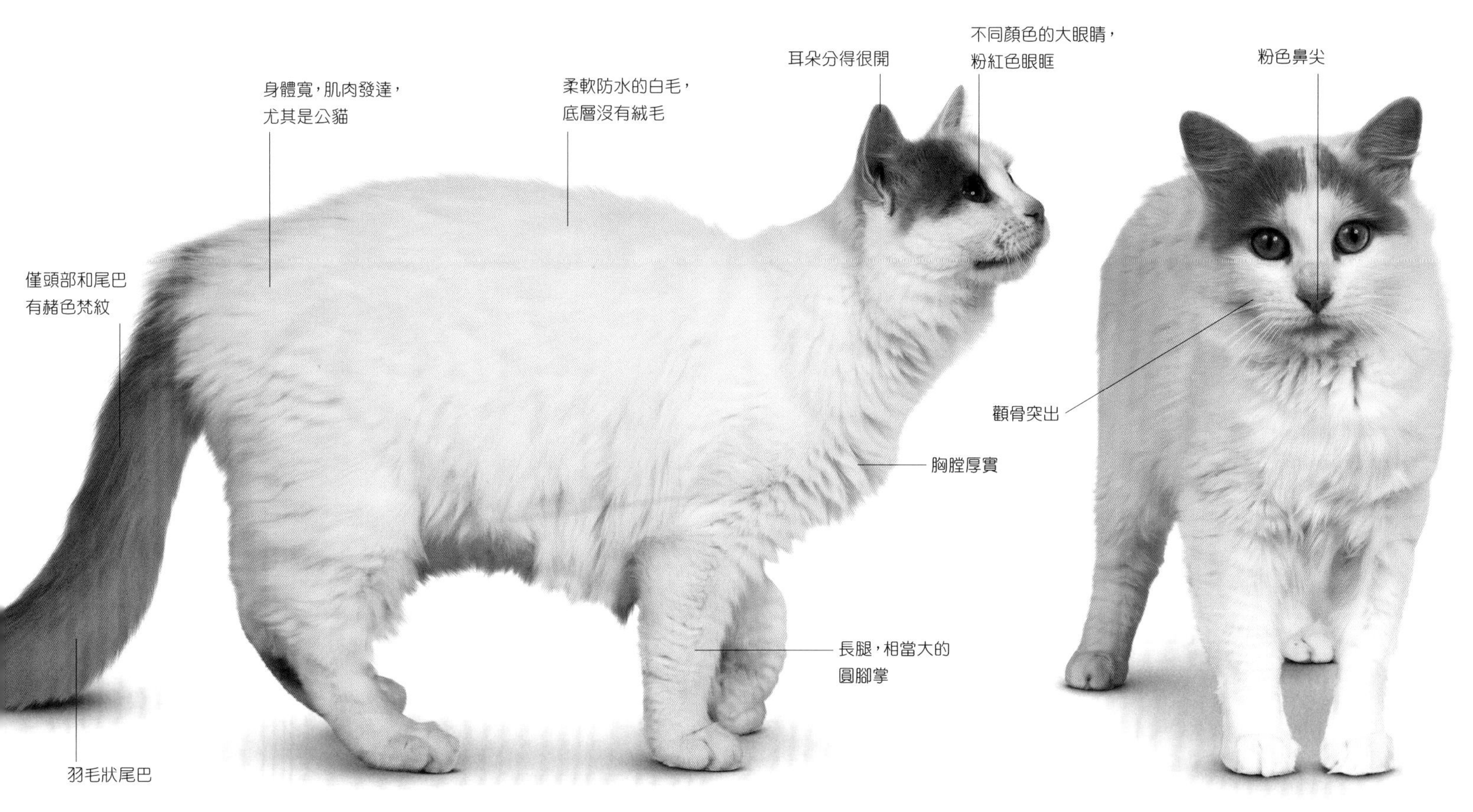

土耳其白梵貓 Turkish Vankedisi

發源地 土耳其東部，1700年之前
品種登錄 GCCF
體重範圍 3-8.5公斤
理毛頻率 一週2-3次
毛色與斑紋 只有純白色。

這個罕見的品種是土耳其梵貓的純白色變體，性格友善，想逗牠玩耍，需要先給牠一點鼓勵。

這種貓的發源地跟土耳其梵貓（見226-227頁）的發源地位在土耳其的同一個地區，與後者的差別在於牠的毛皮雪白，沒有典型的梵紋。其他各方面都和近親有相同的特徵。土耳其白梵貓在世界各地都很稀有，在原生國備受珍視。跟其他純白的貓種一樣，土耳其白梵貓也容易遺傳到耳聾，但除此之外身體強健、個性活潑。這種貓性情和氣討喜，是親人的寵物，但需要充分的關注。

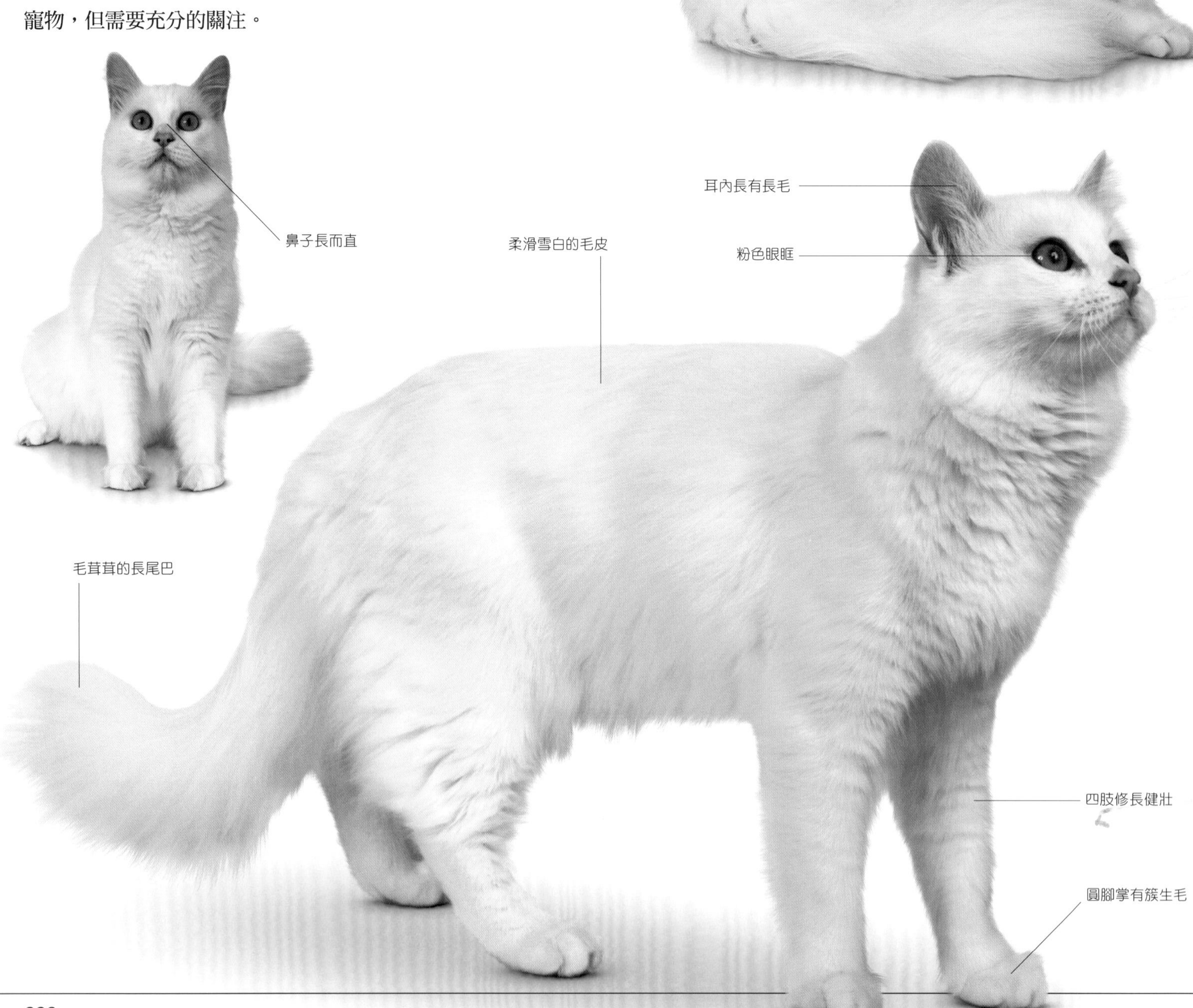

土耳其安哥拉貓 Turkish Angora

發源地 土耳其，16世紀
品種登錄 CFA、FIFe、TICA
體重範圍 2.5-5公斤
理毛頻率 一週2-3次
毛色與斑紋 多種單色和陰影色；斑紋包括虎斑、玳瑁和雙色。

這個品種的貓看似纖弱，但其實性格剛強，喜歡與家人有充分互動。

記錄顯示，這個品種原生於土耳其，大概在17世紀前後來到法國和英國。土耳其安哥拉貓廣泛用於培育其他長毛貓品種，例如波斯貓，尤其是在20世紀早期，因此這個品種本身受到過度稀釋，在母國以外的地方幾乎已不復存在。在土耳其，這種貓受到較多保護，到了1950年代，已有許多純種安哥拉貓被送到歐洲各國和美國。土耳其安哥拉貓目前依然罕見，是所有長毛貓當中最嬌貴的一種，骨架纖細，毛皮格外柔軟閃亮。

西伯利亞貓 Siberian

發源地 俄羅斯，1980年代
品種登錄 CFA、FIFe、GCCF、TICA
體重範圍 4.5-9公斤
理毛頻率 每天
毛色與斑紋 所有毛色和斑紋。

這種體型巨大、毛皮厚重的貓是俄羅斯國貓，身手矯健、熱愛玩耍，但很晚才會發育成熟。

雖然一般認為西伯利亞貓是相對晚近才出現的品種，但早在13世紀，俄羅斯就已經有長毛俄羅斯貓的相關記載。這個品種擁有濃密防水的毛皮、毛茸茸的尾巴和長了毛的腳掌肉墊，至今依然展現出牠對俄羅斯嚴苛氣候的適應能力。很多西伯利亞貓也像猞猁一樣，耳朵毛髮濃密，耳尖長有簇毛。人們直到1980年代才開始按照品種標準培育西伯利亞貓，且必須再過十年，一些貓被進口到美國以後，品種才獲得完全的認可。雖然還很罕見，但西伯利亞貓因為外表漂亮、個性迷人，人氣正逐漸上升。西伯利亞貓可能要花五年以上才能發育完全。雖然成年後體格魁梧，但這種貓十分敏捷，喜歡跳躍玩耍。個性聰明、好奇且友善，據說對主人非常忠誠。西伯利亞貓有婉轉的啁啾叫聲，也會發出深沉雄渾的呼嚕聲。

小貓

擺脫無名

西伯利亞貓的祖先早在中世紀的俄羅斯已為人所知，但這些俄羅斯長毛貓卻很少出現在歐洲。蘇聯時期，俄國不鼓勵飼養培育寵物貓，因此華麗的西伯利亞貓也似乎註定要沒沒無名。然而到了1980年代末，地方愛貓人士熱忱奉獻，挽救了這個品種，隨後很快也發展出西伯利亞貓的品種標準。

俄羅斯長毛貓

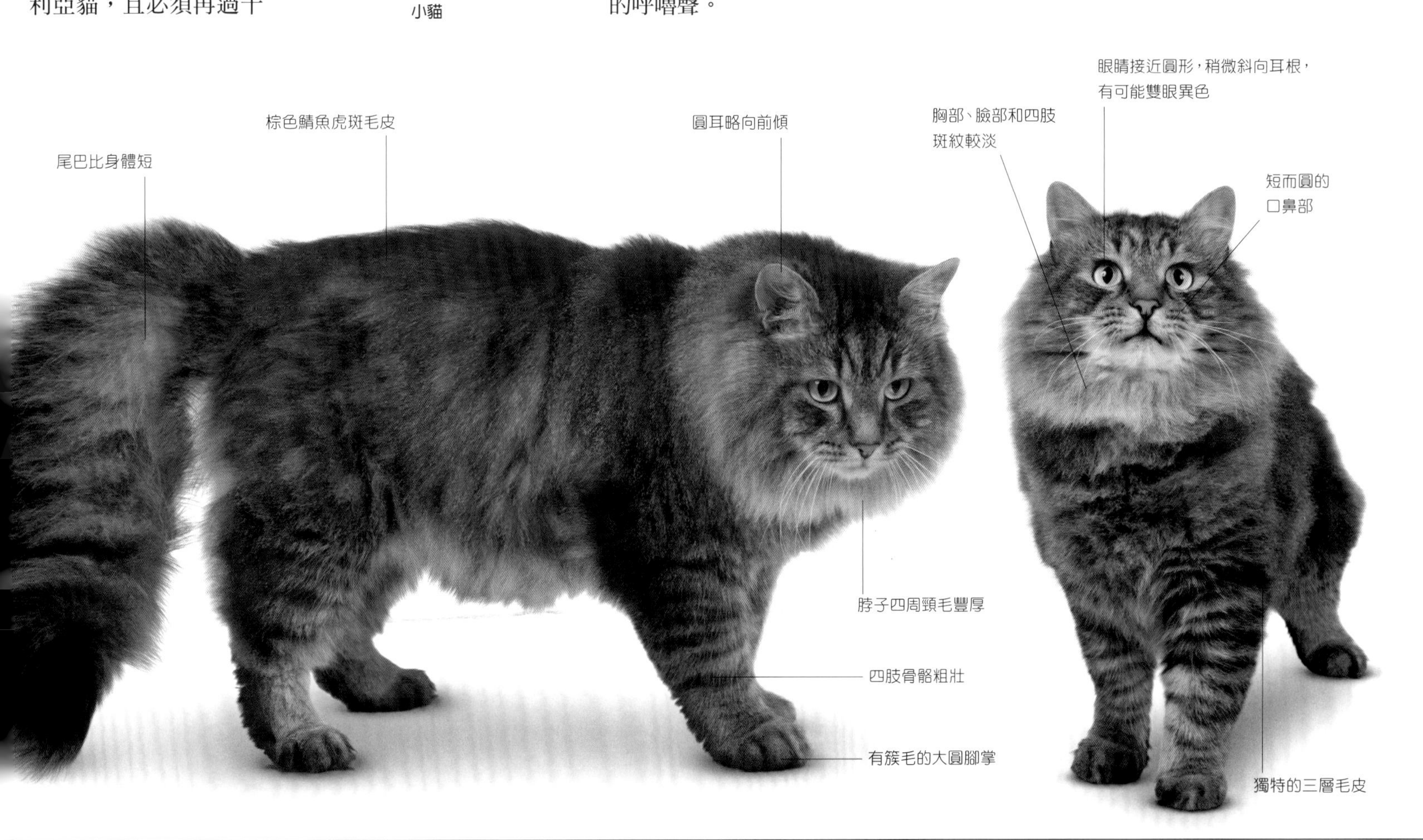

涅瓦面具貓 Neva Masquerade

發源地 俄羅斯，1970年代
品種登錄 FIFe
體重範圍 4.5-9公斤

理毛頻率 一週2-3次
毛色與斑紋 多種重點色，包括海豹色、藍色、紅色、奶油色、虎斑和玳瑁。

華麗的重點色貓，毛皮奇厚，沉著勇敢，天性隨和自在。

這個品種是重點色版的西伯利亞貓（見230-231頁），這種森林貓在俄羅斯歷史悠久。涅瓦面具貓的名字源於聖彼得堡的涅瓦河，這種貓最早就是在這裡培育出來的。牠們體格結實，結合了力量與溫柔，是絕佳的家庭寵物，而且出了名地特別喜歡小孩。涅瓦面具貓的毛皮很厚，底部有兩層絨毛，不容易結塊或打結，因此理毛並非難事，不過還是需要定期梳理。

曼基貓 Munchkin

發源地 美國，1980年代
品種登錄 TICA
體重範圍 2.5-4公斤
理毛頻率 一週2-3次
毛色與斑紋 所有毛色、色調和斑紋。

雖然腿很短，但這種活潑嬌小的貓對生活充滿熱情，喜歡與家人快樂嬉戲。

曼基貓奇短無比的腿是意外突變的結果。這個品種的貓似乎逃過了臘腸狗等短腿狗常有的脊椎問題，身體離地很近也沒有妨礙牠們整體的行動力。事實上，曼基貓可以跑得飛快，而且活力充沛、調皮搗蛋。這種自信好奇的貓是友好的家庭寵物。除了毛髮柔滑的半長毛版本，也有短毛曼基貓（見150-151頁），兩者幾乎都有變化無窮的毛色和斑紋。曼基貓的長毛需要定期梳理以免結塊。

遠系交配維持了曼基貓的**基因多樣性**，也引進了**變化多端的毛色和斑紋。**

侏儒捲耳貓 Kinkalow

發源地 美國，1990年代
品種登錄 TICA
體重範圍 2.5-4公斤

理毛頻率 每週 2-3 次
毛色與斑紋 多種毛色和斑紋，包括虎斑和玳瑁。

這個新穎罕見的品種據說聰明又調皮，喜歡窩在主人腿上。

長毛侏儒捲耳貓和牠的短毛近親（見152頁）一樣，也是「珍奇實驗品種」。這種混種貓是曼基貓（見233頁）和美國捲耳貓（見238-239頁）雜交所生，兼具曼基貓的短腿和美國捲耳貓後翻的耳朵。但有些侏儒捲毛貓的小貓，生來就沒有其中某一項特徵，或者兩項都沒有。侏儒捲耳貓不論長短毛，毛髮都一樣柔軟絲滑，但長毛版本擁有蓬亂的半長毛皮，毛皮可能有多種不同的毛色和斑紋。侏儒捲耳貓活潑、聰明、友善，喜歡與主人互動玩耍。和很多品種的長毛貓一樣，長毛侏儒捲耳貓需要（而且會感激你）一週幫牠理毛二到三次。

有些侏儒捲耳貓的**尾巴可能比身體還長。**

斯庫康貓 Skookum

發源地 美國，1990年代
品種登錄 其他
體重範圍 2.5-4公斤

理毛頻率 每週一次
毛色與斑紋 所有毛色和斑紋。

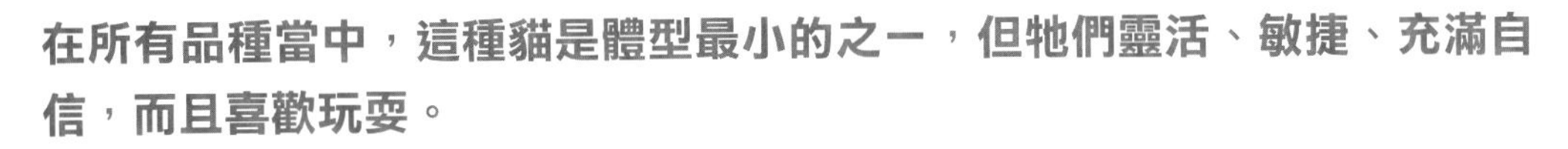

在所有品種當中，這種貓是體型最小的之一，但牠們靈活、敏捷、充滿自信，而且喜歡玩耍。

這種嬌小的貓是曼基貓（見233頁）和拉邦貓（見250-251頁）雜交所生，遺傳到兩個搶眼特徵：奇短的四肢，以及或長或短的柔軟毛髮，挺立於身體表面，形成密集的捲子或波浪。捲毛整體而言不太會結塊，容易梳理。許多國家都曾培育過斯庫康貓，首先是美國，然後是英國、澳洲和紐西蘭。不過，這種貓依然罕見，尚未獲得普遍認可。牠是一種活潑調皮的貓，和長腿的品種一樣能跑能跳，表現一樣好。

「**斯庫康**」是契努克族的行話，意思是**有力或強大**，可以指**身體健康**或**精神良好**。

小步舞曲貓 Minuet

發源地 美國，1990年代
品種登錄 TICA
體重範圍 3-7.5公斤
理毛頻率 每天
毛色與斑紋 所有毛色、色調和斑紋，包括重點色斑。

這種矮小渾圓的貓，有一身奢華的毛皮，個性溫和、非常親人，很適合家庭生活。

小步舞曲貓（舊名拿破崙貓）體格結實、身體離地很近，是特別培育出來的混種貓，結合了曼基貓（見233頁）的短腿和波斯貓（見186-205頁）的豐美毛皮，包括重點色毛皮的版本。小步舞曲貓也有短毛的變種。這個品種的貓很活潑，雖然身材矮小，但卻很有個性。在波斯貓血統的影響下，小步舞曲貓喜歡長時間窩在人腿上，也喜歡人花一大堆時間在牠身上，但要求並不會過多。

這種貓兼具**波斯貓的溫和**與**曼基貓的好奇和活力**。

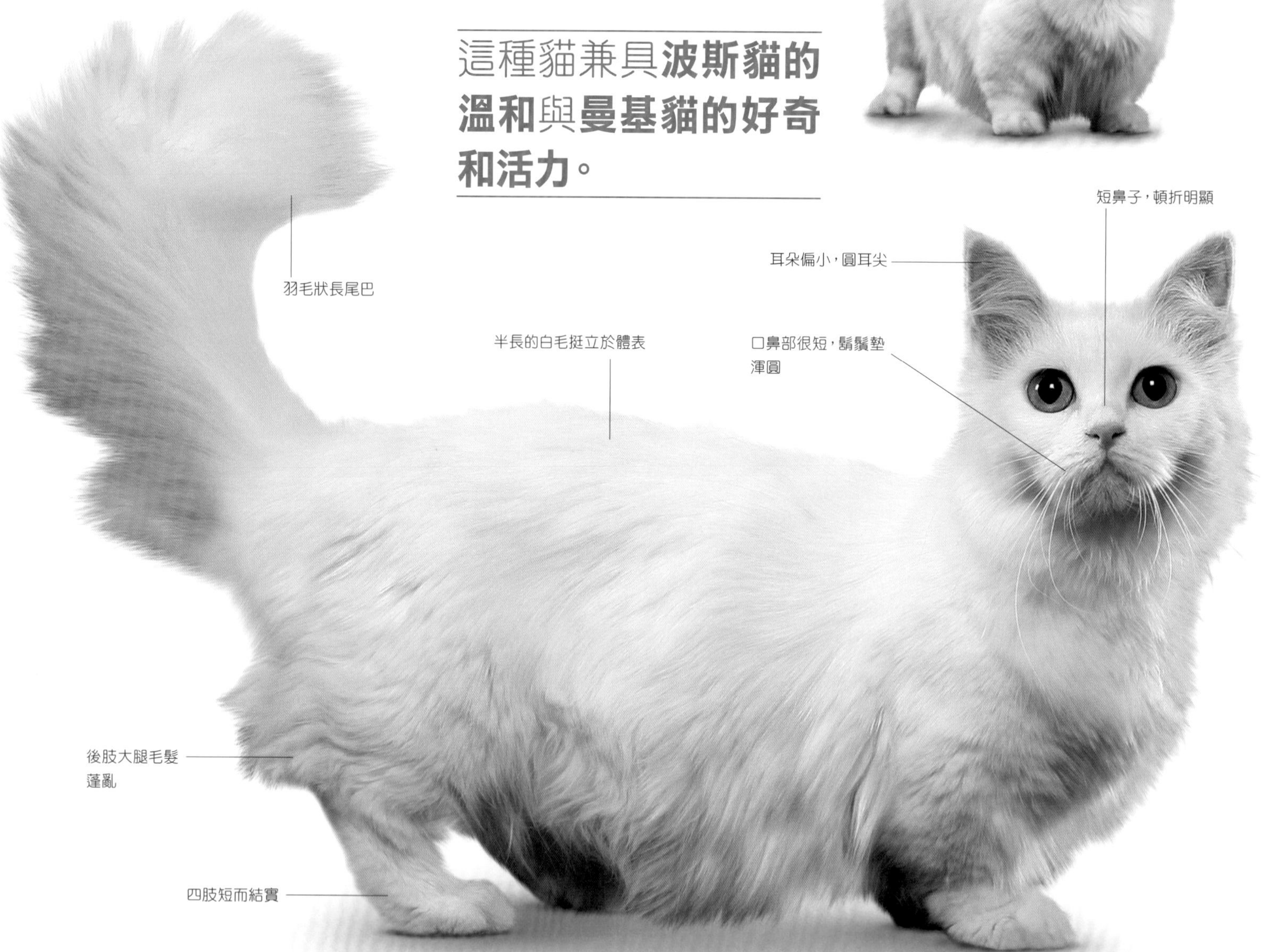

蘇格蘭摺耳貓 Scottish Fold

發源地 英國／美國，1960年代
品種登錄 CFA、TICA
體重範圍 2.5-6公斤
理毛頻率 一週2-3次
毛色與斑紋 大部分的單色與色調；大部分虎斑、玳瑁和重點色花紋。

這種迷人友好的貓，生得一張討喜的「貓頭鷹臉」，愈受注意愈活潑。

這個罕見的品種跟牠們的短毛近親（見156-157頁）緊緊下摺的耳朵，是基因突變的結果，別的貓身上看不到。蘇格蘭摺耳貓雖然是蘇格蘭農場上一隻摺耳貓的後代，但英國的主要貓種協會並不承認這個品種，原因是協會擔心這種貓具有基因相關的疾患，但在美國就順利一些。蘇格蘭摺耳貓多變的毛色來自多次不同的異型雜交，包括被選來育種的非純種家貓。牠們毛髮濃密、長短不一，搭配濃厚的頸毛和蓬鬆的大尾巴，更顯出色。

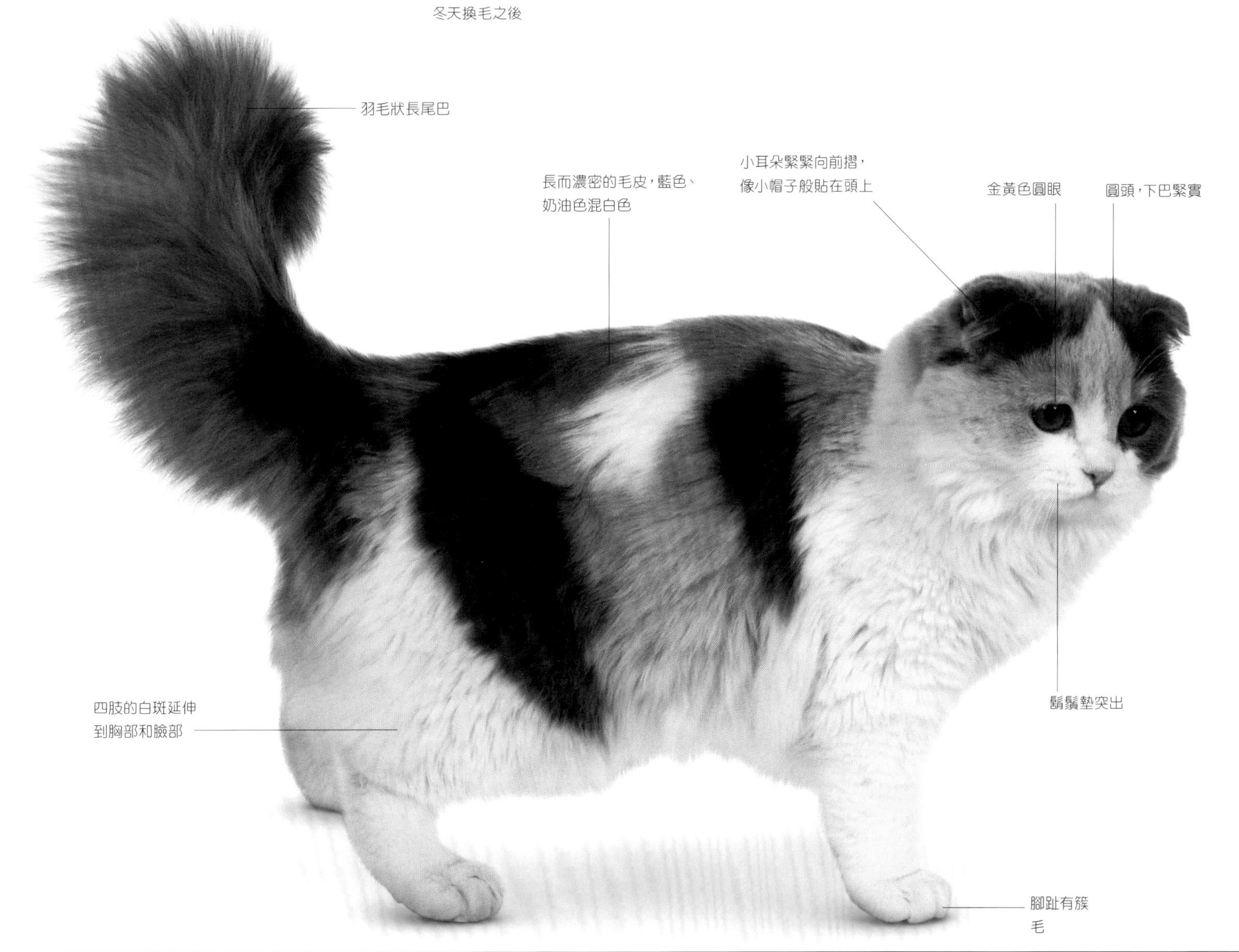

美國捲耳貓 American Curl

發源地 美國，1980年代
品種登錄 CFA、FIFe、TICA
體重範圍 3-5公斤
理毛頻率 每週一次
毛色與斑紋 所有單色和色調；斑紋包括重點色、虎斑和玳瑁。

罕見的品種，後捲的耳朵非常特殊，個性溫和、嗓音柔美，是很好的寵物。

這個品種起源於一隻流浪貓，牠有一身黑色長毛和奇特的捲耳，1981年在街上被加州一戶人家收養。這隻貓是一隻母貓，後來生下一窩捲耳的小貓，這種罕見的突變，在育主和基因學家之間引起廣泛興趣。包括長毛和短毛（見159）的變化在內，美國捲耳貓的培育計畫飛快展開，也從此確立了這個新品種的未來。美國捲耳貓耳朵後彎的程度有多有少，理想的弧度介於90度到180度之間。這種貓的耳朵軟骨堅實，並不軟蹋，絕對不可以把玩牠的耳朵。所有捲耳貓剛出生時耳朵都是直的，但約有五成的小貓在幾天之內，耳朵會逐漸彎曲成特有的形狀，到三、四個月大的時候形成完整的弧形。耳朵保持直豎的貓也有價值，用在育種計畫當中，能維持美國捲毛貓的基因健全。長毛的美國捲耳貓擁有一身緊貼身體的絲滑毛皮，底層絨毛很少，因此梳理容易，也極少掉毛。長毛版本還擁有另一樣裝飾，就是那條蓬鬆可愛的尾巴。美國捲耳貓機警、聰明且親人，個性迷人，是家中的絕佳寵物。個性溫和，聲調柔美，但想引起主人注意時倒是一點也不害臊。

有簇毛的耳朵向後捲起

毛皮柔細光滑，底層絨毛很少

蓬鬆的長尾巴

健康混種

創造具有罕見特徵的品種，這股潮流持續不斷，美國捲耳貓是最新出現的一個品種。為了外觀而使自然突變「永久固定」，這種作法在貓迷界不是沒有爭議。不過，美國捲耳貓沒有基因突變的貓常有的健康問題。這個品種只限跟非純種家貓異型雜交，後者能提供廣大健全的基因庫。

小貓

高地貓 Highlander

發源地 北美洲，2000年代
品種登錄 TICA
體重範圍 4.5-11公斤
理毛頻率 每天
毛色與斑紋 所有顏色與任一種虎斑花紋，包括重點色。

這個罕見的品種外表搶眼，個性愛家、調皮、活力旺盛，喜歡玩追逐遊戲。

長毛高地貓毛皮濃密到近乎蓬亂，看上去就像一隻小猞猁，不過牠並沒有野生貓科動物的血統。這種捲耳貓是貓界的新成員，體型大而健壯，但動作優雅。長毛高地貓充滿活力與元氣，不甘於只當背景，會不斷纏著主人和其他寵物一起玩。話雖如此，這種貓溫和親人，與孩童相處融洽。厚重的毛皮需要定期梳理，以免糾結成塊。短毛版（見158頁）的高地貓比較容易照顧。

捲耳
自然彎曲的短尾巴
柔軟的巧克力色斑點虎斑長毛
從側臉看，鼻子和口鼻部圓鈍
腳掌中等偏大，腳趾間有濃密簇毛
後腿長而強壯、伸縮自如
肚子毛髮較長，顏色較淡

日本短尾貓 Japanese Bobtail

發源地 日本，約17世紀
品種登錄 CFA、TICA
體重範圍 2.5-4公斤

理毛頻率 一週2-3次
毛色與斑紋 所有單色毛，搭配雙色、虎斑和玳瑁花紋。

這個品種「愛講話」且好奇心強，老是靜不下來，熱愛探索，不過總會忠實回到家人身邊。

不管是長毛或短毛（見160頁）的日本短尾貓，數百年來在日本似乎都是廣受喜愛的寵物。1960年代，這種魅力不凡的貓首度輸入美國，在當地培育出現代品種。日本短尾貓親人且討人喜愛，但天性外向、充滿活力，不適合想養懶貓的飼主。蓬鬆的短尾巴有許多變化形，尾巴可朝任何方向彎折。長長的毛柔軟地蓋在身體上，相對容易梳理。

千島短尾貓 Kurilian Bobtail

發源地 北太平洋千島群島，20世紀
品種登錄 FIFe、TICA
體重範圍 3-4.5公斤
理毛頻率 一週2-3次
毛色與斑紋 大多數單色、色調和斑紋，包括虎斑。

罕見的短尾品種，據說有人陪伴寵愛的話特別有活力，而且非常聰明，可以接受訓練。

這種健美漂亮的貓名字源自千島群島，這片位於北太平洋的火山列島據信是這種貓的發源地。由於俄羅斯和日本各自宣示擁有幾座島嶼的主權，因此不能確定長毛千島短尾貓究竟來自哪個國家。雖然被視為現代品種，但千島短尾貓的祖先自1950年代起在俄羅斯本土即廣受歡迎，短毛版本（見161頁）也是一樣，但在其他地方並不常見，在美國尤其稀有。這個品種以獨特的短尾聞名，尾巴型態變化多端（見右欄）。千島短尾貓熱愛家庭生活，主人對牠的寵愛和關注再多都不夠，不過也有強烈的獨立傾向。

毛球尾巴

毛球般的尾巴是這個品種的註冊商標，每隻千島短尾貓都有自己獨特的版本，沒有哪兩隻貓的尾巴是一樣的。基於天然的基因多樣性，尾椎骨可能往任何方向彎折，有的僵硬直挺，有的富有彈性。受影響的脊椎骨從2節到10節不等，彎曲弧度和可動程度有各種組合。按照品種標準，不同的尾巴型態依其結構可分別稱為「暗樁」(snag)、「螺旋」(spiral)或「拂塵」(whisk)。

北美洲妖精貓 Pixiebob

發源地 美國，1980年代
品種登錄 TICA
體重範圍 4-8公斤
理毛頻率 一週2-3次
毛色與斑紋 只有棕色斑點虎斑。

這個體型大而敏捷的品種，神似北美洲的野生山貓，但能與人類家人建立緊密的感情。

這個相對新的品種外表神似北美大山貓，也就是北美洲太平洋沿岸山區的一個原生物種。這份相似度是故意創造出來的——長得像野生近親的家貓近來蔚為風潮，育主培育北美洲妖精貓的特徵，為的就是這個。與山貓相像的特徵，包括挺立於身體表面的厚實雙層斑點虎斑毛皮、有簇生毛的耳朵、濃眉毛，還有臉上的「鬢毛」。尾巴長度因貓而異，有些可能有刷子般的長尾巴，不過只有短尾貓上得了展場。短毛版本的北美洲妖精貓（見166頁）也給人大致相同的野貓印象。這個品種的創始公貓是一隻特別高大的短尾虎斑貓，牠與一隻尋常的母家貓交配，生下一窩長相特別的短尾小貓——其中一隻被命名為「小妖精」（Pixie），名字後來便傳給了這個品種。北美洲妖精貓活潑敏捷，體格健壯，帶有一股飛揚跋扈的氣質。但牠也是隨興自在、善於社交的貓，熱衷於家庭生活，喜歡和大一點的孩子玩，通常也能容忍其他寵物。北美洲妖精貓喜歡與人相處，很多樂於被人牽著到戶外蹓躂。

耳尖偏圓，有小撮簇生毛

多趾的大腳掌

毛皮上的小斑點到了脊椎處就合併在一起

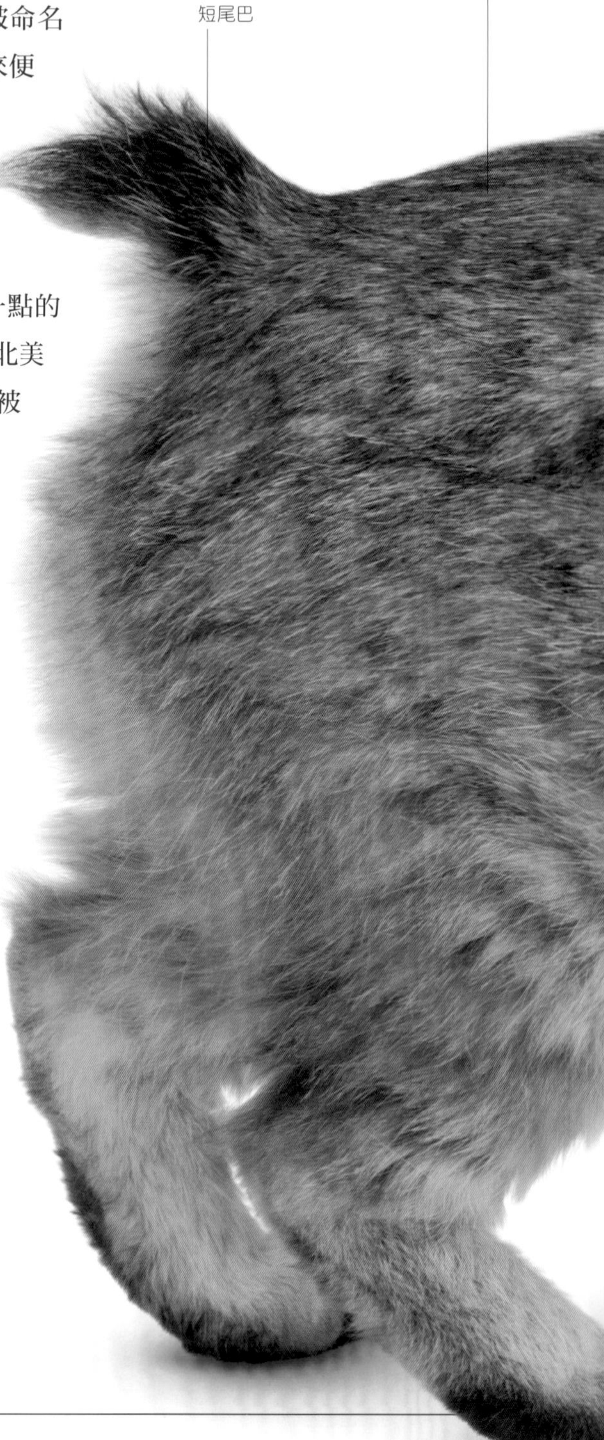

棕色斑點虎斑花紋經多層色柔化

短尾巴

多出來的腳趾

貓的前掌通常有五根腳趾，後掌四根腳趾。北美洲妖精貓的腳掌通常有額外增生的腳趾，這是自然發生的基因突變，稱為多趾症。在其他品種的貓身上，多趾在參展時會被視為缺陷，但在北美洲妖精貓身上因為太過常見，品種標準允許每個腳掌最多可以有七根腳趾。多趾症大多好發於前掌。

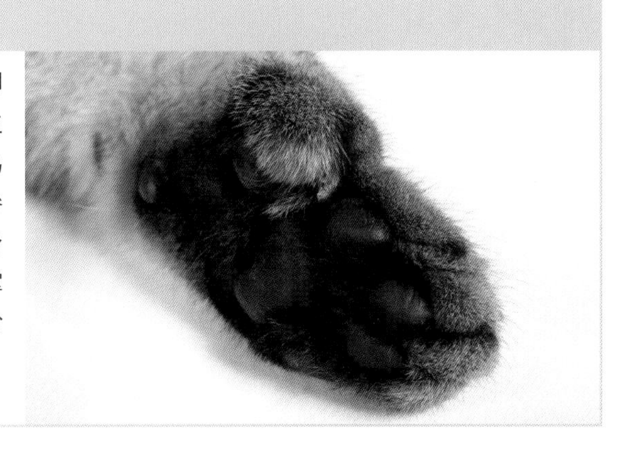

小貓

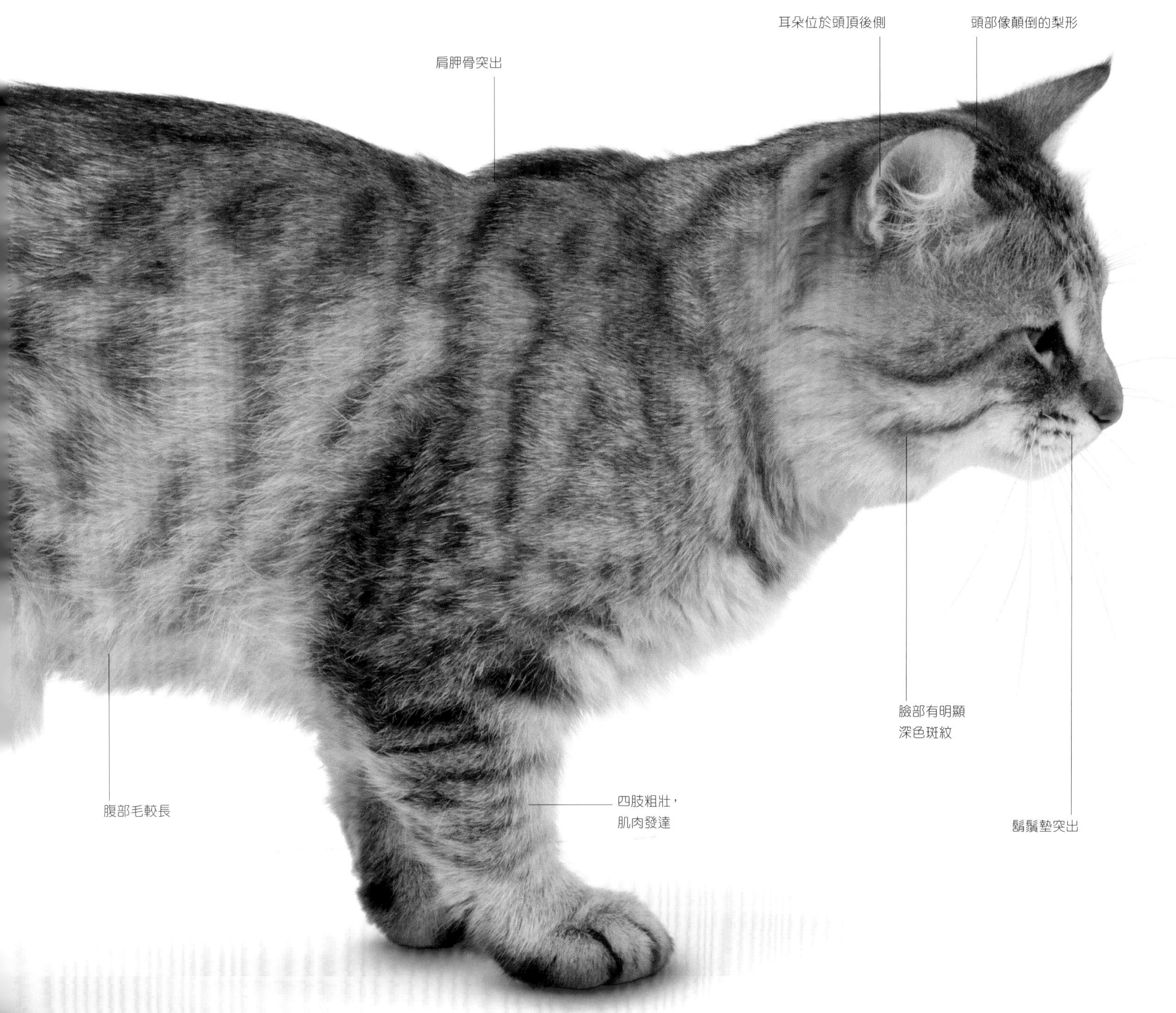

威爾斯貓 Cymric

發源地 北美洲，1960年代
品種登錄 FIFe、TICA
體重範圍 3.5-5.5公斤
理毛頻率 一週2-3次
毛色與斑紋 所有毛色、色調和斑紋。

這種貓是絕佳的家庭寵物，沉穩聰明，很容易說服牠玩耍。

威爾斯貓培育於加拿大，是無尾曼島貓（見164-165頁）的長毛變體。這個品種有時又被稱為長毛曼島貓，體型健壯圓潤，與曼島貓的差別只在於柔順毛皮的長度。威爾斯貓擁有肌肉發達的臀部和長長的後腿，跳躍十分有力，可以輕鬆跳到高處。威爾斯貓天性親人，時常與人類家庭形成緊密牽絆，是聰明逗趣的寵物，喜歡受到主人充分關注。

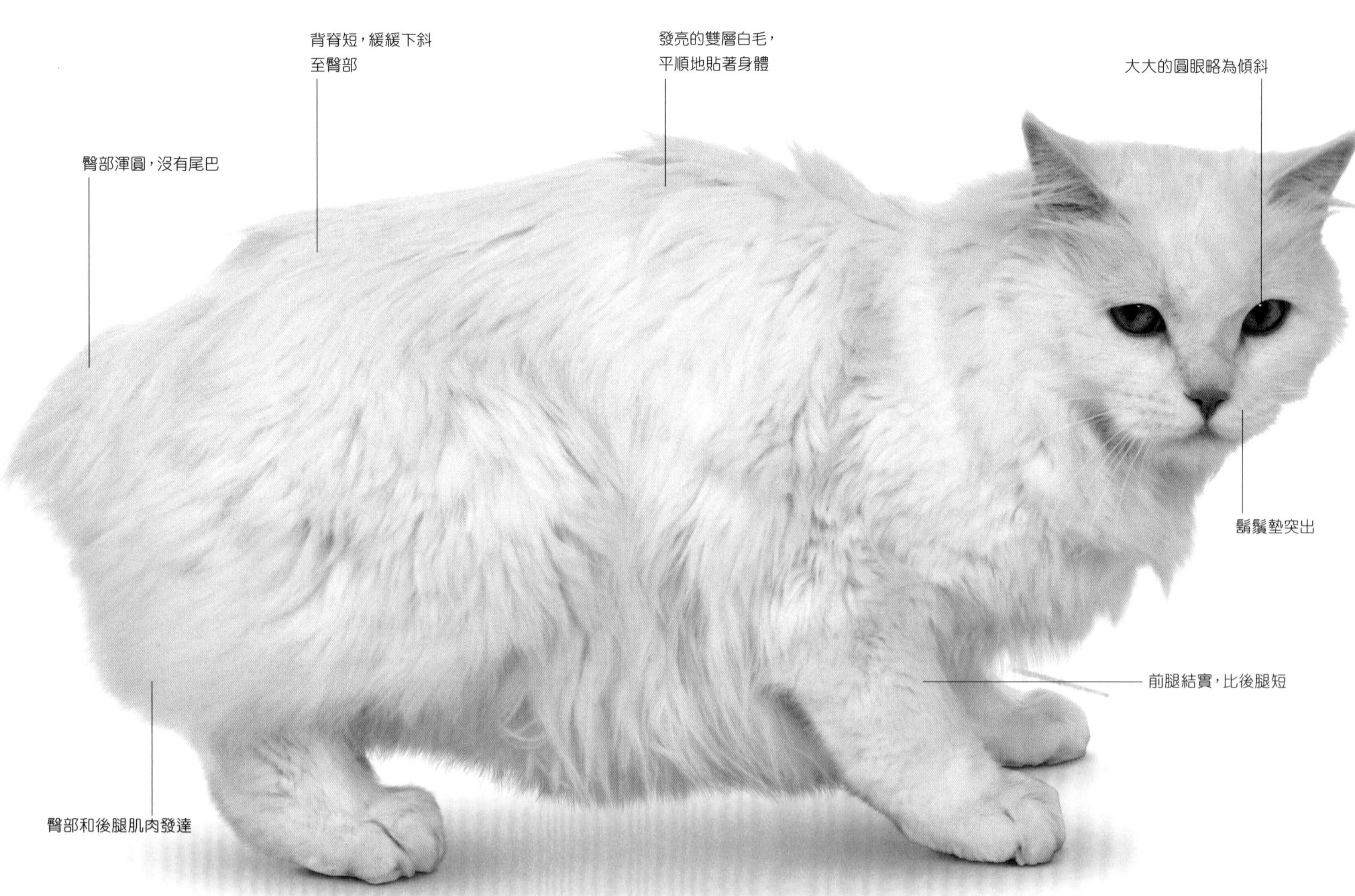

美國短尾貓 American Bobtail

發源地 美國，1960年代
品種登錄 CFA、TICA
體重範圍 3-7公斤

理毛頻率 一週2-3次
毛色與斑紋 所有毛色、色調和斑紋。

長得像野貓，個性愛家，親人且深情，但對主人的要求不多。

根據一種廣為接受的看法，這種真正原生於美洲的貓，可以追溯到在美國各地遊蕩、天生短尾的流浪貓。這個品種也有短毛的近親（見163頁）。體格魁梧健壯的長毛短尾貓，帶有野貓機警的氣息，但是十分和善，是很好的家庭寵物。對小孩是出了名的包容，就算面對陌生人也能保持沉著友善。美國短尾貓的長毛不會結塊，因此只需要適度梳理。

塞爾凱克捲毛貓 Selkirk Rex

發源地 美國，1980年代
品種登錄 CFA、FIFe、GCCF、TICA
體重範圍 3.5-5公斤
理毛頻率 一週2-3次
毛色與斑紋 所有毛色、色調和斑紋。

隨和、有耐心的品種，生具狂野的捲毛和惹人憐愛的個性，是可愛的寵物。

這個品種源自一隻古怪的捲毛小母貓，在美國蒙大拿州一間動物收容中心被人發現，與牠同窩的其他小貓都很正常。這隻小貓因為珍奇稀有而被人領養，後來也生下捲毛的後代，奠定了塞爾凱克捲毛貓的基礎。經由計畫性地與波斯貓和短毛品種的貓交配，長毛和短毛（見174-175頁）的血統分別培育出來。這種貓性情溫柔平靜，幾乎讓人抗拒不了想抱抱，幸好牠也很樂於接受關愛。塞爾凱克捲毛貓的長毛必須定期梳理，但飼主應避免太用力梳毛，否則會把捲毛拉直。

鼻子有明顯頓折
寬頭，臉頰飽滿
鬍鬚捲曲易斷
粗尾巴，圓尾尖

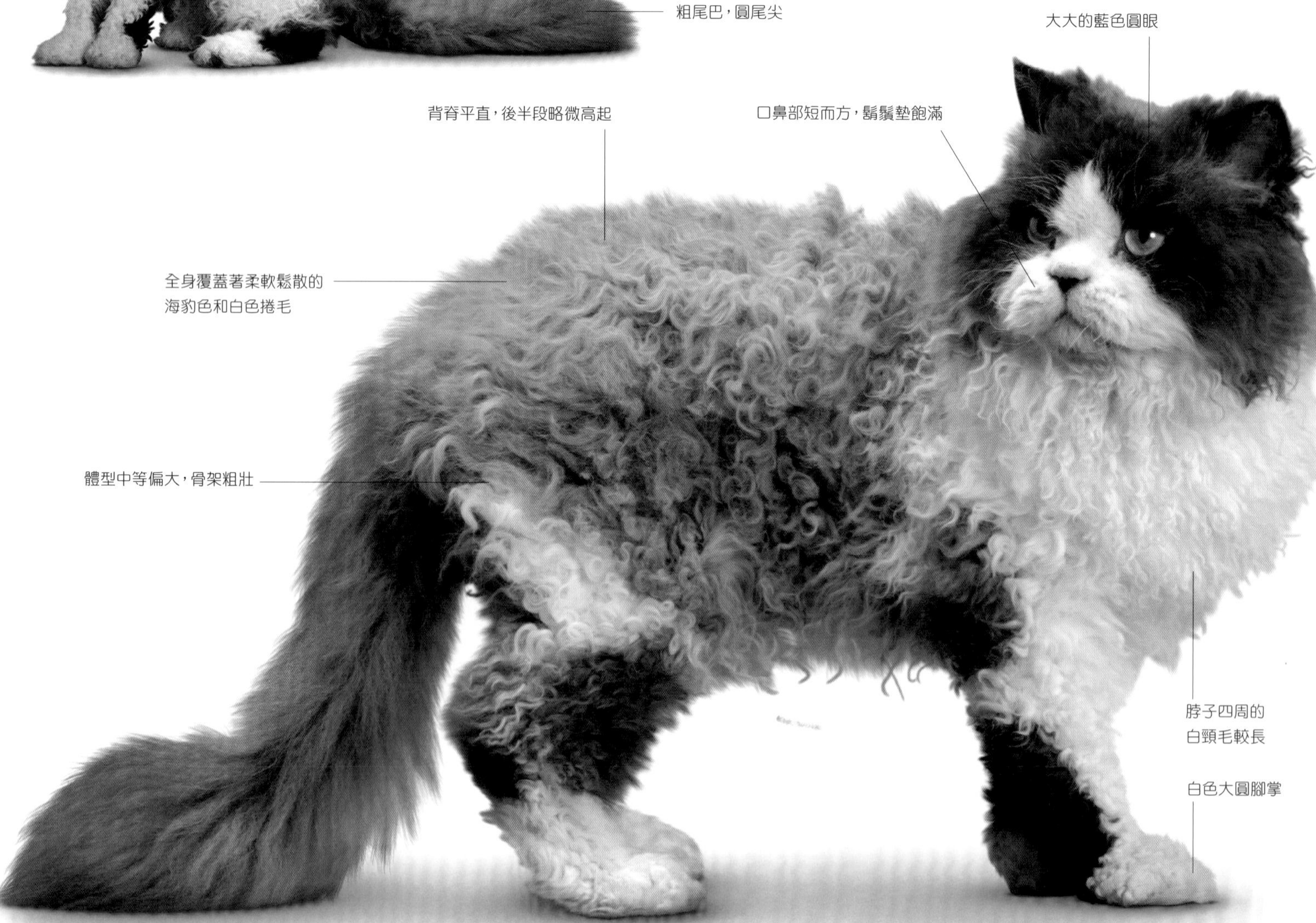

烏拉爾捲毛貓 Ural Rex

發源地 俄羅斯，1940年代
品種登錄 其他
體重範圍 3.5-7公斤

理毛頻率 一週2-3次
毛色與斑紋 多種毛色和斑紋，包括虎斑。

罕為人知的品種，性情開朗穩定，據說很安靜，且與家人相處和睦。

這種貓雖然直到20世紀相當晚期才獲得普遍認可，但卻很可能是最古老的捲毛品種之一，有人認為牠從1940年代末就已存在於俄羅斯的烏拉爾地區。長毛的烏拉爾捲毛貓有一身半長毛皮，呈波浪狀覆蓋全身。這種罕見的貓也有短毛版本（見172頁），但同樣極為少見。實驗育種顯示，讓烏拉爾捲毛貓擁有波浪毛皮的突變基因，與其他較知名的捲毛品種，如柯尼斯捲毛貓（見176-177頁）和德文捲毛貓（見178-179頁）身上發現的基因，似乎有很大的不同。

雖然是**最古老的捲毛貓品種之一**，卻依然少有人知。

拉邦貓 LaPerm

發源地 美國，1980年代
品種登錄 CFA、FIFe、GCCF、TICA
體重範圍 3.5-5公斤
理毛頻率 一週2-3次
毛色與斑紋 所有毛色、色調和斑紋。

這種聰明迷人的貓個性溫和親人，熱愛與人類為伴，是家中理想的寵物。

1982年，美國俄勒岡州一隻平凡的農家貓生下最早的捲毛小貓，拉邦貓的培育便由此展開。這隻貓與農場裡的其他貓自然交配，出現了更多捲毛後代。育主於是漸漸對這種特別的毛皮產生興趣，新品種因而誕生。這種毛髮蓬亂但優雅的貓，毛皮變化多端，從柔和的波浪到充滿彈力的螺旋狀小捲毛都有。拉邦貓也有短毛版本（見173頁）。牠們腿長而敏捷，是一種活潑的貓，但也能隨時配合飼主，從嬉鬧玩耍切換成在腿上打呼嚕。這種貓對人的關心反應熱烈，喜歡受到百般呵護，照顧起來很有成就感。牠長又好摸的捲毛不難梳理，因為底層絨毛很少，不會掉毛或結塊。定期梳理是保持捲毛狀態良好的最佳方法。

小貓

鬍鬚與捲毛

拉邦貓的毛皮摸起來很有彈性，是由捲毛的形狀和三種毛髮形態混合形成的：底層柔軟的絨毛、介於中間的芒毛，以及長度較長、構成毛皮表層的護毛。最捲的毛出現在脖子、頸圈和羽毛狀的尾巴上。捲毛貓當中，拉邦貓有一點十分獨特：牠們有很長的鬍鬚，其他捲毛貓品種的鬍鬚都短而易斷。

長毛家貓 Housecat-longhair

不論血統出身，這些貓擁有不容忽視的魅力，是廣受喜愛的寵物。

比起短毛貓，非純種的長毛貓比較少見。有些能明顯看出血統起源，羊毛般的濃密絨毛、矮壯的身材和又圓又扁的臉，應該是遺傳自波斯貓。另一些貓的血統則依然成謎，不同的毛皮長度、混雜的毛色和變化無窮的斑紋都造成混淆。長毛家貓很少有展場上看到的那種厚得誇張的毛皮，但很多都很漂亮。

銀色與白色
銀毛是每根白毛末端染有深尖點色形成的效果，在家貓身上很少見。純種銀貓有時又稱為金吉拉貓，視尖點色的著色程度而定。

奶油色與白色
奶油色是稀釋過的紅色，在一般家貓身上是很特別的顏色。圖中這隻貓有隱約的虎斑，愛貓人士在培育純種貓時，會設法藉由只培育最淡的奶油色，來消除這種隱約的斑紋。

紅白虎斑
紅色虎斑貓的飼主大多稱自己的寵物叫「薑黃貓」。這個毛色甚受喜愛，非純種貓的毛色往往也能像純種貓一樣深沉濃豔。

黑色
烏黑色是最早流行起來的長毛貓毛色之一。隨機配種生下的貓，毛皮上可能有淡淡的棕色調或虎斑花紋。黑毛也可能帶有灰色調或棕色調。

棕色虎斑
長毛常常會模糊虎斑花紋。圖中這隻貓為半長毛，毛皮上有經典虎斑花紋，若是在短毛上會呈現輪廓分明的深色渦紋。

迷人的混血貓

就算不是純種，長毛貓也能贏得滿堂彩。很多迷人的家貓兼具繽紛的毛色和豐盈的長毛，這多半是某個祖先與波斯貓雜交的結果。

第五章

照顧你的貓

迎接新成員

養新寵物是一件大事，所有相關的人一定會感到有些興奮不安。確定你家已經準備好迎接貓或小貓。事前做點準備，就能把家裡打造成安全的環境，以迎接新成員的到來。預先計畫好，並保持冷靜，貓大多數都能快速適應，很快就會把家當成自己的地盤。

初步考量

下決定買貓或領養貓以前，仔細想想怎麼樣能讓貓融入你的生活型態。同時也要記住，這會是一段長期的責任，一隻貓最長可以活上20年。

你能每天關心貓嗎？貓大多相對獨立，但有些貓不喜歡整天被單獨留在家。永遠不要把貓留下來超過24小時沒人照顧；即使遇到緊急狀況，也要確定有人能看顧貓。假如你時常需要離家在外，貓或許不是你的好選擇。

這隻貓適合全家人嗎？不是和幼童一起長大的貓，往往會覺得與幼童一起生活充滿壓力；或者假如家中有人過敏、視力不佳或行動不便，貓在家裡走動會是潛在的危險。

你想養小貓或成年貓？小貓需要額外的照顧和看管，請實際評估你有多少時間做這些事，包括訓練小貓到貓砂盆如廁、一天最多要餵食四次等。假如你選擇成年貓，過往的經驗會影響到牠對你家的適應程度。舉例來說，不習慣孩童及其他寵物的貓，可能會覺得與孩童和其他寵物一起生活很有壓力。收容中心替成年貓找新家時會盡力避免不適合的配對。

你的貓要在室內或戶外活動？把貓留在室內通常比較安全（見258-259頁），但很少有家庭能提供大多數的貓所需的全部刺激。過去一向能接觸戶外的成年貓，可能會對室內生活適應不良（見260-261頁）。貓是天生的獵人，假如你的貓到戶外去，你一定要接受牠可能會把獵物帶回家這件事。在家裡，貓毛難免會掉滿地，也可能會在家具上留下爪痕。

你喜歡安靜的貓或活潑的貓？若你選擇的是純種貓，品種能指出貓可能的性格，但混種貓的個性就比較不能預料。不論哪一種情況，每隻貓的個性都會受早年生活經驗和雙親脾氣的影響。

你想養公貓還是母貓？通常貓結紮後行為和脾氣便沒有太大差別。未結紮的公貓可能會到處遊走撒尿，發情的母貓則可能會躁動不安。

飼主的責任

- 給予健康的食物和乾淨的飲水
- 滿足貓要人陪伴的需求
- 提供可選擇的資源，例如不同的床鋪、貓抓柱和貓砂盆
- 給予足夠的刺激，確保貓健康快樂
- 適時理毛（和洗澡）
- 培養小貓的社交能力，使牠有自信面對任何情況
- 適時尋求獸醫照顧
- 替貓植入晶片，配戴能快速穿脫的安全項圈和識別牌

建立作息

為了讓貓適應新環境並感到安心，最好及早固定一套生活作息。只要貓在家裡找到定位，就會配合家人一天的行程，養成自己的行為模式和固定作息。

盡量依照你與貓的例行活動，例如理毛（見276-279頁）、餵食（見270-273頁）和遊戲時間（見284-285頁），來安排自己的生活作息。要確定這些事不會干擾到你的應辦事項，因為這會需要一連堅持數個月。貓不喜歡變動，倘若時常面臨變動牠會焦慮不安，可能進而造成行為問題，變得暴躁易怒。固定作息

窗口看世界
一出生就養在室內的貓很少會想出外探險，因為牠把你家看成牠的地盤。不過，為了讓貓呼吸新鮮空氣順便運動，家中可以裝設貓門，貓無須協助就能使用。

日光浴
在院子裡為你的貓多準備幾個曬太陽打盹的地方，花園提籃就是慵懶貓咪眼中完美的睡床。

也有助於觀察貓的行為變化和健康狀態（見300-301頁）。對你的貓來說，可以預測代表安全。

一開始就替你的貓決定好吃飯時間會很有幫助。確定飼料和水碗兩者永遠擺在相同地方，這有助於你確認貓的胃口。你會知道牠什麼時間肚子餓，於是也能利用這點來訓練貓。

貓並不特別喜歡理毛，但若知道只會持續一下子，貓願意忍受。假如你的貓需要定期梳毛，最好每天同一時間進行。餵食或遊戲時間前理毛，對貓有鼓勵作用，你的貓會比較願意來到附近配合梳理。

固定時間玩遊戲，能讓你的貓有事情可以期待，減少牠在家中發瘋亂跑、吸引主人注意的可能性。確保遊戲時間做的活動值得寵物投入。規畫遊戲時，多增加一些變化，並投入足夠的時間專心陪伴貓。

注意貓的動向

貓好奇心旺盛又身手敏捷，評估居家環境時應把這點納入考量。假如經常不關門或不關窗，要判斷你的貓有沒有可能從門窗偷跑出去，或闖進你不想讓貓出入的區域。進門時也要學會看看身後，因為貓能輕易從你的腳邊溜進縫隙。洗衣機和烘乾機不用的時候要把門關上，啟動機器前永遠要先確認你的貓在哪裡。

室內安全

貓喜歡攀爬，因此要把易碎物和重要物品從矮桌或書架上移開。注意是否有通道能讓你的貓爬上高層架或工作臺，配合貓可能走的路線來移動家具。矮凳、落地燈、壁掛和窗簾，貓都有辦法攀爬。可以考慮暫時在你不希望貓接近的家具邊緣貼上雙面膠、保鮮膜或鋁箔紙，直到你的貓學會避開這些地方，貓不喜歡這些東西的觸感，會自己敬而遠之。攀爬和抓刮完全是貓天生的行為，因此要確定提供了足夠的管道讓貓發洩，例如放置貓抓板和安全的物品供牠攀爬。把上述貓用品放在你自己的家具旁邊，牠比較可能會去用，而不是用你的。注意別把小東西散落在地上，貓有可能因吞下玩具、瓶蓋、筆蓋和橡皮擦而噎到。把電器用品的線收納整齊，捲起垂盪的電線，以免你的貓拉扯電線，把檯燈或熨斗砸在自己身上。

戶外安全

家中整頓好以後，針對你的花園或院子進行「安全評估」（見260-261頁）。清除所有可能會傷害貓的尖銳物品，不要讓貓有進入倉庫或溫室的通道。即使你用盡措施防止小動物闖進院子，一定還是會有一些「不速之客」。狐狸通常會提防成年的貓和貓爪，但可能會傷害小貓。蛇在某些地方是棘手問題，主要是因為貓會抓蛇，貓有時在過程中會被蛇咬傷。市面上有對貓無害的驅蛇產品。如果你的寵物和附近的貓打架，一定要仔細檢查牠的身體，看看有沒有需要由獸醫處理傷口。都市裡最大的威脅來自車輛，因此要盡可能防止你的貓接近馬路。

天生好奇
不管是什麼東西，不論在什麼地方，貓只要有辦法就想一探究竟。確保你的貓不能跑進碗櫥，尖銳的刀子、剪刀、別針和圖釘也要隨時收好。

居家生活

假如你判斷室內生活最能帶給你的貓長久的安全和快樂，一定要謹慎評估你家的環境和生活型態。雖然無法讓整個家對貓來說安全無虞，但還是須先做好某些預防措施，也要準備好替你的貓規畫運動和娛樂。

室內的貓

你的貓若是養在室內，不能到戶外遊蕩的話（見260-261頁），可能可以活得比較久，遇到的危險也比較少。但居家生活也不是完全沒有麻煩，讓貓過得安全、快樂和活潑，這會是你的責任。

假如你整天在外工作，你的貓會需要固定的遊戲時間（見284-285頁），或者有人作伴的話會更好。無聊會漸漸使貓感到挫折和壓力，當你回到家，貓就會不斷纏著你博取關心。養在室內的貓運動量不足，容易過重、不健康，累積的壓力可能會表現在多餘的不當行為上（見右頁）。

紗窗
裝設紗窗就能打開窗戶兼顧通風和安全，你的貓不會跳出去或摔下去。

家中的危險

單獨被留在家裡的貓，通常有很長時間在睡覺，但醒來時牠們可能會到處探索自娛。要確保好奇的貓可能去一探究竟的東西，都不會對貓造成傷害。

對貓而言，很多潛在危險位於廚房。別把任何貓有可能跳上去或翻倒的東西擺在一旁無人照看，例如開著的電熱爐、熨斗或尖銳物品。保持洗衣機或烘乾機門關閉（但首先確定你的貓不在裡面），啟動機器以前也要再次確認。

貓比較不像狗會偷吃食物、翻垃圾桶，或咬電線等不該咬的東西，但仍然要保護好貓，不讓牠接近可能會引發不適的物品。讓貓遠離油漆和化學清潔劑，這些東西很容易從牆壁和地板轉移到貓毛上，再被貓舔下來吞進肚子裡。檢查地毯內有沒有隱藏的危險，例如圖釘、針或玻璃和瓷器碎片。別讓小型寵物和鳥類形成誘惑，特別是你不在家的時候。貓是掠食動物，很可能會忍不住去騷擾籠子裡的倉鼠或伸手探查魚缸，對周遭有關的人造成傷害、帶來困擾。

室內植物

很多常見的室內植物，包括百合、天竺葵、仙客來和多種球莖植物盆栽，如黃水仙，貓若吃下肚都會中毒。家中盆栽要避免放在地板和矮桌上，用碎屑或小卵石蓋住盆裡的堆肥，可以阻止貓挖土。假如你的貓喜歡啃咬家裡的盆栽，去寵物店或花市替牠買專屬的貓草，或是自己播種種植，擺在遠離其它盆栽的地方。要是這些方法都沒效，可以試試看在盆栽四周噴灑摻了柑橘氣味的驅貓劑。

戶外的吸引力

即使有與生俱來的天性，但一出生就養在室內的貓大多很少會想出外探險，因為牠已經把你家看成自己的地盤。然而，只要貓體會過一次出外的樂趣，可

室內安全確認清單

- 加熱中的廚房裝置，如炊具和熨斗，不可以無人看顧。
- 勿把尖銳器具和易碎物品放在貓碰得到的地方。
- 關上碗櫥和洗衣機、烘乾機等設備的門。
- 別讓貓接近油漆或清潔劑未乾的表面。
- 用護網圍住明火。
- 勿把有毒盆栽放在貓吃得到或碰觸得到的地方。

小貓會探索家裡的盆栽

家用化學藥劑
把家用化學藥劑存放在安全封閉、貓拿不到的地方。噴濺出來要立刻擦乾淨。也要確認產品對貓是否具有毒性，例如地毯清潔劑和殺蟲噴霧。

能會想更常跑出去，逮到機會就想開溜。若是這樣，你必須注意關好門窗。高樓層公寓更要格外小心，雖然貓身手敏捷、平衡感又好，但曾經有過貓為了追小鳥或昆蟲，從敞開的窗戶墜落或跳出陽臺摔死的案例。

保持活力

保持身心的活力對貓的健康來說很重要。假如貓長久生活在室內，主人一定要替貓安排活動。

室內的貓需要空間玩耍，可能的話應該允許貓進入多個房間，假如你的貓不只一隻的話更應如此，貓就和人一樣，需要「個人空間」。想讓貓呼吸新鮮空氣，可以把門廊、露臺或陽台圍起來，設置貓門讓貓進出（見261頁）。假如你住在社區或公寓，可以考慮讓貓到走廊跑一跑，但要先確定所有通往室外的門都關上了。

貓在高起來的地方會有安全感，所以最好讓貓有高處可以攀爬或停歇。多階段的貓跳臺很理想，可同時滿足貓咪抓、爬、睡的需求。

就算是一生都待在室內的貓，也會保有前潛近捕獵的本能。若沒地方讓貓施展狩獵本能，牠可能會轉向「抓取」、啃咬居家用品。要避免此情形，多準備一些有趣的玩具給貓玩（見284-285頁）。你能用來與貓互動的玩具，跟你不在家時貓自己能玩的玩具，兩者一樣重要。每天撥出一點時間專心與你的貓相處。

不當行為

其他類型的「野外行為」在家中可能會造成問題。貓會伸展爪子抓東西，維持爪子健康（見278頁），也會留下氣味或看得見的地盤標記。想防止你家沙發被貓當成樹或籬笆的替代品，可以購買貓抓柱（見263頁）來滿足貓的本能需求。

養在室內的貓也可能會表現出壓力引發的行為，例如咬人、噴尿或隨地小便（見290-291頁）。噴霧式或插電式的費洛蒙，可舒緩導致貓不當行為的焦慮，但貓咪出現這些問題，或者行為發生改變時，請先諮詢獸醫。

彼此作伴
假如白天都不在家，養兩隻貓或許是個好主意。如果很小就互相認識，兩隻貓會樂於有對方陪伴。

戶外活動

貓獨立自主，喜歡照自己的步調行事。但身為主人，有責任決定是否要允許貓到戶外遊蕩。貓門的另一邊危機四伏，可能有車輛往來和其他動物，一旦貓獨自出外，你能給予的保護就很有限，能做的只有盡可能讓住家附近的地盤安全且友善。

野性的呼喚

家貓也曾經是野生動物，習慣在寬廣的空間生活遊蕩。貓的很多野性本能依然存在，只是生存的世界已有劇烈改變。許多貓飼主居住在都會環境，四周環繞繁忙的馬路、樓房、人群和其他動物，貓在戶外得應付這種種危險。所以，到底該不該順其心意，讓你的貓到戶外去呢？

決定是否讓愛貓到戶外活動時，要考量到牠的個性。把一隻活潑好奇的貓限制在室內活動，可能會讓家裡翻天覆地，但另一方面也要想到戶外的風險更高。不是所有的貓都知道要注意道路安全，有些貓免不了會成為車下亡魂。假如你允許貓天黑出門，記得替牠添購有反光條的項圈，車頭燈照到會反光，才能讓駕駛看到貓。貓天生在清晨或黃昏比較活躍，但那往往也是路上交通尖峰時段，這些時段盡量讓貓留在室內。給貓自由，牠很可能會晃到院子以外的地方，不免也會遇到其他貓、野生動物，甚至可能遇到偷貓賊。

天生的本能
讓你的貓自由遊蕩，就代表牠的本能不會受到限制，牠可能會去埋伏和捕獵小型齧齒類和鳥類。

打造安全的庭院

高高的柵欄能阻攔貓，讓牠不亂跑，但是所費不貲。想把喜愛戶外活動的貓留在住家附近，最好的辦法是把庭院打造成貓喜歡的樂園。在有陽光照射的地方種植灌木叢和幾株貓喜歡的香草植物，例如貓薄荷、薄荷、纈草、金銀花和檸檬草，提供陰影樹和庇蔭，讓貓能在樹叢間曬太陽。假如你習慣替花草盆栽噴灑藥劑，留一叢沒噴藥的貓草給寵物當點心。

巡邏地盤
貓喜歡跑上能俯瞰牠的地盤的高處。倉庫屋頂、籬笆和牆頭都是理想的監看點。

盡量讓野生動物來到庭院也能安全無虞。餵鳥器和散落的食物會引來掠食者，要把餵鳥器放在連最固執的貓也搆不到的位置。

地盤爭奪

當你的院子適合貓活動，無疑也會吸引其他貓前來。由於貓有地域性，貓與貓之間必然會起爭執。幫你的貓結紮能減少公貓的敵對情緒，也能避免母貓不斷懷孕。結紮過的貓需要的地盤較小，但不代表你的貓就不會上街蹓躂，也無法防止未結紮的公野貓闖進你家地盤、與你的貓起衝突。記得幫你的貓施打過常見疾病的預防針，因為打鬥免不了造成咬傷和抓傷，有可能會引發感染。

敦親睦鄰

要知道不是所有鄰居都愛貓。有些人對貓過敏，千方百計想避免與貓接觸。就算是教養最好的貓也有壞習慣——貓可能會挖掘苗圃排便、啃咬盆栽、噴尿、撕破垃圾袋、追逐小鳥，或擅自跑進別人家裡。你的貓若已結紮，至少還有個好處，結紮後的貓會掩埋排泄物，小便也比較不臭。

天生孤僻
家貓保有野生祖先大部分的孤僻天性。假如你的貓在自家或鄰近的院子裡碰上其他的貓，很有可能會起衝突。

庭院裡的危險

除了草以外，貓很少咬其他東西，明智的做法是先檢查你的庭院裡是否有有毒植物生長。要注意擺放肥料、農藥、蛞蝓餌和老鼠藥等常見毒物的地方。有些產品是寵物安全配方，但有些可能含有致命劇毒。一定要確保你的貓不會誤食或接觸到被毒死的動物屍體。

水塘和戲水池也是潛在的威脅，對幼小的貓咪尤其危險。在小貓摸熟門路以前，只能在有人留心監督的情況下讓牠出去。為了預防萬一，魚池最好用網子蓋住，這也能防止年紀較大的貓伸手抓魚。戲水池不用時要把水放空。

關上倉庫和車庫的門，以免貓溜進去接觸到化學藥品和尖銳工具。也要確定有沒有不小心把貓關在裡頭。

假如庭院裡有溫室，一定要隨時關好，貓困在溫室裡有中暑的危險（見304頁）。

別忘了也要保護花園不受到貓破壞。兒童沙坑和柔軟的土壤有如貓砂盆，對貓是一大誘惑。所以記得把沙坑蓋住，珍貴的植物四周也要灑驅貓劑。

貓門

裝設貓門能讓你的貓在你家室內和戶外空間隨意穿梭。只要讓貓看過一次貓門的活動方式，很快牠就會學會怎麼使用。裝設能辨別你的貓的寵物晶片的貓門，或是在貓項圈上裝磁鐵，這樣能預防其他的貓闖進屋內。貓門應該都要可以上鎖，在你外出度假時就必須鎖上，或是在清晨、黃昏、煙火施放和燃燒營火等時間點，把貓留在屋內較理想，也要鎖上貓門。

戶外的危害

- 白毛或有白色斑塊的貓容易曬傷，特別是鼻子、眼皮和耳尖。貓與人類一樣，頻繁曬傷易引發皮膚癌，記得為寵物身上的敏感部位搽上貓用配方的防曬霜。
- 放煙火的時候要把貓關在室內，用音樂蓋過噪音。貓害怕的話就讓牠躲起來。不要哄牠，貓聽了可能會以為你也害怕。
- 別的貓或者是狗也可能對你的貓構成威脅。偶爾會傳出狐狸攻擊貓的事件，但相對少見。某些地區毒蛇也會帶來危險。

陽光（白貓）

煙火

別的貓

狐狸

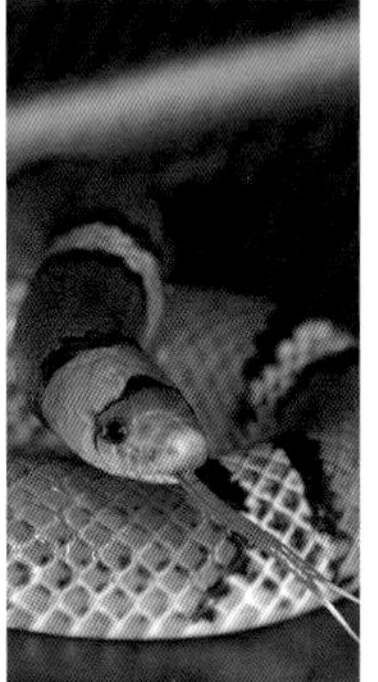
蛇

環境準備

如果你是第一次養貓，為了寵物的舒適和健康，需要購買不少用品，包括床鋪、貓抓柱、貓砂盆和飼料碗。時下流行的設計款貓咪飾品可能很吸引人，但買之前先想一想，你的寵物是否真的需要那些東西。從品質好又符合預算的基本款式挑起，因為花在貓身上的初期費用增加得很快。比較高階的產品可以後續再添購。

舒適優先

貓很擅長讓自己過得舒服，而且眼光精準，看得出哪裡最適合窩著打盹。假如可以的話，牠們巴不得共享你最愛的扶手椅或坐墊，或是你床上的羽絨被。大多數人樂於看到貓咪在家裡自由來去，而且早有心理準備，能包容貓咪把剛洗好的毛巾堆成睡窩。不過，貓還是需要一張安全的專屬床鋪，作為完全屬於牠的地盤。

市面上貓床的款式繁多，從竹籃、有頂帳篷到懶骨頭和吊床都有。看在主人眼裡，床鋪可愛與否、方不方便清洗，可能是優先考量。但從貓咪的角度來看，像羊毛絨這種柔軟發熱的材質，還有柔軟的邊緣可以蜷縮在裡頭的床鋪才符合需求。貓通常喜歡睡在相當緊密的空間，能帶來一種被包覆的安全感。

飼料和水碗

貓的飼料和飲水需要分開用不同的碗裝，假如你養的貓不只一隻，每隻貓都應該有自己一套餐具。碗的材質是塑膠、陶瓷或金屬的都可以，擺起來要夠穩固，踩到也不會翻倒。碗不能太深，碗口要比貓的鬍鬚寬。碗一天至少要清洗一次，貓吃飽以後，要把碗裡剩下的所有「溼食」清掉。坊間也有配合定時裝置運作的自動餵食器，附有蓋子防止食物腐壞，到了貓咪用餐時間蓋子會自動翻開。假如你要出門，又不想打亂貓的作息，自動餵食器是很有用的道具。

貓砂盆

貓喜歡有自己的貓砂盆，所以養的貓不只一隻的話，就要準備數量相應的貓砂盆。無蓋、有蓋、手動、自動，甚至自動清潔的貓砂盆，市面上都有。不論選擇何種樣式，盆子一定要夠大，大約是貓長度的1.5倍大，四邊也要夠高，以免貓刨抓貓砂時灑出來。貓砂材質也很多，較方便的是黏土或可生物分解的吸水性大顆粒，因為溼掉之後會結塊，很容易鏟走。你可能要多用幾種材質來實驗，找出你的貓偏好的種類。貓砂除臭劑有助於消臭，但不要使用添加芳香劑的產品，不然貓可能會因嫌惡氣味而不使用貓砂盆。

貓可能會從獵物身上感染寄生蟲，孕婦應該戴手套清理貓砂，以防把弓蟲症（toxoplasmosis）傳染給肚裡的胎兒。

項圈和晶片

替貓植入晶片很重要，萬一牠流落街頭就能用晶片來辨識身分。晶片會由獸醫植入頸部後方鬆弛的皮膚底下。每一枚

消磨時光

吊床風格的床鋪，可懸掛在暖氣旁邊或固定在牆上，提供你的貓舒適不透風的休息場所。同時，貓也會因有利位置而被吸引過來，從吊床上可以俯看房間。

睡得有型
帳篷床，又叫「圓頂小屋」（最上方）可以擋風，帶給你的貓一種頭上有屋頂的安全感。籃子形狀、纖維柔軟的床鋪（上方）很適合貓咪蜷縮在裡頭。記得要選擇容易清洗的材質。

排泄需求
貓可能會對貓砂盆和貓砂的材質很挑剔，因此要找到貓咪認可、也符合你的清潔需求的款式，可能要經過多次嘗試錯誤。塑膠鏟子拿來清除固體排泄物很好用。

安全識別牌
在戶外活動的貓絕對需要一條押扣式項圈。你的聯絡資料可以印在吊飾或刻在圓牌上頭。項圈上加裝鈴鐺有助於保護鳥類，可以警告小鳥有貓接近。

選擇專用碗
市面上有多種貓碗可供選擇。盤緣淺的款式，貓用起來最舒服。橡膠底座可防止碗在貓進食的時候到處滑動。

晶片都有一個專屬編號，可用掃描器讀取資料。所有可到戶外活動的貓也應該戴上項圈，附上寫有主人聯絡資訊的識別牌。項圈戴起來要夠鬆，底下留有能讓兩根手指滑過的空間，而且應該有可快速打開的彈簧扣，萬一頸圈勾住，施力就能扯開。鬆緊帶式的項圈並不安全，鬆緊帶可能會剛好撐開來，卡在頭上或腿上。

貓抓柱

假如不希望家具或地毯毀損，就有必要給貓一個可以磨爪子的地方。貓需要每天抓東西，以便磨除爪子的外鞘，同時也是在標記地標。貓抓柱通常包含一塊平坦的底座，覆蓋著粗布，還有一根直立的柱子，表面盤繞麻繩，上方往往疊著另一塊粗布平臺。貓抓柱應擺在貓平時睡覺的地方附近，因為貓大多在剛睡醒的時候伸懶腰、磨爪子。

提籠

使用提籠是運送貓最安全的方式。不論材質是塑膠、鐵絲或傳統的竹籃，提籠一定要夠大，讓貓在籠子裡得以轉身。籠內可以放一條有貓熟悉的氣味的毯子或軟墊，讓貓感覺更舒適。想讓貓習慣進入提籠，要把籠子放在貓能接近的地方，鼓勵貓用籠子當避難所。如果貓認定提籠是安全的地方，會比較樂意在出門途中待在籠裡——即使目的地通常是獸醫診所。

安全運送
提籠一定要讓貓容易進出。貓大多討厭被關住，所以選擇柵口寬敞的提籠很重要。運載貓時，裝在籠子裡可能讓牠較冷靜，籠子可讓貓看得到四面八方，不過就需要較大的車輛才有辦法載送。

初來乍到

新的貓成員來到你家，你會希望牠盡早感到自在。所有參與者自然都會興奮期待，特別是家裡的小朋友。不過事先做一點計畫，就能讓場面保持冷靜、減低壓力。大多數的貓適應新環境的速度很快，能在極短時間內安頓下來。

未雨綢繆

帶貓回家的前幾天，先檢查家中和院子裡是否明顯有危險（見258-259頁和260-261頁）。設想一下貓抵達以後立即的需求與未來的需求。比方說，比起囤積同一種貓食，應該先多買幾種不同口味，方便找出貓最喜歡哪一種。

把貓抵達的日子安排在家裡平靜無事的時候，這樣你才能給予貓全心關注。如果家裡有小孩，這又是他們第一次養寵物的話，要先向孩子說清楚，貓不是玩具，不能隨時供他們玩耍。

運送貓咪

為了貓移動中的安全著想，你需要一個牢固的箱子或貓籠。給貓一塊牠熟悉的床單布料，上頭有牠認得的氣味，以減少貓的不安。另外，要把貓籠蓋住，讓貓只能從其中一端看外面。用安全帶把貓籠固定住，或是放置在駕駛或前座乘客腳旁的位置，以免籠子摔落。

歡迎回家

到家後，首先把貓帶去頭幾天要生活的空間。最好限制貓只能在一兩個房間內活動，直到牠習慣新環境，看起來精神較放鬆為止。檢查門窗是否關上，如果家裡已經有其他寵物，確定牠們都在其他空間，不會造成妨礙。把貓籠放在地上，打開籠門，讓你的貓自己決定什麼時候想出來。耐心等待，不要急著出手搬動牠。好奇心終究會發揮作用，貓咪一定會走出籠子展開探索。

讓貓適應環境的其中一環，也包括向牠介紹新生活中的必備用品：貓咪自己的睡床、貓砂盆、餵食點和貓抓板。確保這些用品的所在位置貓能輕易靠近，但要放在遠離家中較多人走動、較忙碌的區域。最好從貓砂盆開始介紹，運氣好的話，你的貓立刻就會上廁所。要是貓砂盆放在不同房間，要確定貓隨

我的一小步
不要把貓抱出籠子，也別一到家就催促牠出來。只要打開籠門，把家中的刺激降到最低，等待貓自己做好準備現身。

新奇又陌生
你的貓很快就會培養出信心，開始到處探索新地盤。界定出允許貓出入的範圍，再讓牠自己選擇哪裏是牠最愛的角落。

學習對待寵物
不要讓小孩一直抱著新寵物，或對寵物太過關注。親身示範，教導孩子如何對待寵物貓，同時監督他們所有互動，直到大家都放鬆下來為止。

時能過去。飼料碗應該放在潑灑出來的貓食容易清理掉的地方。

認識室友

家裡來了新的貓或小貓實在令人興奮，不准小小孩接近很難。但吼叫、奔跑可能會嚇到你的貓，因此要確定小朋友明白這一點。為孩子示範如何用正確動作把貓抱起來，並且讓孩子撫摸或抱抱貓咪。倘若貓露出不悅的表情，就要迅速介入，一道抓痕就足以讓小孩子很長一段時間不願意理睬新寵物（見274頁）。

原本就養在家裡、比較年長的貓，幾乎一定會對這名入侵地盤的陌生人表露不滿。只是成年貓對待小貓，比較不會像對待另一隻成年貓一樣凶狠挑釁。絕對不要把貓砂盆或飼料碗並排放在一起，期待舊房客和新成員自己區別哪個是誰的。最初先把兩隻貓分隔開來，但可以透過交換飼料碗或把一隻貓抱進另一隻的房間，讓牠們慢慢熟悉對方的氣味。一個多星期以後，介紹兩隻貓互相認識，要等到雙方至少能容忍彼此的存在以後，才能讓牠們獨處。

讓狗和貓彼此認識不見得會出問題（見283頁）。頭幾次見面時，用緊繩牽住狗，給予貓退後的空間。再次強調，在你確信雙方能和睦相處以前，絕對先別讓狗和貓單獨在一起。倉鼠或兔子等小型寵物，也許最好根本不要讓貓認識，應該永遠別讓貓看到或聞到。

建立規律

只要飼主建立起規律的日常作息，在固定的時間餵食、理毛、陪牠們玩要，大部分的貓都能很快融入新家。不過總會遇到一些情況，你必須把貓獨自放在家裡一整天，這時這套作息就會被打斷。在這些時候，切勿讓你的貓感受到威脅或心理壓力，否則可能導致行為問題。務必在出門前或回家後好好陪陪你的貓，也記得要留下玩具給牠，讓牠可以在你不在家的時候自己找樂子。假日對飼主來說比較棘手，你必須把事情安排好，讓貓的作息盡量保持不變。飼主不在家，或者被帶到新的地方去，貓都有辦法應付，但要是這兩件事同時發生，可能就不行了。最好的辦法是把貓留在家的時候，請朋友或親人每天過來看牠。要是你做不到，決定請寵物保母來，對方一定要有推薦人。

貓旅館可能使愛貓緊張，所以必須仔細挑選。可以問你的獸醫，或是你信得過的飼主，請他們推薦。帶貓去投宿之前，要先去看看環境，有問題盡量問。確認貓旅館有主管機關核發的執照，並且有配合的獸醫。大部分高品質的貓旅館都會要求你的貓打過完整的預防針，可能還會要求有晶片（見249頁）。員工應該要親切熱誠，願意帶你參觀設施，並主動詢問你的貓的健康和飲食情況。最後別忘了，最好的貓旅館一定很熱門，所以要趁早預定，以免向隅。

使用貓砂盆
大多數的貓和小貓被帶回家的時候，都已經懂得使用貓砂盆。但來到新家的頭幾天，牠不熟悉的貓砂盆可能會帶來幾次挫折，假如貓砂是你的貓不喜歡的陌生材質，情況會更明顯。

打盹兒

幼小的貓咪需要頻繁打盹以恢復活力。溫暖柔軟的床鋪可以安慰離開母親與手足陪伴、剛來到新家的小貓。

第一次看獸醫

養新的寵物貓最好的開始，就是盡早帶牠到獸醫診所接受全身檢查。第一次看獸醫也是施打預防疫苗的時機，疫苗有助於寵物保持健康，預防大多數貓科動物可能感染的重大疾病。你也可以向獸醫諮詢結紮和晶片植入的事宜。初診後終其一生，每年都要帶貓去做健康檢查。

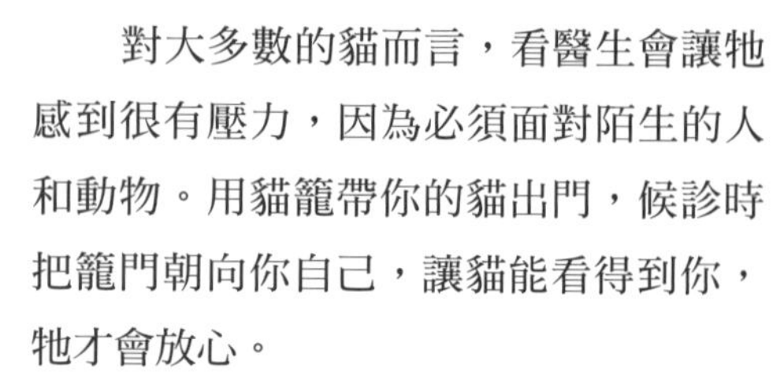

帶新的貓回家以前，先在你住的地區附近找好獸醫診所。你的貓的育主也許能為你推薦。不然也可以問朋友、搜尋當地報紙和網路廣告，或是向你的所在地的收容中心或貓種協會（見64頁）尋求建議。拜訪地方診所，了解組織架構也有幫助；實地看看診所的布置是否貼心，能不能緩和寵物的緊張壓力，例如貓和狗有沒有各自的通道和候診區、有沒有能擺放貓籠的墊高平臺等。

初次檢查

如果你買的是一隻純種小貓，約12週大可以帶回家，貓在那之前應該已經打過第一輪預防針（見右頁）。育主會給你疫苗接種證明，初次就診要拿給獸醫看。及早到獸醫院做健康檢查還是很重要。從收容中心認養的貓，理想上應該接受過獸醫檢查。假若沒有，帶貓回家後要立刻安排讓貓接受全身健檢。

對大多數的貓而言，看醫生會讓牠感到很有壓力，因為必須面對陌生的人和動物。用貓籠帶你的貓出門，候診時把籠門朝向你自己，讓貓能看得到你，牠才會放心。

初次就診，獸醫會徹底檢查貓的全身上下，評估你的貓整體的健康狀態。小貓若尚未打過預防針，但年齡已超過九週大，獸醫會當場施打第一輪預防針。

事先列出問題清單，獸醫可以回答所有一般貓咪保健的相關疑問，並提供建議教你如何控制常見的寄生蟲，例如蛔蟲、跳蚤和蝨子等。假如寵物晶片（見263頁）和結紮事宜都還沒進行的話，這時也是向獸醫諮詢的好機會，

替你的貓植入晶片，萬一牠在街頭遊蕩或捲入意外，才能輕易辨識他的身分。

結紮

獸醫通常會建議在小貓約四個月大、尚未性成熟時結紮。結紮手術會在全身麻醉下進行，切除母貓的卵巢和子宮，公貓則是切除睪丸。除了避免意外生下小貓之外，替貓結紮還有其他好處。未結紮的公貓時常遊蕩到離家很遠的地方，而且習慣在地盤四周撒尿，向發情的母貓宣告身分，就連在室內也不改習性。

全身檢查
接受定期檢查，獸醫師會從頭到尾檢查你的貓，摸摸看是否哪裡壓了會痛或有硬塊。獸醫師也會聽貓的心跳和呼吸，確認沒有心律不整或呼吸紊亂的情況。

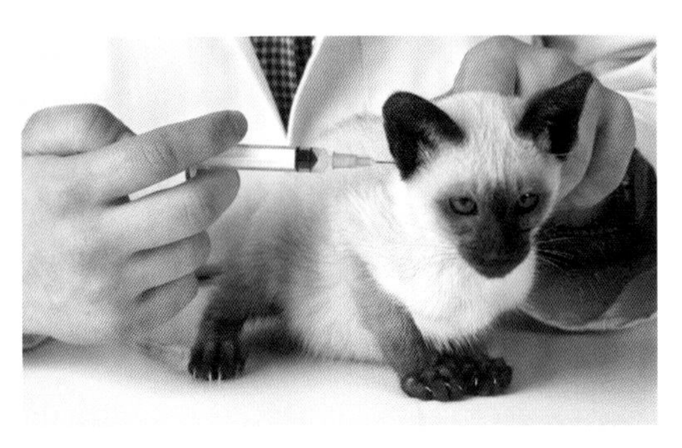

初次接種
貓應該在9到12週大之間，接種傳染性疾病的第一輪疫苗，例如貓白血病疫苗，此後要終其一生，每年施打追加疫苗。

這些四處遊蕩的公貓很可能會逞凶鬥狠。未結紮的母貓則會面臨反覆懷孕的風險，久了會損耗身體健康，而且進入發情期，母貓會變得焦躁不安，叫個不停吸引公貓，對自己和飼主都是很大的折騰。結紮之後，這些性行為不是消失，就是從一開始便不會養成。

結紮也會降低性行為傳染疾病的機率，並且消除生殖器官罹癌的風險。

結紮手術過後，你的小貓只需要在獸醫院休息幾個小時，傷口通常幾天內就能痊癒。小母貓的皮膚上會有少許縫合過的痕跡。獸醫會告訴你縫線能不能自然分解，若能分解線會慢慢消失，或者若需要拆線，通常會在手術十天後進行。

施打疫苗

貓可能會從周遭環境或其他貓身上感染傳染性疾病，讓你的貓對這些疾病免疫，能提高健康長壽的機率。疫苗的作用是刺激免疫系統，使其一旦感染，立刻就能拉起防線。所有貓都應該接種貓泛白血球症病毒（FPV）、貓杯狀病毒（FCV）和貓疱疹病毒（FHV）的疫苗。貓白血病病毒（FeLV）、貓披衣菌（Chlamydophila felis）和狂犬病的高危險群，可能也須接種疫苗。小貓約從九週大起（狂犬病疫苗在12週大），接種第一輪疫苗，一年後應打完全部的追加疫苗（狂犬病疫苗除外）。

貓泛白血球減少症是由貓小病毒（feline parvovirus）引起，又稱為貓傳染性腸炎或貓瘟（feline distemper），很容易在貓之間傳染，攻擊白血球細胞，使免疫系統減弱。小貓若在分娩前或初生之際感染貓瘟，很可能會死亡或導致腦部損傷。

貓杯狀病毒和貓疱疹病毒引起高達九成的上呼吸道感染，或稱「貓流感」。就算感冒好了，貓可能還是病毒帶原者，會把疾病傳染給其他貓。施打疫苗並不能完全預防患病，但可降低病情的嚴重程度。

有致死危險的貓白血病病毒散布於唾液、體液和糞便中。懷孕或哺乳中的母貓有可能會把病毒傳染給小貓。有些貓或許能戰勝病毒，但病毒會在小貓或病貓身上留下病根。這種病毒會攻擊免疫系統，破壞白血球細胞，甚至引發淋巴瘤或白血病等血癌。病毒還可能破壞發育中的紅血球細胞，引起貧血。

貓披衣菌是細菌，主要會引起結膜炎，使內眼瞼紅腫疼痛發炎、淚流不止。貓披衣菌也可能引起輕微的貓流感。獸醫可能會建議集體生活的貓接種疫苗。狂犬病是一種極度危險的病毒性傳染病，也能傳染給人類。這種疾病流行於全球，只有少數國家不受影響，例如英國。狂犬病病毒會經由唾液傳播，通常是被已感染的動物咬傷所致。疫苗對狂犬病非常有效。

植入晶片
晶片是一枚約米粒大小的迷你裝置。獸醫會用注射器將晶片植入貓後頸的皮膚底下。日後就診時，獸醫可以用晶片讀取機確認晶片沒有移位且功能正常。

意外懷孕

假如沒打算讓你的貓產下後代，結紮是一定要的。未割除卵巢的母貓一年最多能生三窩小貓，你有責任替每一隻小貓找到新家。很多沒人要的小貓最後會流落到收容中心或是被安樂死。

對貓最致命的病毒是貓傳染性腹膜炎（FIP），感染後通常會導致死亡。這種病是貓冠狀病毒（feline coronavirus）的罕見突變，感染貓冠狀病毒只會引起輕微的腸胃炎，有時甚至沒有病兆。目前還很難針對這種病提供保護，因為預防貓傳染性腹膜炎的疫苗，要等到小貓超過16週大以後才能施打，這時候很多小貓早已感染冠狀病毒。貓傳染性腹膜炎最有可能發生在育種群內，或是在很小或很老的貓身上。

後續追蹤

大多數的貓和小貓通過初診檢查後，健康狀態一切正常。但隨著年齡增長，身體難免會出毛病。與其等到狀況惡化才就醫，不如替寵物安排每年回診，施打追加疫苗，接受健康檢查，以便及早診察出潛伏的疾病，及早治療。

飲食與餵食

吃得飽且營養充足就會是隻快樂的貓。偶爾在外頭抓到的老鼠或許能補充熱量，但貓的飲食幾乎完全仰賴飼主，因此你要負起很大的責任。給予貓健康均衡的飲食，有助牠自然的成長發育，也讓貓擁有最大機會無病、無痛、活得久。

必要營養素

貓的天然主食是肉。貓吃肉，因為牠無法把植物所含的脂質和蛋白質，轉化為生存所需的胺基酸和脂肪酸，讓身體維持健康、機能運作正常。肉類蛋白質就含有貓所需的各種營養素，外加一種貓無法自行合成的重要胺基酸——牛磺酸。貓的飲食若缺乏牛磺酸可能會導致失明和心臟疾病。市售貓糧都添加了牛磺酸。烹煮食物會破壞牛磺酸，所以假如你是親自為貓調理食物，也需要固定餵貓吃牛磺酸補充劑。不論你自己有怎樣的飲食偏好，都不應該強迫貓吃素，這會危及貓的健康甚至是性命。貓的消化系統並不適合消化大量植物，雖然不時會見到貓嚼食幾根小草。

野外抓到的獵物不只能補充肉類蛋白質，還能補充必要的脂質、維生素、纖維和礦物質，例如骨頭含有的鈣質。家貓不太可能自行獵捕食物，也不是天生的腐食性動物，因此仰賴人供給正確的營養素，不論是透過現成或自製的貓食。貓出了名的挑嘴，因此在找到能吸引貓衝向飼料碗的食物以前，可能需要實驗製作不同種類、口感和口味的食物。

維生素和微量元素

貓需要攝取的必要營養素包含了維生素D、維生素K、維生素E、維生素B和維生素A（貓無法自己製造維生素A）。貓也需要維生素C，但是要控管攝取的量，因為過量維生素C會造成泌尿道問題。貓也需要某些特定的微量元素，例如磷、硒和鈉。這些元素雖然只需要極微量，然而一旦缺乏就會引發嚴重的健康問題。鈣質來源也很重要，因為肉類只含有少量的鈣質。市售貓食大多都含有前述所有基本維生素和微量元素。

貓食種類

超市貨架提供了琳瑯滿目的現成貓食供人選擇，幾乎任何想得

健康的胃口
你的貓知道自己喜歡什麼，但重要的是牠喜愛的食物須含有均衡營養，才能維持身體健康。

乾食

溼食

自製貓食

乾食、溼食和自製貓食
乾食不易腐壞，但溼食比較接近貓天生會吃的食物。自製貓食最新鮮，但要避免只有單一蛋白質來源。

到的精緻口味都有。所以你該選擇哪一種？市售貓食大多都是全方位食品，換言之，這些貓食提供了所有必要的營養素，不需要再額外補充別的。不過，有些產品可能標有「副食」字樣，這類產品就需要搭配其他食物，才能提供均衡營養。檢查外包裝的說明，確認你買的是哪一種。現成貓食多數可分為「乾食」或「溼食」。乾食經過高壓烹煮，再乾燥放涼。有時候表面會噴上油脂突顯美味，但可能也因此需要加入防腐劑。乾食飼料通常含有天然抗氧化劑，如維生素C和維生素E。不過，不要老是給貓吃乾飼料，乾飼料的確有一些優點，例如擺在外面一整天也不會腐壞。你可能會想早上餵貓吃乾飼料，溼食留到傍晚。

溼食通常裝在密封罐頭或真空包裡，所以不需要防腐劑也能保鮮。好吃歸好吃，溼食口感軟爛，形成的阻力很小，很難維持牙齒和牙齦健康。溼食要是沒有立刻吃完，對貓很快就會失去吸引力。

自製貓食

在家自製貓食，可選用人類也能吃的肉類和魚類。要確定食材都已煮熟，殺光細菌和寄生蟲。自製貓食是在飲食中加入鈣質的好方法，熬煮過的骨頭就是鈣質來源，但要剔除細小的碎骨，貓狼吞虎嚥的時候也別給牠骨頭。啃骨頭的動作有助於保持牙齒健康，若沒有啃骨頭的習慣，貓的牙齒就需要定期清潔。

飲水

不論室內室外，貓必須能隨時取得乾淨的飲水，假如你的貓的飲食中大多是乾食，牠就更需要喝水。水能稀釋尿液，腸纖維也會吸收水分。水碗要放得離飼料碗離遠一點，以免濺灑食物汙染飲水。每天都要清洗水碗並換水，要記得特別檢查擺在院子裡的水碗沒有裝滿枯枝敗葉或碎石。

飲用水
你的貓要能隨時獲得乾淨的飲水。平常吃乾食的貓會比吃溼食需要更多水分。把水碗放在固定的地方，讓你的貓能輕鬆找到。

天然纖維
貓的飲食中需要纖維，應透過正確的飼料配方來補充。野外的貓能從獵物身上獲取必要的纖維。

貓不能吃的食物

- 牛奶和奶油可能會引起腹瀉，因為貓大多沒有消化乳製品所需的酵素。市面上有售特殊配方的「貓乳」。
- 洋蔥、大蒜和韭菜會造成胃部不適，也可能引發貧血。
- 葡萄和葡萄乾據信會傷腎。
- 巧克力含有的可可鹼對貓是劇毒。
- 生蛋可能含有細菌，易引起食物中毒。未煮熟的蛋白會妨礙身體吸收維生素B，引起皮膚病。
- 生肉和生魚可能含有有毒酵素，也可能引起致命的細菌中毒。
- 烹煮食物留下的細小碎骨可能會卡在喉嚨裡，或被吞入消化道形成阻塞或刮傷腸道內膜。
- 酒精和咖啡因對貓有危險性。

吃對分量

你的貓知道自己喜歡什麼，但重要的是牠喜愛的食物須含有均衡營養，才能維持身體健康。確定飲食分量適合貓的年紀和體重。必要的話，定期監控貓的食物攝取量。

監控體重

身體幾乎滿出獸醫院的體重計，這隻飲食過分放縱的貓未來有可能出現嚴重的健康問題，除非調整飲食和活動量。

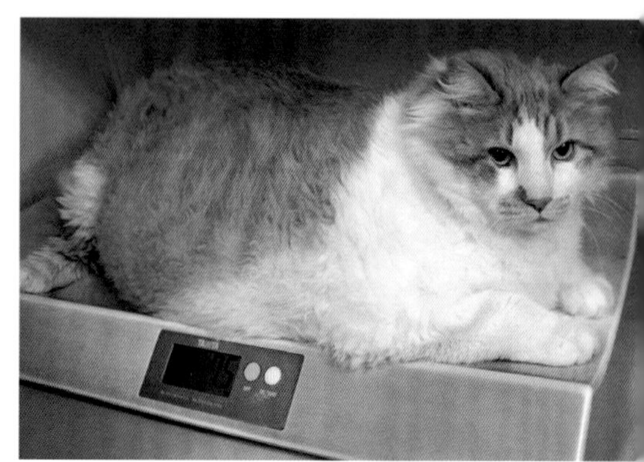

餵食時間與餵食分量

一般來說，貓一天應在固定時段餵食兩次，通常早上一次、傍晚一次。這種做法能讓貓培養胃口，也方便你管控貓進食的分量。一旦養成規律的進食習慣，很容易就能看出貓是不是身體不適沒有胃口。餵食分量是否需要增減，要看你的貓有沒有體重過重或過輕的跡象。衡量標準是要能輕易摸到貓的肋骨，但外觀看不出肋骨痕跡（見右欄）。別餵成年貓吃專為小貓設計的飼料或狗食，小貓的飼料含有太多蛋白質，會對成年貓的腎臟造成負擔；相反地，狗食的蛋白質含量對貓來說不夠。為避免引起任何感染或健康問題，貓的飼料碗和水碗使用後一定要確實洗乾淨。

適當平衡

貓喜歡多樣化，切記餵貓吃的食品應混合多種不同類型，確保貓能攝取到足夠的營養。改變貓的飲食內容須循序漸進，以避免胃腸不適，且務必確定牠肯吃新的食物，才開始把原本的減量。找出均衡多樣、貓也喜歡的飲食模式以後，就固定下來。不斷變換吃的食物，可能會反相鼓勵貓變得挑食。貓可以忍耐好幾天不吃東西，只等你給牠想要的食物。

生命變化

貓在生命不同階段有不同營養需求，需要的食物種類和分量都不盡相同。小貓需要蛋白質含量高的飲食，以配合快速的成長發育（見292-293頁），市售很多貓食品牌都推出了小貓專屬的特殊配方。剛出生頭幾個月，餵食小貓的分量應該比成年貓少，但間隔要比較短；剛開始吃固體食物的小貓，平均一天吃四到六小餐就夠了。之後你可以慢慢增加食物分量，減少用餐次數。用簡單的步驟循序漸進展開新的餵食模式，因為劇烈變動易引起消化不良。想給貓吃新的食品，用新食物替換掉10%原本的食物，每天增加10%新食物的量，直到第十天貓吃的全部是新食物為止，這麼做可以預防腹瀉。要是貓真的腸胃不適，就改回來，提高舊食物的分量，拉長轉換時間。

判定體態

不能總是單憑外觀判斷貓太胖或太瘦，尤其長毛貓更看不出來。可以學摸貓的身體來判斷體重：把手輕輕滑過貓的背部、肋骨和肚子。定期評估貓的體重，長期下來很有幫助，能讓你及時採取必要措施，確保寵物的健康。

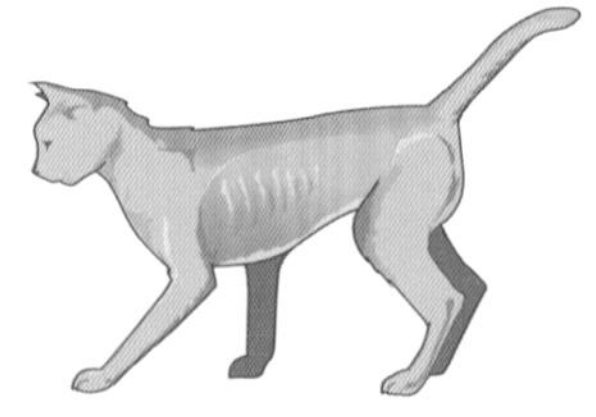

體重過輕

肋骨、脊骨和髖骨周圍很少脂肪或毫無脂肪。肚子「內縮」，肋骨後方有明顯的凹陷。

理想體重

薄薄一層脂肪底下摸得到肋骨，肋骨後方身體稍微變細，肚子只覆蓋著一小層脂肪。

體重過重

脂肪層過厚，摸不到肋骨和脊骨。肚子有厚厚的脂肪墊，肋骨後方看不出「腰線」。

生活型態與飲食對應表

成年體重	2公斤	4公斤	6公斤	10公斤	12公斤
閒散不動	100-140大卡（120克溼食／30克乾食）	200-280大卡（240克溼食／60克乾食）	300-420大卡（360克溼食／90克乾食）	400-560大卡（480克溼食／120克乾食）	500-700大卡（600克溼食／150克乾食）
活潑好動	140-180大卡（160克溼食／40克乾食）	280-360大卡（280克溼食／80克乾食）	420-540大卡（480克溼食／120克乾食）	560-720大卡（640克溼食／160克乾食）	700-900大卡（800克溼食／200克乾食）
懷孕母貓	200-280大卡（240克溼食／60克乾食）	400-560大卡（480克溼食／120克乾食）	600-840大卡（720克溼食／180克乾食）	800-1120大卡（960克溼食／240克乾食）	1000-1400大卡（1200克溼食／300克乾食）

大多數健康的成年貓一天吃兩餐即可，但當貓逐漸老化，胃口漸漸縮小，可能又得改回少量多餐。與小貓一樣，貓食市場也有特別為老貓推出的貓食。

懷孕的貓需要額外的蛋白質和維生素，到了懷孕末期還會食欲大增。假如母貓一餐吃不了平常那麼多的量，就表示應少量多餐餵食，頻繁給予母貓小量食物。哺乳期間，營養需求也會增加。

想控制貓的體重，或配合醫療照護需要特殊飲食時，聽取獸醫師的建議很重要。母貓懷孕和哺乳期間，可能也需要向獸醫師諮詢合適的飲食型態。

貓很少會對食物過敏，但若發生過敏，找出過敏原的唯一方法只有在獸醫監督下進行寡抗原飲食檢測（food elimination trial）。

理想體重

定期替你的貓測量體重和腰圍，很快就能知道貓有沒有發胖或是過瘦（見左頁欄位）。有任何疑慮就帶貓到獸醫診所量體重。看到貓準備好再來一份的樣子，實在很難拒絕，但過量餵食很快會導致肥胖。貓體重過重就和人過重一樣不健康。胃口好不見得表示貓有高活動力的生活型態，很多不愛動的貓也有辦法吃下超大分量貓食。室內的貓肥胖的風險較高，有些品種天生喜歡坐著不動，要不時鼓勵牠從沙發上爬下來。戶外活動的貓較有機會燃燒從食物中攝取的熱量。

飼料包裝會提供一些餵食參考，但包裝上的建議只是大略的估計值。倘若你已經小心控制飲食分量，卻還是發現你的貓體型變圓，要懷疑牠是不是會去別的地方討東西吃。與鄰居聊一聊說不定能解開謎團。

飲食沒變，體重卻減輕，這種現象不容忽視，很有可能是疾病初期的徵兆。老貓通常會隨年紀而愈來愈瘦，但也要確定沒有其他隱藏的毛病，例如牙齒鬆脫。若你的貓抗拒進食或咀嚼困難，應該請獸醫檢查。

給點心吃

不論是當作訓練獎賞，還是為了增進與貓的感情，給予點心都要適量，以免你的貓體重增加。點心多半非必要，但若你會給貓吃點心，須確定點心不能超過貓咪總攝取熱量的一成，而且要配合點心調整正餐分量。有些點心或許能補充營養，但有些含有食品添加劑，脂肪含量高且營養價值低。

開飯了
定時餵食方便你掌握貓什麼時候可能會肚子餓，這時候也是進行訓練和試教牠新把戲的好機會。

撫摸

貓出了名地挑剔，不是誰都可以碰牠們，更別說抱起來撫摸。有的貓就是不喜歡被人抱起來，會想盡辦法掙脫。撫摸貓也有分正確和錯誤的方式，學會正確的動作，說不定你的貓一有機會就喜歡湊近你身邊。要是貓能自在地讓人抱起來，替牠理毛或做任何必要的健康檢查都會容易得多。

從小養成

要讓貓習慣被人撫摸，最好的時機是從小貓開始。大約從兩、三週大的時候開始，及早固定碰觸貓咪，不只有助於小貓發育得更快，也能使牠長成比較快樂滿足的貓，樂於被人類撫摸。家中若有小孩，教他們動作要輕柔。被以不當方式撫摸的小貓，長大容易緊張，會與人保持距離，永遠無法真正體會疼愛和撫摸的樂趣。貓一件事能記得很久，哪些小孩曾經太粗暴對待牠，從此牠都會敬而遠之。

撇開幼時經驗不談，有些貓就是不像別的貓那麼樣感情外露。假如你的寵物喜歡保持一定的距離，那就要尊重牠的意願。

如何抱貓

貓很少喜歡被人抓住，因此除非你確定貓咪樂於被抱起來，不然最好有必要才抱牠。用平靜安穩的動作把貓抱起來，輕撫頭部、背部和臉頰讓貓咪放鬆。假如貓咪想被放下來，牠會清楚表現出來。

抱幼貓的方式應該和抱成貓一樣，好讓牠從小就習慣被人抱。抓貓的正確方式是從側面接近貓，一手平托貓的肋骨，肋骨就在前腿後方。另一手放在貓的後臀底下支撐體重。直立抱著貓，若讓貓仰躺在臂彎裡可能會增加貓的不安全感。

紓解壓力
貓具有某種魔力讓人特別想摸。研究顯示，撫摸貓咪有益於舒緩人的壓力，幸好貓大多也喜歡被摸。

撫摸的差別

比起大部分的寵物，貓比較獨立自主，雖然很多貓喜歡撫摸和抱抱，但也還是希望保有自己的空間。不要隨意撫摸你的貓，除非貓清楚表明希望人家摸牠。先伸出一隻手或一根手指讓貓嗅聞味道，假如貓用鼻子碰你，或用臉頰或身體磨蹭你，表示牠現在的心情想與人接觸。假如貓聞了以後無動於衷，那就下次再試。

當你的貓願讓被人撫摸時，首先慢慢順著背脊連續摸牠，方向一律是從頭部往尾巴，千萬不要反過來逆著毛摸。摸到尾巴根部就停下來。貓若覺得舒服，可能會弓起背部，加強手對身體施加的壓力。

觀察你的貓喜歡讓人摸哪些部位。頭頂通常最受歡迎，尤其是兩耳之間和耳朵後側。一般認為撫摸這些特定位置，會讓貓想起母貓舔舐這些部位的感覺。有的貓也喜歡人家搔下巴。用畫圓的方式搓揉臉頰也有很多貓喜歡，因為這有助於貓咪

熟練抱法
盡量直立著把貓抱起來。一手放在貓的「腋下」，另一手托住後臀，穩穩地抱住貓。不要讓貓躺著環抱在臂彎裡，這個姿勢並不自然，會令貓手足無措。

把氣味塗擦在你的手指上。你的貓也許會喜歡你用手指輕輕梳毛，但不要停下來抓同一個點。大多數的貓討厭身體被拍打，尤其是腹部兩側。

倘若貓跳上你的膝蓋還躺下來，摸牠一下看看牠是想討人注意，還是只是想找個溫暖的地方打盹兒。要是貓坐立不安或猛抽尾巴，就停下來別再摸了。貓享受撫摸的時候可能會調整姿勢，把牠想被摸的部位露在最上面，最靠近你的手。

搔中癢處
貓給人搔頭通常會露出愉悅的反應。摸的時候動作放慢放輕，找出貓最喜歡的那個點。

打打鬧鬧

貓不喜歡人和牠玩得太粗魯。避免撫摸貓的肚子。大部分的貓會有本能的自衛反應，包括抓你的手過去咬。要是貓伸出爪子抓你的手，先別動，等貓自己放開。把手繼續推過去或許能使牠吃驚放手。總之你停下來，貓也會停下來。假如貓用後腿踢你的手，這時就該住手了。假如貓壓平耳朵或者抽身走開，就讓牠去吧。

適時收手

觀察貓的肢體語言，要是貓看起來生氣了（見280-281頁），就要住手別再摸牠。貓如果感到不自在，初始徵兆是會舔嘴唇。看到貓仰躺露出肚子要小心，這動作不見得是在討摸，雖然牠可能會忍受你摸牠的頭。即使是正常溫順的貓，露出肚子也可能是一種備戰防禦的姿勢，仰躺可以空出四肢，方便貓用腳踢、嘴咬或用爪子抓人。

假如你誤判貓的心情，被貓賞以顏色，咬傷或抓出傷口的話，要用肥皂和清水洗淨傷口，塗抹殺菌藥水。萬一傷口四周紅腫流膿要立即就醫。有時候貓抓傷引起的感染症狀會在其他身體部位發作，或引起類流感疾病，但很少見。

小心接近

別急著抱或摸還不認識你的貓。給貓一點時間聞聞味道、打探你的底細，再試著一邊用平靜的語調對貓說話，一邊摸牠。貓若是習慣了你友善的對待，可能會願意給你抱，或是進一步認識你。要是貓看上去還是很緊張，就要趕緊退開，不然貓有可能會出手攻擊。

不論你覺得流浪野貓有多需要疼愛，想抱野貓（見20-21頁）或甚至想摸的話，要格外小心。雖然看到人類善意接近，野貓最有可能的反應是跑走，除非人拿了食物吸引牠；當動物感到焦慮或威脅，出於本能很有可能會使出攻擊。在某些地區，被野貓咬傷有染上狂犬病的危險。

見面打招呼
你的貓可能會積極想和你接觸，出門一陣子才回來時尤其明顯。就算貓咪只是想提醒你該放飯了，也要把貓對你的關注當成讚美接受，回應牠的招呼。

梳理與衛生

毛皮乾淨不只健康也比較舒服，經常理毛保持柔順是貓與生俱來的習慣。額外替貓梳理毛髮，不只讓牠外表好看，同時彼此也能享受親密時光，若飼養的是長毛品種，那麼理毛就更重要。要讓貓保持在最佳狀態，協助牠基本的衛生清潔也很重要，例如刷牙和偶爾洗澡。

自然清潔

貓一天會花很長的時間自行理毛。這對貓而言很重要，因光滑柔順的毛皮能防水保暖，也能保護皮膚免於感染。

貓一定會依照相同順序清理自己。首先舔自己的嘴唇和腳掌，再用溼潤的腳掌清潔頭部兩側。貓的唾液能除去最近進食留下的氣味，好讓自己在面臨靠氣味捕獵的天敵時「無臭無味」。接下來，貓會用粗糙的舌頭梳理前腿、肩膀和身體兩側。貓舌表面覆蓋著細小肉鉤，可以掃起皮屑和掉毛，同時去除結塊，把打結的毛髮梳順。貓舌也會把皮脂腺分泌的天然油脂塗抹開來，柔順的毛髮也能為毛皮防水。貓會用小巧的門齒咬掉頑固糾結的毛。貓有柔軟的脊椎，所以能轉過身清理肛門周圍、後腿和尾巴，順著根部到末端把尾巴毛理順。貓也把後掌當成寬齒梳來梳頭。事實上，貓每天理毛細心入微，看上去似乎絲毫不需要額外的協助。

徹底清潔
貓天生愛乾淨，會花很多時間按部就班替自己理毛。首先清潔頭部，再往下到身體，順序永遠不變。

基本梳理工具
扁梳和板梳能把打結梳開，針梳可掃起掉毛和毛屑。除蝨夾和指甲剪等器具的正確使用方式，應請教專業人士。

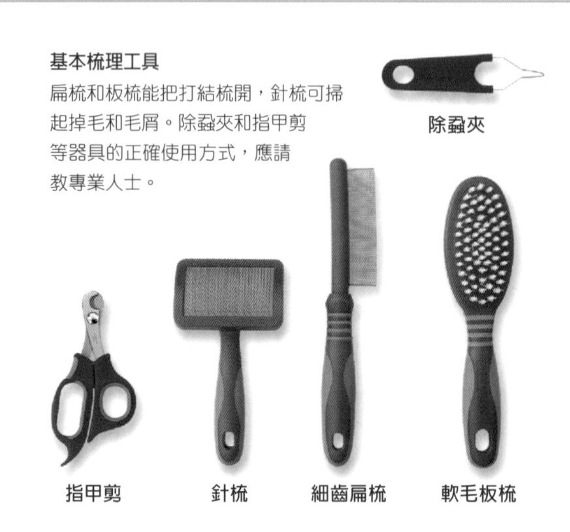

理毛時間

之所以有必要協助貓維持毛皮狀態，有幾個原因。首先，理毛時間能讓你與貓維繫緊密的感情，也讓你有機會檢查貓的身體是否有寄生蟲、隱藏的傷口、腫塊和腫包，看看牠的體重是否有變化。替貓理毛也有助減少貓自行理毛吞下的毛髮量。吞下肚的毛髮通常會結成無害的毛球被咳出來，但有些通過胃部的毛球可能會阻塞腸道，引起嚴重問題。貓年紀愈大，理毛的效率會愈來愈低，因此多個幫手對老貓有很大的助益。不論幾歲的貓，突然不理毛是身體有哪裡不舒服的警訊，需要接受獸醫診察。

如果從小就讓貓習慣理毛時間，牠會把你看成父母般的角色，並且樂在其中。理毛之前，一定要先摸一摸你的貓，用和緩的聲音安慰貓讓牠放鬆。記得要有耐心，注意貓有沒有不舒服的跡象，例如彈尾巴或鬍鬚轉向前方。若是這樣就先停下來，晚一點或隔天再試。確定耳朵、眼睛，鼻子和牙齒都檢查到了，並於必要時加以清潔。你可能也需要替貓剪指甲或是洗澡（見278-279頁）。看到貓不願繼續

替短毛貓理毛

首先把死毛和死皮梳鬆，用細齒金屬梳順著貓的毛流從頭部梳到尾巴。特別敏感的部位要格外小心，例如耳朵、腹側（腋窩、肚子和鼠蹊）和尾巴。

用針梳或軟毛板梳刷遍貓的身體，清除浮毛皮屑，梳的時候一樣要順著毛流。想要看起來超級光滑閃亮的話，梳理完畢後用柔軟的布料「拋光」毛皮，例如可以用絲絹或油鞣革。

修剪結塊的毛髮
別無他法的情況下，結塊嚴重的長毛可能就要用剪刀修除。這項工作應由專業寵物美容師或獸醫師操刀，沒有專業技術而輕易嘗試，可能導致貓的皮膚受傷。

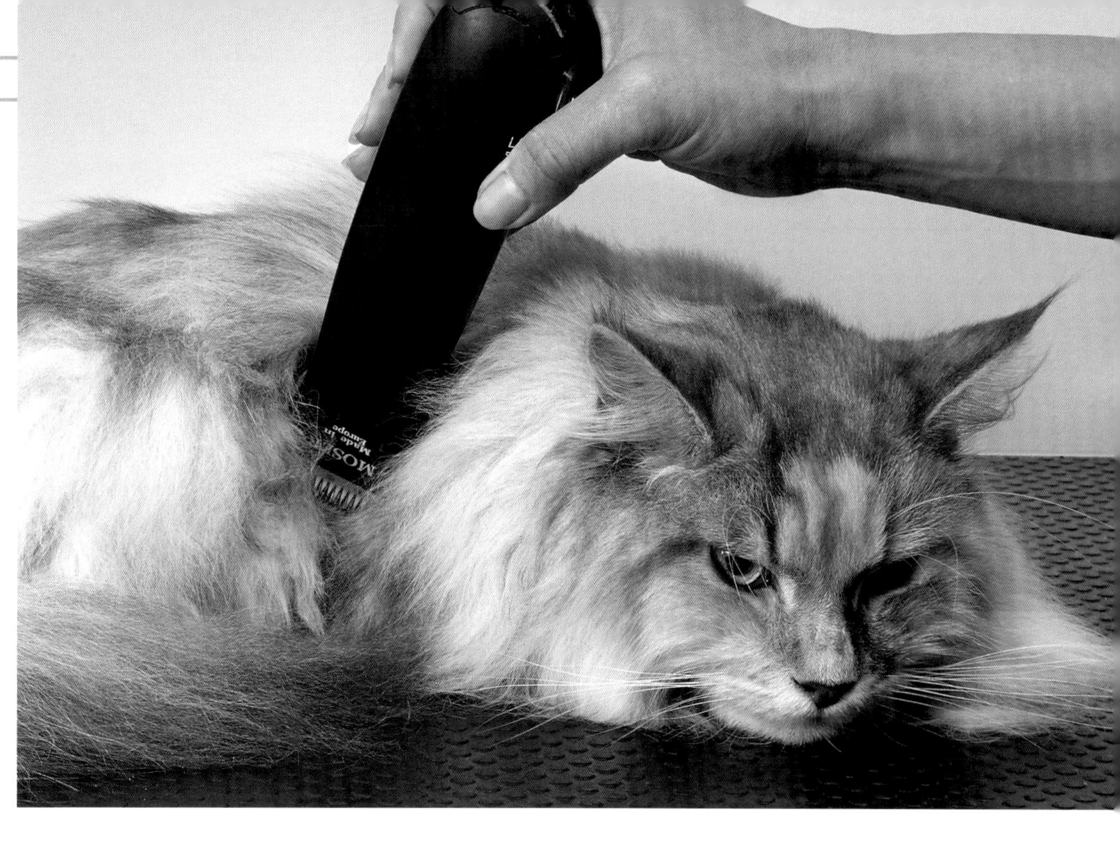

就要適時停手，並稱讚一下貓咪，給牠一點獎勵。

毛皮型態

長毛貓如波斯貓等，底層絨毛可能極厚。不只會讓家裡和院子散落的碎屑附著，而且容易結塊，舔多少次都去除不掉。放著毛打結不管容易形成穿不透的厚塊，尤其是耳後和摩擦頻繁的身體部位，例如腋窩下方和鼠蹊部。

就算是最一絲不苟的長毛貓，光靠自己的力量也很難維持這種毛皮柔順整齊，因此主人需要提供額外的理毛協助。最極端的情況可能別無他法，只能把結塊的毛髮剪掉，這項工作需要交由專業寵物美容師或獸醫。長毛貓也比短毛貓容易堆積較大的毛球。假如你養的是長毛貓，就有必要每天定時理毛（見下欄）。包括緬因貓（見214-215頁）和巴厘貓（見206-207頁）在內的半長毛貓，表層毛髮光滑，底層絨毛極少，因此毛髮不容易打結，只需要固定每週梳理整齊即可。

有些貓擁有波浪狀或漣漪狀的柔細毛髮，如柯尼斯捲毛貓（見176-177頁）身上的毛，也有少數品種突變出較長的捲毛。這類捲毛掉毛不嚴重，養護起來不會很難。太用力梳理會破壞捲毛外觀，因此專家通常建議，這種類型的貓可以用洗澡代替梳毛。短毛貓的毛皮表層長有光滑的護毛，底層絨毛柔軟，厚度不一。雖然絨毛可能掉毛得很嚴重，尤其是在溫暖的季節，但短毛貓整體而言很好照顧。一週梳理一次通常就夠了（見左頁）。

無毛貓如斯芬克斯貓（見168-169頁）通常並非全禿，而是身體只覆蓋著一層細毛。這樣薄薄一層毛髮無法吸收皮脂腺分泌的天然體脂，因此需要定期洗澡，以防堆積的皮脂轉移到飼主的衣服和家具上。

替長毛貓理毛

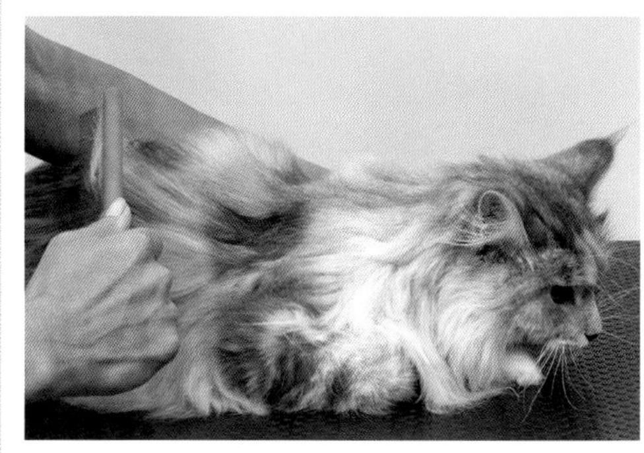

首先順著毛皮自然的毛流，從頭部到尾巴用寬齒梳輕輕梳過一遍。不要用力拉扯糾結的毛髮，應該用手指挑出來，撲上貓專屬配方的無香味爽身粉。爽身粉也會吸收多餘的皮脂。

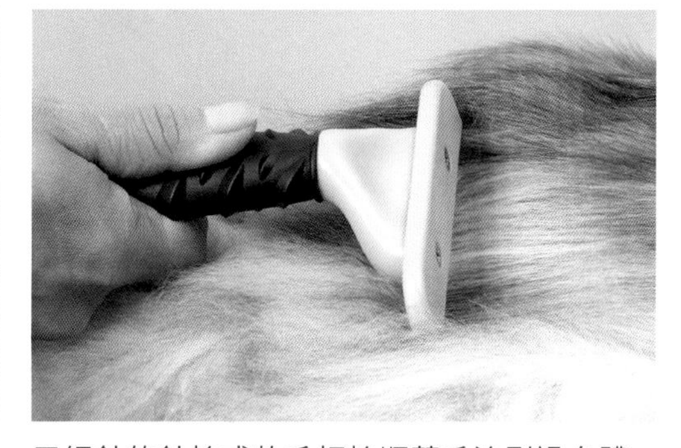

用細針的針梳或軟毛板梳順著毛流刷過身體，收集內外層毛皮的浮毛、皮屑和殘留的爽身粉。這會有助毛皮看起來光滑蓬鬆。

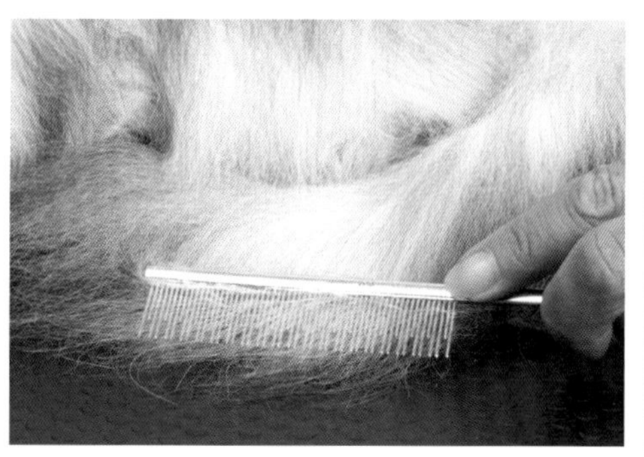

梳理完畢後，用刷子或寬齒梳刮蓬毛皮，並梳順尾巴的長毛。如果是波斯貓，把脖子的毛向上梳成一圈頸毛。要讓長毛貓的毛皮維持在理想狀態，理想上每天應該固定花15到20分鐘梳理。

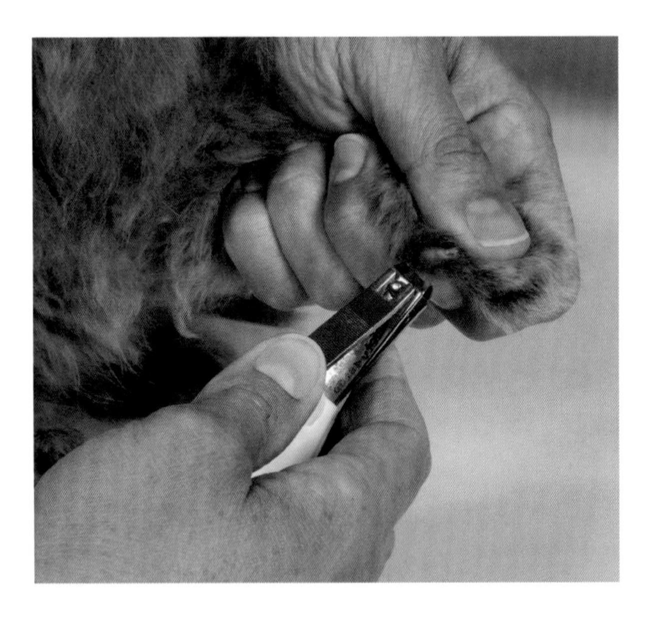

伸出爪子
替貓剪指甲的時候，用手指輕輕按壓每根爪子後方的骨頭，這會讓爪子完全伸出來。假如你的貓心情不對、頻頻掙扎的話，就放開牠改天再試。

修剪指甲

貓透過運動、搔抓、爬樹和自己啃咬，爪子自然會磨短。養在室內的貓，尤其是老貓，往往沒有太多磨爪子的機會，有爪子過長、捲入腳掌肉墊內造成不適的可能。為避免上述情形發生，應定期檢查貓的爪子，大約每兩星期用指甲剪修剪一次。修剪指甲時，須緊緊抓住貓，並確定指甲剪的是爪子最尖端。再往下可能會剪到肉色區，又稱「指甲嫩肉」（quick），造成疼痛流血——這會讓你的貓將來一要剪指甲就極度抗拒。

從小就讓你的貓習慣剪指甲。要是覺得這件差事實在太難，就請獸醫師代為處理。

臉部清潔

貓的耳朵內應該乾淨沒有異味。用棉花或面紙清除多餘的耳屎。要是看到耳朵內有沙子似的黑點，表示耳朵裡有蟎或是分泌不明液體，這時應該帶你的貓去看獸醫。溼棉花也能用來清潔眼睛和鼻子四周。口鼻部較長的貓，如暹羅貓，眼角可能會累積眼屎。扁臉的貓如波斯貓，則常有淚液氾濫的問題，會在眼睛四周的毛髮留下赤褐色污漬。要是發現貓的眼睛或鼻子分泌不明液體，或眼睛持續泛紅，務必要看醫生。

口腔清潔

一星期替貓刷一次牙，你能藉機檢查貓的口腔是否有不適的跡象。需要獸醫診察的問題包括牙齒變色、牙齦發炎和口臭。

替貓清潔牙齒，可以使用軟毛的兒童牙刷，或是能套在手指上的貓專用牙刷，也可以在指尖裹上紗布代替。但一定要選貓專用的特殊配方牙膏，你的貓很可能會喜歡鮮肉口味。千萬別用坊間供人類使用的品牌牙膏。

緊緊固定住貓的頭部，輕輕掀開嘴唇，首先從後排牙齒刷起，用畫圓的動作仔細刷過每一顆牙，同時按摩牙齦。

假如你的貓不讓你刷牙，請獸醫開立口腔抗菌劑，直接塗抹在牙齦上。從寵物用品店或獸醫診所也能取得抗牙菌斑的產品。這類產品用法簡單，只須加入寵物的飲水當中，而且氣味可口。你需要每天換水並添入新的潔牙產品。

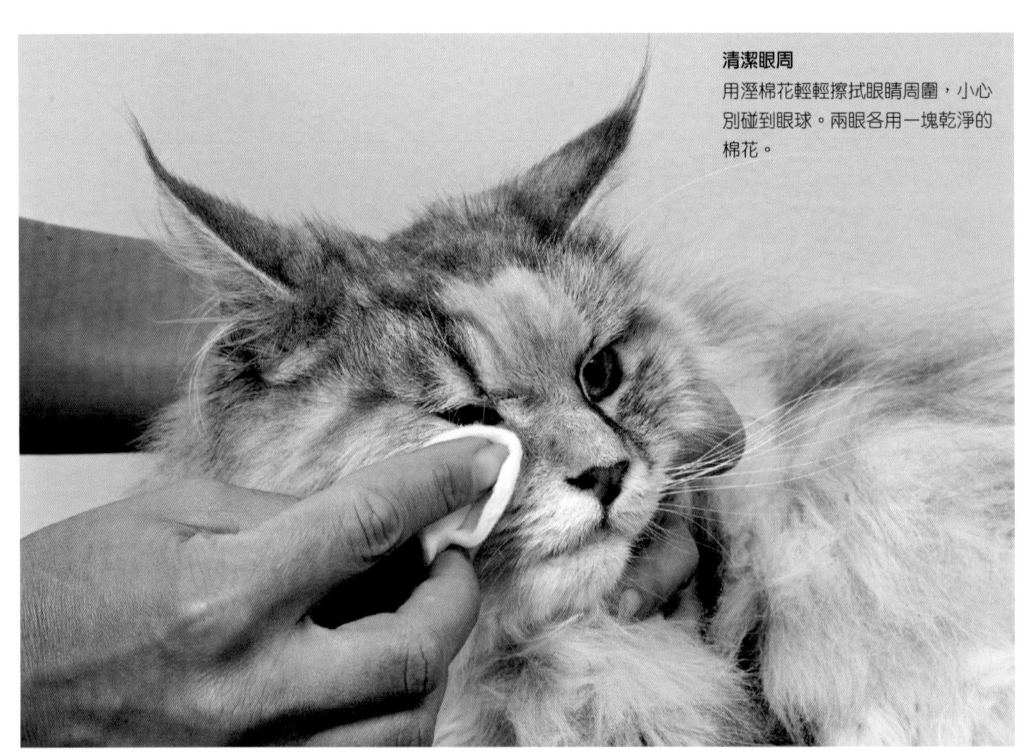

清潔眼周
用溼棉花輕輕擦拭眼睛周圍，小心別碰到眼球。兩眼各用一塊乾淨的棉花。

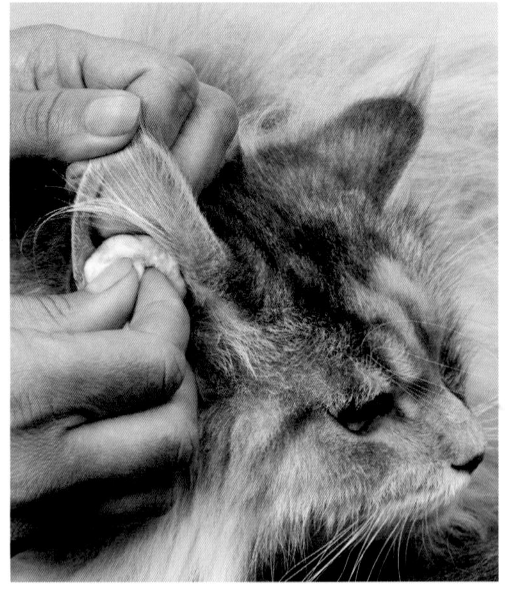

清潔耳朵
用水或貓專用配方清潔液沾溼一塊棉花，仔細擦拭耳朵內部。兩耳各用一塊乾淨的棉花，且絕對不要把任何東西伸進貓的耳道。

幫貓洗澡

常在戶外活動的貓偶爾會幫自己洗一次沙浴，在乾燥的土裡打滾，清除毛皮的油脂和跳蚤等寄生蟲。你可以替貓選購乾洗澡產品，作用和沙浴相同。短毛貓可能只有油脂或刺激性物質沾上身體才需要洗澡；長毛貓需要較定期幫牠洗澡。洗澡時要用專為貓設計的沐浴乳，且要小心避開貓的眼、耳、鼻、口，尤其是使用專為治療皮膚病的藥用沐浴乳時，更要小心。

很少有貓喜歡洗澡，假如能從小就讓小貓習慣洗澡，對你們雙方都比較容易。你必須有耐心，在洗澡過程中說話安慰貓，洗完要給貓點心當作獎勵。

清潔肛門

所有貓都會清理自己的肛門附近，但仍可能需要額外的清潔，尤其是老貓或長毛貓。每次理毛都應檢查尾巴下方有沒有髒汙，有必要的話可用溼布輕輕擦拭。

洗澡時間 你可以用蓮蓬頭在浴缸或洗手槽裡替貓洗澡，但要確定水柱夠弱。開始之前，關好所有門窗，確定房間裡溫暖無風。動手洗澡以前，先把貓全身的毛皮梳過一遍。在浴缸或洗手槽底部鋪上橡皮墊，供你的貓抓握，一方面讓牠覺得安全，一方面也防止滑倒。

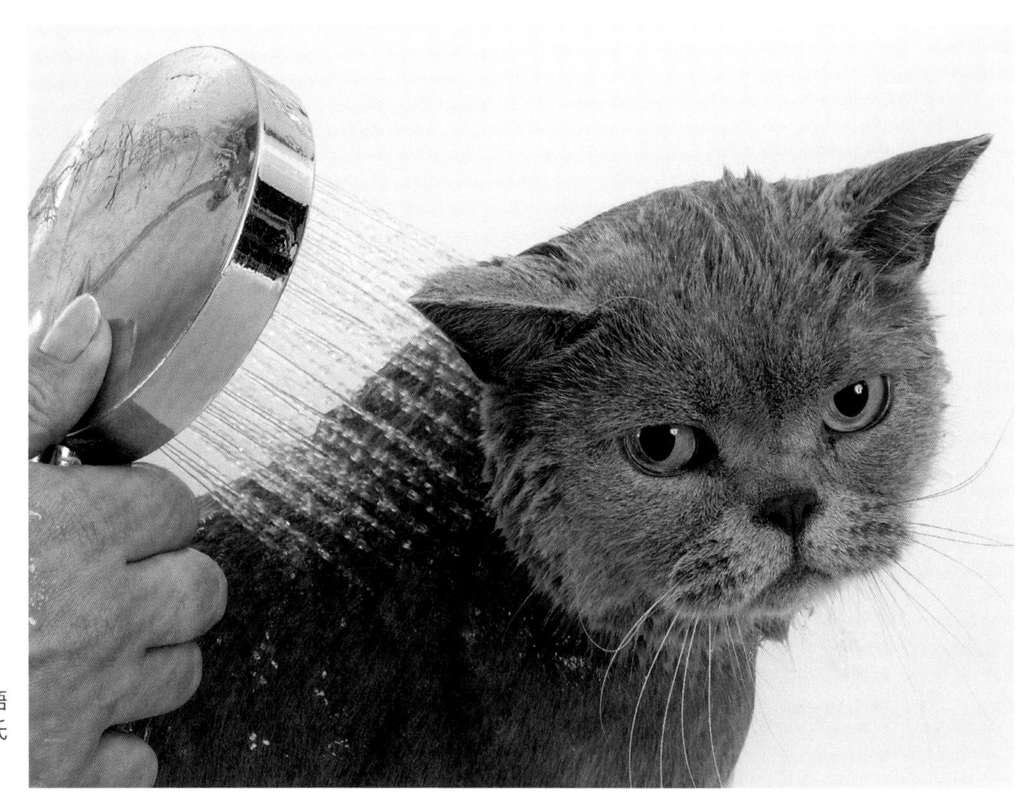

1 慢慢把你的貓放進洗手槽或浴缸，用和緩的語氣安慰牠。沖淋時盡量用接近體溫的溫水（攝氏38.6度），仔細沖溼貓全身的毛皮。

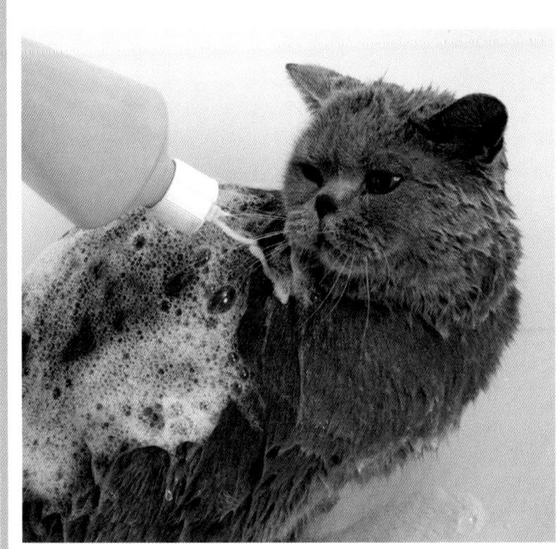

2 使用貓專屬的沐浴乳，絕對不要用為狗或人設計的產品，若非貓用沐浴乳，可能含有對貓有毒的化學物質。別讓沐浴乳流進貓的眼睛、耳朵、鼻子或嘴巴。

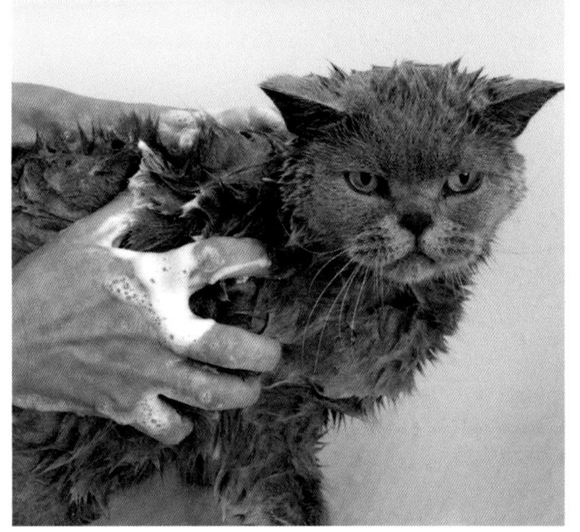

3 搓揉出泡沫徹底洗淨全身，然後沖洗乾淨。重覆再用沐浴乳洗一遍，或是改用潤絲精按摩，之後再把泡沫沖掉。過程中要不斷安慰你的貓。

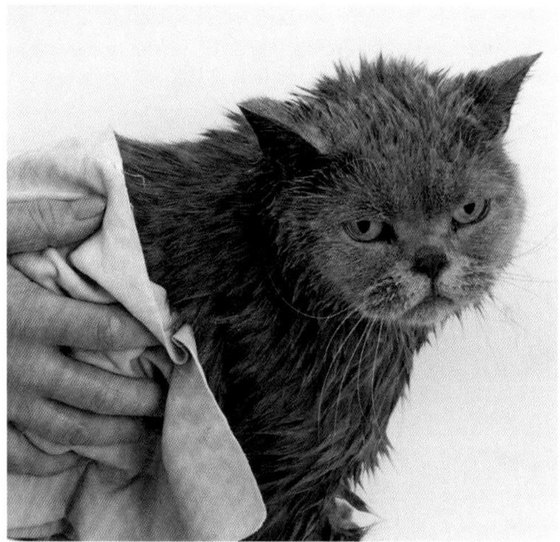

4 用毛巾把貓全身擦乾，假如貓不討厭吹風機的聲音，也可以設定低風速吹乾。梳順貓的毛皮，讓牠在溫暖的房間內等身體乾。

貓的心理

家貓和野貓雖然會社交，但和牠們的祖先一樣，獵食時是獨來獨往的。已發展出細膩且複雜的行為和溝通方式，常常發出令主人不明究裡的訊息。不過，貓還有其他各種肢體信號，人可以學習解讀。

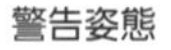

臉部表情和肢體語言

貓會利用耳朵、尾巴、鬍鬚和眼睛對你發出信號。耳朵和鬍鬚通常一起動作。一般來說，貓的耳朵直豎，面向前方，鬍鬚伸向前方或兩側，表示你的貓警覺且好奇。當貓的耳朵壓平轉向後方，鬍鬚向前豎起，表示貓打算攻擊。耳朵轉向兩側，鬍鬚平貼臉頰，表示貓很害怕。

貓不喜歡眼神接觸，這也是為什麼貓反而常常會去找屋裡沒在看牠的人，因為這被貓解讀為友善的表現。一旦貓習慣身邊的人以後，眼神接觸就不再那麼令牠感覺受威脅。瞳孔放大可能表示興奮好奇，也可能是害怕或恫嚇，因此還要注意其他肢體信號以解讀牠的行為。

身體姿勢

貓的姿勢能告訴你兩件事，不是「走開」就是「過來」。躺下來、放鬆坐著或朝你走近，都表示貓這時候可以接近。貓仰躺在地、露出肚子並不是像狗表示順從，這通常是一種戰鬥姿勢，讓貓能施展所有爪子和牙齒。要是貓仰躺著，同時還左右滾動，那就可以推測牠現在是想和人玩，但要避免過度觸碰牠的肚子，否則可能會被貓抓或咬。扭動臀部是另一個想玩耍的信號。若你的貓蹲伏著，一面看向左右兩側，或把尾巴盤繞在身旁，這是在等待時機準備逃跑、撲上去或發動攻擊。

警告姿態
若你的貓站著臀部抬高或背部拱起，表示牠感受到威脅，這個動作是在警告：牠即將發動攻擊。這時身體毛髮也可能豎起。

氣味和觸碰

貓有絕佳的嗅覺，會用尿液和氣味標記地盤，留下訊息告訴其他的貓。貓會在自己感覺自在放鬆的地方磨蹭頭部留下氣味；在牠感受到威脅的地方噴灑尿液。未結紮的貓會噴尿警告其他貓自己在這裡、恫嚇競爭對手，或是宣告目前可以交配。若結紮後的貓還是會噴尿，可能是焦慮的表現，須查明是什麼原因引起的。貓也會在物體表面、人類或同伴身上摩擦臉頰、腳掌和尾巴，散布這些部位的腺體分泌的氣味。這些氣味能標記地盤，幫助貓建立社交聯繫。生活在一起的貓會互相摩

眼神威嚇
貓用四目相接當作威嚇手段以避免直接開戰。直盯著看被貓視為威脅，兩隻貓會互相瞪視，直到有一方移開眼神或默默逃走。

尾巴信號

貓傳達心情最明顯的跡象是牠發出的視覺信號。雖然貓會用身體各部位作信號，但最能顯現情緒狀態的是貓的尾巴。觀察貓擺放和移動尾巴的方式，那會清楚表現貓當下的心情。盡可能熟悉尾巴不同動法所代表的意涵。記住，貓的心情有可能一瞬間產生變化。看懂尾巴的語言非常有用，因為行為問題常常就是起因於溝通不良。

尾巴動作	意涵
尾巴左右輕擺	貓正在告訴你牠不太高興
尾巴重拍地面	沮喪的表現或是警告訊號
彎成「n」字形或貼近地面擺動	貓尾巴做出這種形狀和動作是在宣告「不要惹牠」
尾巴大力揮甩	退遠一點，你的貓不開心，現在接近可能會惹毛牠
尾巴倒豎，毛髮蓬起	焦慮上升的徵兆，你的貓正感受到威脅
彎至背部上方	貓已準備好發動攻擊的警告信號
尾巴收在雙腿之間	尾巴這個位置是表達順服的意思
尾巴平舉或稍微貼近地面	一切都好，貓目前處於平靜放鬆的狀態
尾巴豎起，有時末梢會捲起	貓正在表示友好，有興趣與你接觸
尾巴向上直豎且不停顫抖	你的貓非常高興，興奮得發抖

擦側腹或頭部，創造一種群體氣味，使彼此能對陌生者的存在保持警戒。你的貓也會磨蹭家中成員，把所有人都標記成牠的「幫派同夥」。貓遇到彼此的時候會鼻對鼻嗅聞氣味，不認識的貓關係僅止於此，但關係友好的貓會進一步互相磨蹭頭部，或舔彼此的臉或耳朵。抓東西也是另一個留下氣味的方式，同時也是有貓出沒的視覺信號。

邀玩
貓翻身露出肚子不見得是因為牠想要你摸牠肚子，圖上這隻貓的意思是牠想玩——這時給牠一個玩具，牠就會馬上抓過去又抱又咬。

貓的叫聲

野生貓是獨來獨往的掠食動物，會固定巡邏自己劃定的地盤。也因此，貓出聲溝通大多都是用來嚇阻入侵者。學習解讀貓叫聲的含意，有助於理解貓想告訴你什麼事。

貓最主要發出的聲音有嘶聲、低吼、喵喵叫和呼嚕聲。嘶聲和低吼——有時伴隨齜牙咧嘴或露出爪子，是在警告擅闖地盤的入侵者，或是警告人類靠牠太近了。喵喵聲在成年貓之間很少使用，主要是小貓用來叫喚母貓的方式。養在家裡的貓會用喵喵叫宣告自己的存在。短促高亢的唧唧聲和吱吱聲，通常代表興奮或有所懇求；低沉拉長的聲音則傳達不悅或要求。快速、急促且大聲重複的叫聲多半表示焦慮不安。拉長音的哀鳴和尖叫表示貓感到疼痛或正在戰鬥。交配中的貓會發出長聲哀號，又稱為貓叫春。呼嚕聲通常是滿足的聲音，但貓也會在疼痛或焦慮的時候發出呼嚕聲安撫自己。

說貓語
說貓的語言，而非人的語言。當貓做出不允許的行為，發出嘶聲或噴聲代替說「不行」，你的貓就會明白自己犯錯了。事實證明這會比吼叫有用得多。

貓的社交

貓是能夠和人類、別的貓，甚至是狗快樂相處的，其中很大的因素取決於第一印象，因此要有耐心，讓貓用自己的步調和其他同住伙伴認識。如果在新成員到來時謹慎細心地介紹彼此認識，你的貓就能應付各種社交場合，逐漸成為自信、友善的動物。

及早開始

應該從幼貓期就開始讓寵物學習社交。盡量讓小貓多接觸從未謀面的人、貓和狗，並讓初次見面成為既有趣又能得到獎勵的經驗。盡早讓牠認識朋友、鄰居和獸醫。初次見面的時間以簡短為佳，可用零食來犒賞牠的良好表現。幼年不曾見識過新場合的貓，長大後可能會害羞膽怯，有陌生人或其他動物接近時，容易反應不當。

讓小貓習慣被撫摸、給牠多玩能磨練掠食技巧的遊戲都很重要，但牠睏的時候就要讓牠睡覺。

成貓的社交

如果你收養的是隻成貓，那牠適應新人物和新環境的時間會比小貓更長。生活作息的改變會讓年紀較大的貓情緒不佳。盡量從前飼主或收容中心那裡了解牠的習慣、個性、喜歡的食物和玩具。熟悉的物品可以幫助牠融入新環境，所以設法把一些舊墊子或舊玩具帶回來，牠會更有安全感。為牠準備一處避難室，例如提籠或箱子，讓牠在需要時有地方可躲，繼而感到安全。

年紀較大的貓剛開始跟新主人接觸時，可能會小心翼翼又抗拒碰觸。請讓牠自行探索周遭環境。跟牠說話時的聲調應低而輕柔，讓牠習慣你的存在和你的聲音。社會化程度不佳的貓主要問題之一是會玩得太過粗暴——連抓帶咬不達目的絕不罷休。如果出現這類情況，你只要停止遊戲，用堅定的聲音說「不」，然後給牠一個玩具就好。在貓跟你好好玩的時候要不斷稱讚牠，當牠對玩具展露侵略性時仍要稱讚牠。這樣牠會了解對玩具可以粗野，但跟你玩時可不行。

面對陌生人時，等牠準備好自己上前接觸，不要強迫牠去跟陌生人見面。一旦牠明白不會怎麼樣之後，就會變得更有自信，也更信任他人。如果你不得不把愛貓託給朋友或鄰居照顧，請他們先來你家，讓牠習慣對方。

介紹新生兒

如果你的貓向來是焦點中心，那麼新生兒到來時，牠可能會爭風吃醋、心生嫉妒。

母貓的社交
小貓在8到12週大時開始從母貓身上學習社交技巧，因此通常不建議收養12週齡以下的小貓，因為牠們此時仍需要大量時間與母貓相處，讓母貓教導基本的生活技能。

習慣小孩
對家中小孩來說，新來的貓的吸引力實在難以抗拒。教導孩子與貓接近和相處的正確方式，雙方初次接觸時務必從旁監督。

好同伴
如果一同生活的貓並非兄弟姐妹，那麼最好盡早讓牠們彼此認識。假如你整天在外工作，牠們就能互相作伴、一起玩耍。

事前完善的準備有助於預防這種情況。嬰兒出生前，讓你的貓查看寶寶的房間和陳設，但要清楚讓牠知道不准擅自進入嬰兒房內，嬰兒床、嬰兒籃和嬰兒車也絕對都是禁地。如果你的貓有任何行為問題需要矯正，現在正是時候，因為嬰兒到來後情況可能會更難收拾。

第一次把嬰兒帶回家時，讓貓坐在嬰兒旁邊，並用零食獎勵牠的良好表現，這樣一來牠會把嬰兒與正面經驗連結起來。切勿讓寶寶和貓獨處。寶寶睡覺時把房門關上或是裝扇紗門。盡量維持愛貓的生活作息如常，並確保家人對牠的關愛依舊。

家中其他寵物貓

貓會把你家視為牠的地盤，把另外一隻成貓帶進屋內則可能會被牠看成是種威脅。不過，如果新成員是隻小貓，原來的貓比較有可能容忍。注意觀察成貓是否出現霸凌和嫉妒新成員的現象。如果年紀較大的貓看起來會找小貓麻煩，就先把雙方分開，直到新成員能照顧好自己為止。記住，這裡是舊有的貓的地盤，無論新來的貓有多小，貓的本能都會驅使牠防備外來者闖入。請確保舊有的貓得到應有的關愛，並用零食獎勵牠的良好表現。牠們雙方會逐漸習慣彼此，培養出相互作伴的休戰關係。

與其他寵物見面

無論是要把新貓介紹給狗或把新狗介紹給貓，你都可以運用類似的方法。初次帶新的貓回家後，在牠一切適應之前，先把牠放在某間狗沒有必要進去的房間裡。你也可以裝上圍欄或是讓狗暫時待在籠裡。在貓熟悉新環境時，拿一條貓在上面睡過的毛巾讓狗嗅聞貓的氣味，或讓狗聞你搓揉過貓的手也可以。對貓也用一樣的方法。當狗熟悉貓的氣味了，就把狗套上牽繩，牽去貓的房門口。切勿任由狗出現吠叫、搔抓或暴衝等不當行為。如果狗的行為得宜，試著解開牽繩，但要先確定貓有往高處逃跑的路線。有些狗與貓獨處可能永遠無法令人放心，這一點雖然令人遺憾，但如果情況如此，就必須隨時把牠們分開、或在牠們碰面時在一旁看著。

貓科的狩獵本能仍未消失，因此像倉鼠或兔子這類小型寵物，最好就別介紹給貓認識了。

學習成為朋友
貓和狗絕非天生的好搭檔。請確保狗遇到貓時不會太過興奮，這樣當牠在貓身邊時，貓才會覺得安全。

遊戲的重要性

貓在生活中需要一些興奮刺激以確保身心健康，成天在家中獨處的室內寵物貓尤其如此。只要稍微動一動腦並投入心力，就能為你的貓創造出有趣的居家生活。一起玩遊戲固然是與貓建立良好互動的方式，但你也應該鼓勵牠自己玩。

玩遊戲是貓發洩多餘精力的重要出口。凡是狩獵及潛近獵物的機會被剝奪的貓，都可能變得無聊且有壓力，因而造成行為問題（見290-291頁）。遊戲帶來的身心刺激對成貓和幼貓一樣重要。隨著年齡增長，大多數的貓（尤其是已結紮的貓）仍會保有愛玩的天性。

缺乏刺激對室內貓來說，有可能造成嚴重問題，成天過著單調乏味又沒有同伴的日子，會讓牠在飼主回家後，不斷纏著主人博取關注。室外貓的生活風險雖然較高，但生活方式卻更加刺激多變（見260-261頁），奔跑跳躍的空間夠大、接觸到的經驗也夠新鮮豐富，牠們就能盡情發揮探索、追逐和狩獵的本能。即使是養在室內，貓也需要定期宣洩一下精力，通常會以在房裡暴衝繞圈、在家具上跳高跳低、幾乎要扯下窗簾等「瘋狂時刻」的形式表現。這些再自然不過的行為如果不受控制，就可能有屋子受損、愛貓受傷的風險。為了防止貓突然「發瘋」，請運用互動式玩具和對貓有益的遊戲讓牠發揮掠食本能。

學習天生技能
懸垂或拖曳一條帶狀物會激發小貓狩獵和潛近的本能。這類遊戲也有助於小貓學會野外生存必備的重要技能，例如捕捉和咬住獵物等。

多樣化的玩具

貓喜歡能讓牠們發揮追逐、潛近和猛撲本能的玩具（見右頁下框），所以請提供可滿足牠狩獵需求的替代品。附有晃動羽毛的逗貓棒或貓薄荷老鼠等互動式玩具能讓牠用貓爪撲抓揮擊，或者也能在地上拖行讓牠追逐。逗貓棒還能在牠攻擊「獵物」時，讓你的雙手與貓爪及利齒保持安全距離。

你本人不應該是貓唯一的樂趣來源，所以務必要給牠能自行玩耍的玩具。會動的、質感特別的，或是帶有貓薄荷氣味的玩具，最有可能吸引牠的注意。會在地板上移動的發條或電池玩具特別能令大多數的貓感到興奮，不過一旦這些玩具的動作方式被牠摸透，牠就

躲藏與探索
紙袋和紙箱能吸引貓的好奇心，讓牠有仔細探究的對象，或者在缺乏安全感時，有個藏身之處。在旁邊看著，要確認牠只要想離開時都能脫身。

戶外遊戲
即使是集萬千寵愛於一身的貓，仍然保有對狩獵和精神刺激的渴望與需求。能踏出戶外的貓就有許多發揮本能的機會。

沒興趣了。

請確保玩具的狀況良好，沒有東西可能會脫落、被貓吞下肚。凡是愛貓有可能咀嚼或撕碎的物品，使用時都應該在旁邊看好牠。細碎的線頭和布料可能引起腸阻塞，銳利的邊緣則可能傷到貓的口部。

單純的樂趣

不需要為貓購買昂貴的配件或玩具。一團揉皺的報紙、線軸、鉛筆、松果、軟木塞和羽毛等簡單的日常物品，就能讓貓自得其樂。貓喜歡躲藏，所以要提供牠可以玩躲貓貓的地方，例如舊紙箱或紙袋。切勿讓貓玩塑膠袋，如果被袋子提把困住，牠可能會被勒住脖子或在袋內窒息。

確認窗簾和窗簾繩不會懸垂在貓可輕易碰到的範圍內，因為牠很可能認為那是個好玩的東西。貓的身手或許矯捷，但還是很容易被勒住而窒息。

讓愛貓保持振奮

讓遊戲時間變得更有趣的方法之一，是教牠新把戲（見288-289頁）。狗會為了取悅「領袖」而學新把戲，貓則需要不一樣的學習動力，那就是食物。教導貓的最佳時機是在餐前牠正飢餓時。選一個安靜無干擾的地方，每次訓練時間不超過幾分鐘長度。可能需要每天重複訓練好幾次，而且要持續數週，視牠的年齡和新把戲的難度而定。當牠做得正確時，用小零食獎勵進步並不斷讚美牠。你的貓只有在牠覺得好玩的前提下，才會樂意參與訓練：千萬別強迫牠做牠不想做的事，如果牠心意已決不感興趣，也別對貓生氣。

就算愛貓尚未準備好跟你合作學習新把戲，還是可以購買或自製迷宮遊戲慢食器，讓牠吃得開心。牠必須想辦法靠爪子或鼻子撥弄，食物才會從慢食器掉出來。你也可以把乾飼料藏在家中各處，讓牠必須「狩獵」才吃得到，而非只從碗中進食。

高臺讓貓棲息其上

吊掛玩具讓貓揮擊捕捉

底部寬廣避免柱子傾倒

活動中心
貓很喜歡從各個角度探索環境，因此務必為牠提供幾處可以細細探究或安心棲息的地方。一根堅固並附有高臺的貓抓柱就能滿足愛貓跳躍和攀爬的需求。

玩具總動員

貓能玩的東西琳瑯滿目。大多數的玩具都是為了刺激貓對狩獵和潛近獵物的渴望而設計的。合適的玩具包括輕巧的小球和豆袋、填充老鼠或棉繩老鼠、絨球和羽毛等。很多寵物店也有賣貓薄荷香味的玩具，和裡面可以藏零食或少量食物的空心球。貓抓柱、遊戲站或貓健身房，都能刺激牠愛攀高的天性傾向。多功能活動中心則能為你的愛貓提供多樣變化——附有舒適的藏身處、貓抓柱、棲息座和吊掛玩具供牠玩耍。

開心時光

大多數的貓一生到老都熱愛玩耍。牠們有辦法自得其樂，但飼主提供的有益遊戲能帶給牠們額外刺激，讓貓從中受益。

訓練愛貓

貓生性好動，需要充足的刺激以確保身心健康。教導愛貓良好行為和玩遊戲都是與牠互動的好方法。友善而有效的訓練包括制定家規、獎勵「好」的行為並忽略「壞」的行為。這些都能讓控管寵物變得更輕鬆。

只要有食物一切都好辦

如果能獲得可以吃的獎勵，貓就樂於學習。貓跟狗不同，牠對紀律毫無反應。單靠口令無法教會牠坐下或過來，但一點美食珍饈，例如雞肉乾零食或蝦乾，加上大量的溫柔讚美會有幫助。貓在飢餓時學習效果最佳，所以設法在餐前進行訓練。把零食分成小塊，否則如果吃得太多、太快，牠覺得不餓了就會失去興趣。

貓最佳的學習時期約從四個月大開始。幼貓不易集中精神；老貓一般則興趣缺缺。活潑的短毛貓，例如暹羅貓（見104-109頁），通常比其他品種容易訓練。

喚名訓練

除非愛貓有個名字，否則無法接受訓練。名字以簡短、一到兩字為宜，方便牠辨識和回應。如果你收養了一隻成貓，即使不喜歡牠的名字，最好也不要改名。訓練應維持一、兩分鐘，時間切勿過長，而且最好在安靜不受干擾的房間裡進行。

要貓過來你身邊，請呼喚牠的名字，同時用零食引誘牠。牠上前時，你就退後一步，同時說：「來」。牠一走到你身邊，立刻給予零食和讚美。重複這些步驟，每次增加一些距離，直到牠在其他房間聽到指令也會朝你跑來為止。到那時候如果你停掉零食，牠應該還是會回應你的呼喚。

一旦愛貓學會回應呼喚而過來後，你可以試著訓練牠依指示發出喵喵叫。手上拿著零食，呼喚牠，但暫時不給牠吃，即使牠試圖從你手中搶走零食也不行，直到牠叫時才給牠吃。一發出叫聲後，立刻叫牠的名字，同時遞上零食。用有零食和無零食兩種方法來練習強化這項行為，直到牠一聽到自己的名字就會喵喵叫為止。

叫了就來
平常就把貓訓練到懂得回應你的呼喚可能很有用，例如晚上需要叫牠進屋裡的時候。

響片訓練

若想教愛貓一些基本把戲，例如走進牠的提籠，那麼響片訓練就是非常有效的方式。響片是一種小裝置，裡頭有個金屬片，按一下就會發出響聲。當愛貓表現「正確」的行為時，立刻按一下響片同時給牠零食，就可以訓練牠把響片聲和好東西連結在一起，並依要求表現出期望行為。

走出戶外

可以用牽繩帶室內貓出門走走，體驗一下戶外世界。牽繩必須繫在胸背帶上，不能只扣在項圈上，以免貓掙脫。所以第一步要先讓貓習慣胸背帶，每天讓牠戴個20分鐘，連續幾天，記得檢查是否配戴正確，並給予零食和獎勵。接下來把牽繩扣上胸背帶，讓貓在室內拖著繩子活動，同樣等牠習慣一小段時間，你再把繩子牽起來。最後才牽牠到院子，或者不會受到狗或車聲驚嚇的安靜空間去走走。

遛貓去
到戶外去能讓室內貓呼吸一下新鮮空氣，活動筋骨，但更重要的是讓心智獲得新的刺激，一旦貓更有自信，牠的好奇心也會增加。但遛貓和遛狗不同，不要期待貓會想去很多地方，你要任由貓用自己的步調享受戶外世界。

聆聽響聲

開始進行響片訓練之前，先確認愛貓了解響片和獎勵之間的連結。訓練時間應簡短以免枯燥。

行為問題

寵物貓的不良行為，例如抓傷家具、到處便溺或突發的攻擊性，都要進一步探究原因，而非懲罰。那可能是牠身心狀態受到影響的跡象，而且可能是健康問題。身為飼主的你應該設法查明行為背後的原因，到底是疾病、壓力、無聊或者只是愛貓天性使然罷了。只要有耐心，應該都能解決問題或減少問題。

解決問題的關鍵策略

- 請獸醫幫愛貓健康檢查，排除潛在的醫療方面的問題
- 設法找出最初造成這種行為的原因及當下的觸發因子
- 可能的話，不要讓愛貓接觸到觸發因子
- 千萬別因愛貓的不當行為而處罰牠或格外關注牠
- 為貓的正常行為，例如磨爪，找到更適當目標物，讓牠發洩
- 請獸醫介紹合格且經驗豐富的貓科動物行為專家讓你諮詢

侵略性

如果貓在跟你玩耍時咬你或抓你，立刻停止遊戲。牠可能興奮過頭，或者不希望你碰觸肚子等敏感部位。跟牠玩的時候，不要把手當成「玩具」，這麼做的話會鼓勵牠去咬或抓你的手。粗暴的遊戲可能會觸發攻擊性，所以請確保你的孩子溫柔地與貓玩耍，而且明白什麼時候應該讓貓獨處。此外也要訓練寵物狗不去挑釁貓，以免慘遭反擊。愛貓如果喜歡偷襲你的腳踝或跳上你肩膀，請做好心理準備，並用玩具來分散牠的注意力。

如果牠變得有攻擊性，卻找不出明顯原因，那可能是因為疼痛而出現攻擊行為，請帶牠去看獸醫。長期表現出攻擊性可能源於小貓時期未能正確地學會社交，因此始終對人類保持警覺，但你要有耐心，最終仍有可能獲得牠的信任。一般來說，絕育的貓會溫馴許多。

咬和抓

枯燥無聊可能導致壓力和破壞性行為。一生都待在室內，特別是經常獨處的貓，可能會咬家中物品來解悶。如果這聽起來像是你的貓的行為，請給他大量玩具玩耍，並確定你每天會特地保留一點時間給牠，全心全意陪伴牠。

磨爪是貓的本能，既可維持爪子銳利，又能在地盤留下可見標記及氣味。如果你的沙發被嚴重抓傷，請為愛貓準備替代品，買根貓抓柱讓牠標記地盤。

打架
在牠社交範圍之外的外來者，天生就會令貓感到威脅。利益衝突常引起打架，被迫共用餵食區或貓砂盆等資源的貓尤其如此。

宣告領域
貓會在「領土爭議區」用尿液標記地盤。如果與特定範圍內另一隻貓起衝突的話，無論在屋內或院子，牠們都會這麼做。噪音或環境改變引發的壓力，也可能導致貓在不恰當的地點噴尿。

大多數的貓抓柱都布滿粗繩或粗麻布，質地對貓有吸引力。把柱子靠近牠抓過的地方，如果牠不願意使用，就在柱上摩擦一些貓薄荷引誘牠。如果牠比較喜歡在地毯上磨爪，就用一張平面式的貓抓墊作替代品。如果牠對抓家具情有獨鍾，避免牠繼續抓的方法是清洗抓過的區域，除去牠的氣味，然後在上面覆蓋貓不喜歡其觸感的東西，例如雙面膠。

針對貓磨爪帶來的困擾，另一種可能的解決方案是在家具上噴含有模擬貓面部荷爾蒙的合成噴劑，貓天生就會用這種荷爾蒙來標記地盤。這種產品也有插電式噴霧，據說可以釋放出讓貓安心的訊息，有助減少與焦慮及壓力相關的行為。

噴尿

噴尿跟磨爪一樣都是在標記地盤，只不過這種行為通常在貓結紮後就會消失。如果你的貓因新生兒或其他寵物的到來等環境改變而受到壓力，有可能會復發噴尿行為。

要對抗室內噴尿問題，你可以在看到愛貓提高尾巴準備噴尿那一刻讓牠分心：壓低牠的尾巴或扔個玩具給牠玩。如果牠反覆在某個地方噴尿，請徹底清洗該區域，然後把牠的飼料碗放在那裡，阻止牠繼續噴尿。你只能使用安全的生物性清潔劑，別用阿摩尼亞或其他氣味濃烈的化學物質。也可以把鋁箔紙鋪在噴尿區上，因為貓不喜歡尿液打到鋁箔紙的聲音。

岌岌可危的家具
磨爪是貓用來保養爪子、同時留下訊息的一種自然行為。如果你的貓在與其他貓有潛在衝突的區域內磨爪，可能是因為對自身地位缺乏安全感，想藉此留下地盤記號。

貓砂盆問題

你的貓如果有大小便疼痛問題，牠可能會把不適感跟貓砂盆連結在一起，而到他處解決。因此牠若在貓砂盆外大小便，請諮詢獸醫意見。如經獸醫徹底檢查一切正常，代表問題可能出自其他方面。貓砂盆如果沒有經常清理，貓可能會覺得氣味過重。同樣的，為了遮避氣味而幫貓砂盆加蓋，盆內氣味對牠而言就太過強烈。更換不同型式的貓砂盆也可能帶來問題，因為新的材質牠可能不喜歡。

繁殖與養育

繁殖純種貓聽起來或許像是一件既開心、又可能有利可圖的事業，但它其實是一份嚴肅的承諾。大多成功的育種人士都是由多年經驗磨練出來的。如果你決定要做，請準備投注大量時間與金錢在研究、事前作業和照顧孕貓及新生小貓上，而且還要提前規畫小貓的未來。

重大決定

除非你有很好的理由相信自己能為每一隻小貓找到新家，否則千萬不要考慮幫愛貓配種（見269頁）。

開始之前，盡可能尋求大量意見及詳細資訊。從你當初購買純種母貓的繁殖業者那裡，就能得到許多寶貴建議，包括在哪裡可以找到合適的純種公貓。你必須徹底了解貓遺傳學，特別是毛色和毛式（見51-53頁），因為一胎可能混合了不同特徵。你也必須知道與愛貓品種有關的遺傳性疾病（見296-297頁）。純種小貓雖能賣得數百英鎊（新臺幣數千至數萬元），但大部分的收入將抵銷在育種場設施、獸醫費、貓用保溫設施、登記費以及斷奶後母貓和小貓額外的食物支出上。

孕貓
家貓的懷孕期通常是63到68天。

孕期與母貓照護

如果你的貓已經配種成功，初期跡象之一是在懷孕三週左右的乳頭輕微泛紅。接下來幾週牠的體重會穩定增加且改變身形。切勿自行診察牠的身體情況，因為這可能傷害到貓。孕貓需要充足營養，獸醫能給你餵食方面的指導，如有需要也會建議該準備哪些營養補充品。

此外很重要的是檢查愛貓的寄生蟲狀況（見302-303頁），因為牠可能把寄生蟲傳給小貓。獸醫可能需要牠的糞便樣本，以檢驗有無腸道寄生蟲，如有需要也會建議你治療跳蚤的方法。

如果你的貓天性好動，沒有必要阻止牠跳躍或攀爬，但懷孕最後兩週時應讓牠待在室內。除非絕對必要，否則不要抱牠，此外應叮囑家中小朋友溫柔對待貓。

早在愛貓預產期之前，就應該為牠在安靜的角落準備好產箱。產箱可以買現成的，也可以使用堅固的紙箱。產箱一側應有開口方便進出，但開口不宜過低，以免新生小貓滾出來。箱內鋪上厚厚的一般紙張讓貓撕抓，使牠覺得溫暖舒適，弄髒後

發育階段

剛出生的小貓看不到也聽不到，凡事都依賴母貓。但牠們發育得很快，幾個星期內就會從無助的新生兒長成活潑的小貓，這時也已學會當一隻貓的基本能力。大約三週大會走路後，牠們就開始在母貓使用貓砂盆時從旁模仿。四週時，小貓開始從喝母乳改為吃固體食物，同時模仿母貓從碗內進食。牠們會愈來愈不依賴母貓提供營養，通常八週大時，就可以完全斷奶。貓一般在12個月左右成長完全，有些貓需要較長時間。貓在成年之前就會達到性成熟，小貓可在四個月大時就接受結紮手術。

五天
小貓雖然尚未睜開眼睛，但多少已能夠感知周遭世界。耳朵平貼在頭部，聽力也還沒發育完全。出生一週內的小貓與母貓十分親近，除了吃、睡之外幾乎不做其他事。

兩週
眼睛已經睜開，但視力並未發育完全。小貓的藍眼睛會維持數週，然後逐漸轉變為永久色。小貓的嗅覺正在發展中，發出嘶嘶聲或吐口水是牠們對不熟悉氣味的防衛反應。

初次洗澡
小貓一出生後，母貓就會幫牠舔乾淨，用舌頭努力清除外層包覆的薄膜，同時刺激小貓呼吸。

也方便更換。鼓勵愛貓進去產箱裡走動，這樣可以讓牠在產箱內感到自在，也許就能期待牠在分娩開始時進入產箱待產。

分娩

分娩時刻來臨時，你的角色純粹是從旁密切觀察，若有什麼狀況就聯繫獸醫。請確認自己知道會發生哪些事，獸醫可以提供資訊，告訴你分娩每一個階段的過程。大多數情況下，小貓都能順利出生，即使是第一次分娩的母貓，憑著本能也都知道自己該做什麼。

最初幾週

小貓斷奶前必須一直與母貓和兄弟姊妹待在一起。母貓不僅是保護者和營養來源，也是貓科動物行為的老師。小貓透過與兄弟姊妹間的互動來練習社交技巧與生活技能。除非絕對必要，否則不應讓小貓離開家庭。

小貓從四週大起就會開始玩遊戲，一些刺激型玩具對貓有益。會滾動的物品很受歡迎，但不要給牠們玩可能傷到小貓爪的東西。小貓玩的遊戲經常會變成粗魯地扭打作一團，但即使玩到整窩小貓都打成了難分難捨的毛球，也無須把牠們分開。他們不太可能傷害彼此，何況玩鬧式的打架也是發育成長的一環。小貓的行動力足以爬出產箱後，請隨時注意牠們在哪裡。小貓會四處閒晃，容易被踩到或傷到自己。施打過完整的疫苗以前，要讓牠們待在室內。

物色新家

12週齡的小貓可以準備到新家去了。即使你本來就計畫一隻不留，但要和一窩從出生開始就悉心照顧的小貓分開可不容易，情緒上你可能會無法招架。把小貓託付給新主人之前，請盡你所能確保牠要去的地方，是你所能找到的最棒的新家。先列好一個問題清單，在你得到完全滿意的答案前，不要達成任何協議。

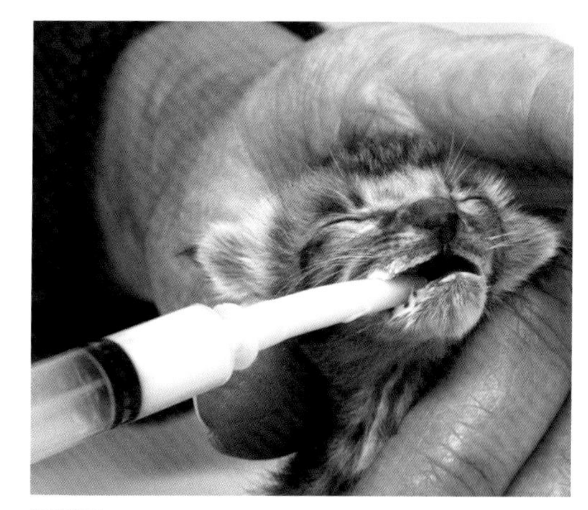

滴管餵食
很少有小貓必須用人工方式以手餵食。使用的器具、奶的配方和餵食技術正確與否都十分重要，因此務必請教獸醫。

四週
小貓開始四處探索：會爬上爬下、四處奔跑、尾巴直立高舉開始當成平衡桿。這時的視力和聽力發育良好，已經長出幾顆乳牙，消化系統也足以消化固體食物。母貓這時會開始斷奶過程。

學習自己理毛

八週
非常活潑，不管對任何事物統統都感到新奇，這個階段小貓本能地開始養成貓科動物特有的習慣，例如為自己理毛，牠也會透過撲抓玩具或兄弟姊妹來練習狩獵。此階段前後應徹底斷奶完畢。

十週
還不完全是隻成貓，但也相差無幾。小貓這時已經發展出獨立的個性，很快就可以準備離家。大膽地嘗試跳躍、攀爬時，需要從旁監督小貓。此階段的要務為施打第一次的疫苗。

最初幾天

剛出生的每隻小貓都會選擇一個母貓乳頭，之後每次都會本能地回到同一乳頭吃奶。整窩小貓在第一週內除了睡覺和吸奶外，什麼也不做。

遺傳性疾病

遺傳性疾病指的是從一代傳給下一代的疾病。有些疾病與特定品種有關；以下說明幾種最重要的遺傳性疾病。

為什麼會出現基因問題？

遺傳性疾病源自於貓的基因缺陷。基因是細胞內的DNA（去氧核醣核酸）區段，提供構成貓的發育、身體結構和功能所需的「指令」。遺傳性疾病通常出現在小族群中，或者因動物近親交配所致，因此在純種譜系較常見。有時可以運用篩檢測試找出罹患遺傳性疾病的貓。

特定品種的問題

由於每一種純種貓的基因庫可能非常小，所以受到缺陷基因的影響比混種貓來得大。混種族群的缺陷基因通常經過幾代的人工繁殖之後就會消失。例如肥厚性心肌症（HCM）主要與緬因貓（Main Coon，見214-215頁）和布偶貓（Ragdoll，見216頁）的某個缺陷基因有關。這種病症會導致心肌肥厚、彈性不佳、心臟空間變小，進而減少心臟可以泵出的血液量，最終引發心臟衰竭。事實上有些貓品種的特點就是遺傳性疾病，例如，從前古典暹羅貓的鬥雞眼是視力問題造成的。

遺傳性疾病可能在小貓剛出生時就顯現，或者日後才漸漸出現。有些貓或許有缺陷基因，但從未表現出症狀。這些貓稱為帶原者，如果與其他帶有相同缺陷基因的貓配種，就可能生下有遺傳性疾病的小貓。

貓的許多疾病都被認為是源自遺傳，只是尚未找到缺陷基因加以解釋。右頁表中列出的疾病都經過證實，確定為遺傳性疾病，其中有些已可透過篩檢測試，查出貓有無缺陷基因。

飼主能做什麼？

為了幫助根絕遺傳性疾病，有責任感的繁殖者應該替所有罹患或帶有遺傳性疾病的貓絕育，避免用牠們育種。

如果你的貓罹患或發展出遺傳性疾病，盡量設法蒐集資訊。遺傳性疾病大多無藥可醫，但悉心控制可以減輕症狀，為寵物提供良好的生活品質。

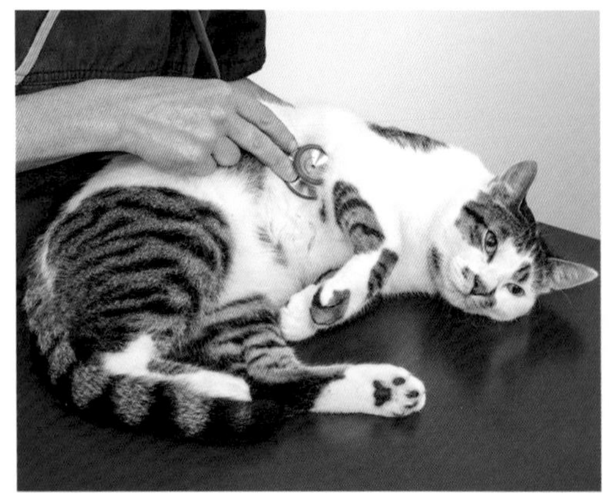

檢查心跳與呼吸
獸醫用聽診器聽貓的心跳和呼吸速率，這麼做能檢查出可能是遺傳性疾病指標的胸腔異音。

腎臟疾病
波斯貓（見186-205頁）有罹患數種遺傳性疾病的風險，包括多囊腎疾病。這種病會讓貓的腎臟會長出充滿液體的囊泡，最終導致腎臟衰竭。

特定品種的遺傳性疾病

病名	說明	有無篩檢方法？	疾病管理	受影響的貓品種
■ 原發性皮脂漏	毛皮掉屑或出油。	無特定篩檢測試可用。	用醫療性洗髮精經常幫貓洗澡。	波斯貓、異國貓、喜馬拉雅貓
■ 先天性稀毛症	小貓天生無毛，易受感染。	本罕見疾病目前尚無檢驗可用。	無法治療。讓貓待在溫暖的室內環境，遠離潛在感染源。	伯曼貓、暹羅貓、緬甸貓、得文捲毛貓
■ 出血性疾病	受傷後傷口出血過多或異常出血。	有。此病症的某些類型有檢驗可用。	檢查愛貓身上有無傷口未痊癒。設法止血並尋求獸醫建議。	伯曼貓、英國短毛貓、得文捲毛貓、暹羅貓
■ 丙酮酸鹽激酶缺乏	影響紅血球細胞數量，導致貧血。縮短壽命。	有基因檢測可用。	患病貓隻可能需要輸血。	阿比西尼亞貓、索馬利貓
■ 肥厚性心肌症	心肌肥厚，通常會導致心臟衰竭。	有基因檢測可用。	可服藥降低心臟衰竭的影響。	緬因貓、布偶貓、英國短毛貓、斯芬克斯貓、沙特爾貓、波斯貓
■ 肝醣病	無法正常代謝葡萄糖，導致肌肉嚴重無力進而心臟衰竭。	有基因檢測可用。	無法治療。患病貓隻需要短期輸液療法。	挪威森林貓
■ 脊髓性肌萎縮症	漸進性肌肉無力，始發於後肢。小貓從15週齡起出現症狀。	有基因檢測可用。	無法治療。若提供貓輔助，某些貓可以存活且享有一定的生活品質。	緬因貓
■ 得文捲毛貓肌病	普遍性肌肉無力，步態異常及吞嚥問題。	有。基因檢測可找出受影響者和帶因者。	無法治療。給予患病貓小口流質食物，避免窒息風險。	得文捲毛貓、斯芬克斯貓
■ 低血鉀性多發性肌病	肌肉無力，伴隨腎臟衰竭。患病貓隻通常會步態僵硬、頭部顫抖。	有基因檢測可用。	口服鉀可控制病情。	緬甸貓及其相關品種
■ 溶小體貯積症	會影響身體系統，包括神經系統在內的各種酵素缺乏症。	有。某些類型可經篩檢測試查出。	沒有有效的療法。患病的貓通常早亡。	波斯貓、異國貓、暹羅貓、東方貓、峇里貓、緬甸貓、科拉特貓
■ 多囊腎疾病	腎臟內長出液體囊泡，最終導致腎臟衰竭。	有基因檢測可用。	無法治癒。可給予藥物緩解腎臟負擔。	英國短毛貓、波斯貓
■ 漸進性視網膜萎縮	眼睛視網膜上的棒體及錐狀細胞退化，導致早期失明。	有。本症有一類型可以檢驗出患病的阿比西尼亞貓和索馬利貓。	無法治癒。患病的貓應注意安全，遠離潛在危害。	阿比西尼亞貓、索馬利貓、波斯貓、異國貓
■ 骨軟骨發育不全	痛苦的退化性關節疾病，導致尾巴、腳踝和膝蓋部位的骨骼融合	無。摺耳貓應該只能跟耳朵正常的貓配種以杜絕此症。	舒減療法有助減輕疼痛和關節腫脹。	蘇格蘭摺耳貓
■ 曼島貓症候群	因脊椎過短導致脊髓受損，影響膀胱、腸子和消化系統。	無。無尾貓的這種嚴重病症沒有特定檢驗可用。	無法治療。小貓出現明顯病徵後，大多施以安樂死。	曼島貓

健康的貓

從第一天開始就要了解愛貓一般時候的身體狀況，和正常的行為表現為何，這樣才能辨識什麼時候健康狀況良好，而出現疾病徵兆時，才能很快發現。觀察牠的活動或行為變化，可以及早發現生病或受傷狀況。獸醫在定期健康檢查時，也能評估牠的狀況並把貓身體的問題持續記錄下來。

外觀和行為

貓一開始靦腆害羞是正常的，但對你日漸熟悉後，牠的個性就會慢慢顯現。一般而言，無論個性外放或內向，貓看起來都應該具警覺性且心情愉悅。請注意牠的移動方式（快速或悠閒）、發出什麼聲音（喵喵叫、嘰喳聲）。看牠是怎麼與你和你的家人互動：牠應該上前表示信任，而且很高興見到你，特別是在牠知道你會提供食物的時候。

注意愛貓的飲食情形：牠應該胃口很好且毫無困難地進食。貓喜歡少量多餐（見270-273頁）。由於貓攝取的水分大多來自食物，所以飲水次數應少於進食次數，但只餵食乾飼料的貓可能會喝較多水。

如果你的貓使用貓砂盆，務必要每天幫牠清理數次，這樣你會知道愛貓正常的排便和排尿頻率。最後一點，要留意異常行為，例如過度舔舐身體、抓臉或搖頭。出現這些動作可能表示牠有傷口、寄生蟲感染或有東西卡在毛皮裡。

健康的行為

- 表情開朗且富警覺性
- 自在地奔跑跳躍
- 對人友善或冷靜
- 自己能輕鬆理毛
- 飲食的分量正常
- 大小便正常

穠纖合度又健康
除了看起來身體健康之外，你的貓還應該還要有警覺性且行動自如。牠應該定時自己理毛、對你冷靜又友善。

居家身體檢查

定期進行從頭到尾的身體檢查。新養的貓則應每天徹底檢查；了解牠之後，兩三天檢查一次就夠了。如有需要，可將檢查分作好幾小次，每次檢查數分鐘。

首先用雙手徹底撫摸愛貓的頭部、身體和腿部。輕壓腹部，感覺有無腫塊或傷口。移動牠的腿部和尾巴，確認都能動作自如。用手感覺肋骨並看看牠的腰部，檢查身材是否變得太胖或太瘦。

檢查眼睛。注意眨眼頻率：貓眨眼通常比我們慢。檢查瞳孔是否能正確對光亮和黑暗作出反應，且應該幾乎看不到第三眼瞼才對。檢查牠的耳朵和頭部沒有維持在怪異的角度。檢查耳朵有無疼痛、寄生蟲或深色耳垢。檢查鼻子是否冰涼、潮溼，而且不應有過多黏液。

檢查口腔內部看牙齦有無發炎或出血。呼吸不應該有臭味。迅速按壓外牙齦時，顏色應該轉成偏蒼白，但一鬆手立刻變回粉紅色。

牠的毛摸起來應該光滑而不油膩。目視檢查並觸摸感覺有無腫塊、傷口、禿斑或寄生蟲。輕輕抓起頸背，然後放開，皮膚應該迅速恢復原狀。

檢查爪子。爪子後縮時應該幾乎完全隱藏不見，也不應該勾到地毯或其他物體的表面。

看看尾巴下方，檢查該部位是否乾淨，沒有泛紅、腫脹或蠕蟲蹤跡。

察覺問題

貓在隱藏疼痛、疾病或受傷跡象這方面可是出了名的厲害（見300-301頁）。不甘示弱是牠們在野外能否存活的關鍵，這麼做才能避免捕食者注意。然而這種欺瞞敵人的計倆可能讓飼主在情況變嚴重之前，無法及時注意到問題。

如果愛貓看起來比平常更加飢餓或口渴、對食物興趣缺缺或體重減輕，都需要去請教獸醫。若牠排便或排尿時會哭叫或費力、或者曾在家中發生意外，可能是體內出了問題，必須立刻請獸醫協助了解。

行為改變也可能是出問題的跡象。牠或許不願意過來找你、自己躲起來、較不活潑或睡得比平常多、變得異常膽怯或異常具攻擊性等，如果你注意到任何一種跡象，應該立刻請教獸醫。

年度健康檢查

你的貓每年應至少定期做一次健康檢查。獸醫透過從頭到尾的檢查，以觸摸來感覺有無痛瘡或腫塊來評估牠的身體狀況，也可能給予疫苗加強劑。獸醫還會幫牠進行寄生蟲檢查，建議你應該如何處理蠕蟲和跳蚤問題。如有需要，特別是針對家貓或老貓，獸醫也可能會幫牠修剪爪子。

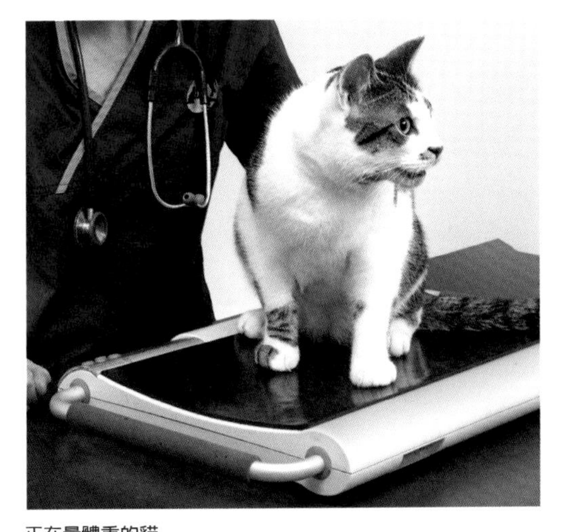

正在量體重的貓
為貓精確地記錄體重很重要，因為體重是很好的健康總體指標。如果愛貓的體重突然增加或減輕，請向獸醫諮詢。

例行檢查

眼睛
檢查眼睛是否溼潤且乾淨。輕輕拉開眼皮；結膜（內層）應該呈淡粉紅色。

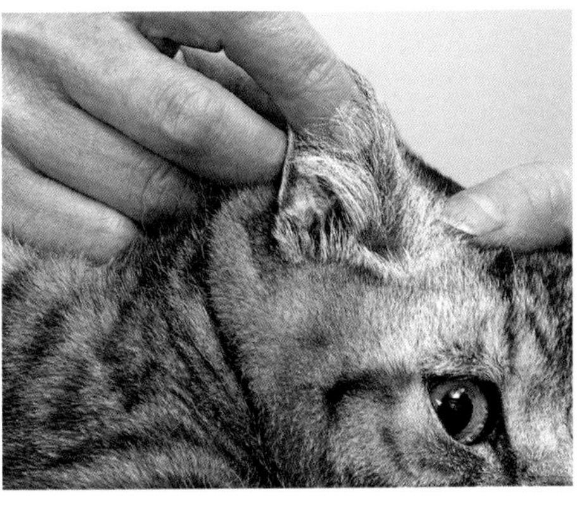

耳朵
檢查耳朵。耳內應該乾淨、呈粉紅色，沒有傷口、痛瘡、分泌物、寄生蟲或深色耳垢，也沒有臭味。

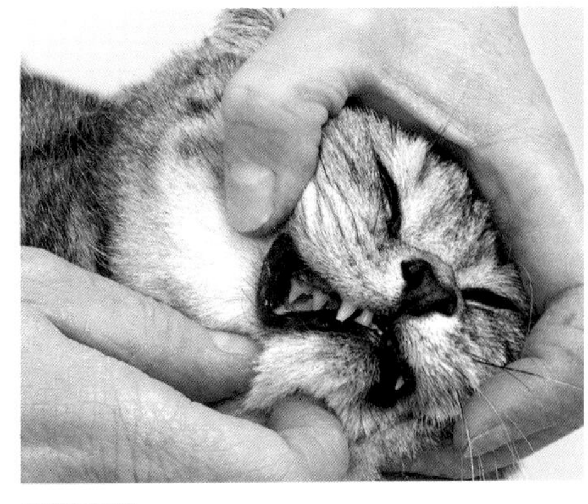

牙齒和牙齦
輕輕將嘴唇往上掀，檢查牙齒、牙齦和口腔內部。牙齒應該完整，牙齦呈淡粉紅色。

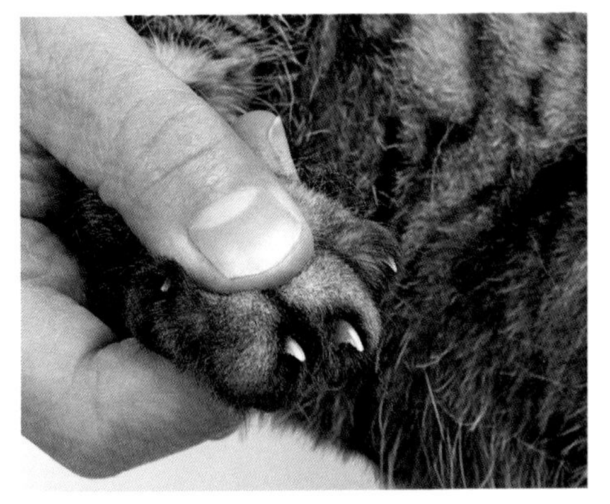

爪子
輕輕按壓每隻爪子使其露出；檢查爪子有無受傷或短少，接著檢查趾間皮膚有無任何傷口。

體重
輕輕用雙手撫摸愛貓的背部、肋骨和腹部。應該要看不見肋骨，但能輕易摸得到。

疾病的徵兆

隱藏疼痛或疾病徵兆是貓的本能，因為在野外表現出虛弱會吸引捕食者注意。然而這種欺敵的手法也會令飼主在情況變得嚴重之前，很難察覺到問題。透過定期監控愛貓的外觀或行為變化，就能及早發現健康問題。

常見的健康問題

每隻貓一生中都會歷經健康問題。有些不適，例如嘔吐或腹瀉等一次性事件，並不需要過於擔心或就醫。其他如腸道蠕蟲或跳蚤問題，只要遵照醫囑就可以在家治療。更嚴重的疾病則需要獸醫緊急處理，包括反復嘔吐或腹瀉，這些症狀往往是潛在疾病的徵兆。須注意的有：尿道感染或阻塞可能造成排尿疼痛；眼部問題，例如結膜炎或露出第三眼瞼；與其他貓打架而導致的膿腫；以及影響進食的牙齒問題。

警訊

貓自覺脆弱時多傾向於默默承受，以免引人注意。飼主的職責之一就是要提高警覺，留意愛貓的日常作息和行為有無任何改變，因為那可能是牠需要就醫的徵兆。

察覺健康問題

- 嗜睡、躲起來
- 呼吸異常急促、異常緩慢或呼吸困難
- 打噴嚏或咳嗽
- 開放性傷口、腫脹、流血
- 糞便、尿液或嘔吐物帶血
- 跛行、僵硬、無法跳到家具上
- 非計畫中的體重減輕
- 非計畫中的體重增加，尤其與腹脹現象同時發生
- 食慾改變——食量減少、對食物興趣缺缺、過度飢餓或進食困難
- 嘔吐；或進食後不久，原因不明地吐出尚未消化的食物
- 異常口渴
- 腹瀉或排便困難
- 排尿困難，伴隨哭叫
- 抓癢
- 任何體孔出現的異常分泌物
- 毛皮變化、過度脫毛
- 突然出現攻擊性，或守著身上任何部位不讓人碰觸

嗜睡通常很難發現，因為貓一般花很多時間在睡覺或休息，但活動量降低（包括不願跳躍在內）以及警覺性降低，往往是愛貓生病或疼痛的跡象。嗜睡經常也與肥胖有關，當牠減去多餘體重後，嗜睡問題可能就會消失。

食慾改變常是潛在疾病的徵兆。食慾欠佳的原因可能是牙痛造成了口腔疼痛，或腎臟衰竭等更嚴重的疾病。如果食慾大增體重卻減輕，伴隨著排尿增加和口渴，就可能是甲狀腺機能亢進或糖尿病所致。

呼吸異常或呼吸困難的原因可能是胸部受傷、呼吸道阻塞、上呼吸道感染或休克。哮喘可能是氣喘或支氣管炎所致。呼吸困難務必緊急就醫。

脫水會危及生命。脫水的原因很多，包括嘔吐、腹瀉、排尿增加和中暑。一項簡單的測試就能檢查愛貓是否脫水。輕輕抓起牠頸後皮膚。如果皮膚立刻彈回原處，你的貓就是健康的；很慢回復原狀則是脫水的跡象。用手指摸一下牙齦：乾乾、黏黏的牙齦也是脫水

沒食慾

一隻貓如果以往胃口不錯、現在卻對食物失去興趣，就應該要注意。牠可能是覺得痛，或罹患需要立刻就醫的疾病。

行為改變
貓生病後或許不會立刻明顯表現出來，但還是可以從牠的行為看出蛛絲馬跡。原本活潑的貓變得嗜睡，或一隻慵懶的貓變得較不會去回應別人對牠的關注，這些都有可能是健康問題。

徵兆。緊急復水方式有由獸醫執行皮下注射，或直接從靜脈輸液。

牙齦顏色可用來當作指標，判斷貓的身體是健康的，或罹患了某種嚴重疾病。健康的貓有粉紅色的牙齦。牙齦偏白或呈現白色表示休克、貧血或失血；牙齦呈現黃色是黃疸跡象；紅色牙齦是因一氧化碳中毒、發燒或口內出血所致；藍色牙齦則表示血液含氧量不足。

健康欠佳的其他指標還包括皮膚腫塊——你可以在定期梳毛時（見276-279頁）加以檢查。疏於自我理毛、毛髮質地改變、脫毛和拒絕使用貓砂盆，都可能是愛貓整體健康狀況不佳的跡象。

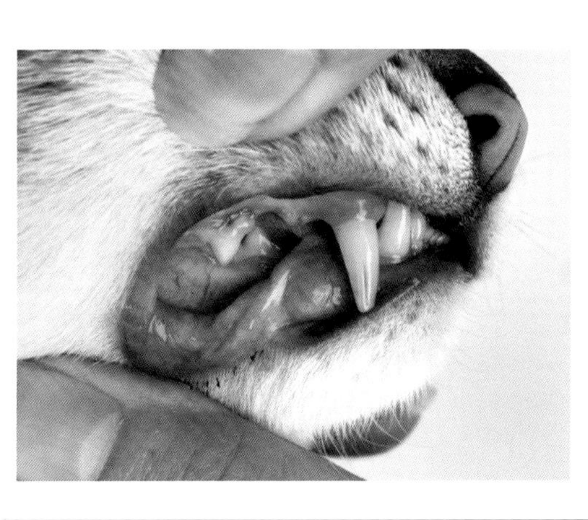

該去看獸醫了
如果你擔心愛貓的健康，請不要猶豫、聯絡獸醫。如果遇到突發的嚴重疾病或受傷，請立刻打給獸醫，工作人員才能在你帶貓抵達時準備就緒。

察覺緊急狀況

如果你懷疑愛貓有嚴重的健康問題，迅速行動可能得以在生死關頭救貓一命。隨時把獸醫和急診獸醫的服務電話準備在手邊，方便隨時聯絡。愛貓若有以下任一個跡象，立即打電話給獸醫：

- 意識不清（務必檢查確認呼吸道沒有阻塞）
- 癲癇發作
- 呼吸急促、氣喘吁吁或呼吸困難
- 脈搏快速或無力——觸摸後腿內側靠近腹股溝處（正常脈搏次數是每分鐘110-180次）
- 體溫發燙或冰冷——觸摸耳朵和爪墊
- 牙齦蒼白
- 跛行、行走困難或癱瘓
- 站立困難或虛脫
- 受重傷——貓發生意外後即使沒有外傷也務必就醫，因為可能有內出血

檢查牙齦
牙齦顏色改變是健康變化的指標。請獸醫指導應該怎麼正確地檢查貓牙齦和牙齒，並將定期口腔檢查列為你照顧寵物及例行衛生保健的一部分。

保健與照護

身為愛貓的飼主，寵物健康就是你最大的責任。確實帶牠去獸醫那裡定期接受注射疫苗和身體檢查，還要留心牠的身體或行為有無任何變化需要就醫。貓很能忍，所以小變化可能代表有大問題。你必須了解常見疾病，學習如何照顧生病的貓，以及術後恢復的照護，也要知道緊急情況應如何處理。

大部分的貓多數時候都很健康，但有時健康問題光靠休息和愛是無法治癒的。有些問題如失禁或寄生蟲感染，有很直觀的治療方式，但也有諸如心臟病或嚴重內傷這樣的問題，不是有致命危險就是很難治療。定期居家檢查（見298-299頁）雖然有助於發現疾病或身體不適的常見跡象，但牠每年還是需要讓獸醫檢查身體，某些狀況下也須接受額外的體檢項目。

寄生蟲與疾病

有些健康問題，例如體外和體內寄生蟲、傳染性疾病及牙齒與牙齦疾病等，如果及早發現都很容易治療。

體外寄生蟲都是微小生物，例如跳蚤、蜱和各種蟎，會寄生於貓皮膚上，叮咬後寄生蟲的唾液會刺激皮膚，使貓咪抓癢，有時抓得很厲害。蜱有時會是萊姆病的帶原者。

有些寄生蟲生活在貓的體內組織中，通常是腸道（絛蟲），但其他部位也可能會有，例如肺部（貓肺蟲）。絛蟲也會散播傳染病。獸醫會針對體外或體內寄生蟲開立藥物或建議治療方式，也可能會開預防性藥物給貓服用。

你的貓或許會從環境或其他貓身上感染到傳染病，這些病可能很嚴重，特別是對老貓或小貓而言，但接種疫苗有助於保護你的寵物。可能會感染的情況為：與一大群貓一起生活，或者是接觸到其他的貓，在打架、互相理毛或共用貓砂盆和食碗的過程中感染。

貓用嘴進食，也用嘴理毛。貓通常靠分泌唾液來保持嘴巴健康，但定期檢查甚至刷牙都能預防如牙菌斑堆積之類問題發生。

生病與受傷

如果你發現愛貓有任何受傷、疼痛或生病的跡象，請聯繫獸醫。務必只能給貓服用獸醫開立的藥物，並應仔細遵照醫囑。任何時候都可能發生嚴重的疾病或傷害，需要緊急找獸醫處置，因此一定要有當地獸醫診所在非營業時間的聯絡方式。

生病和受傷可能會影響眼睛、眼瞼，或兩者皆有影響。貓所有的眼睛問題都需要由獸醫立刻檢查，如果未及時處

過度搔抓
如果愛貓過度搔抓或舔自己，可能是牠的毛皮出現問題。搔抓可能會令皮膚搔癢惡化，貓爪上的細菌還可能感染患處。

寄生蟲

貓很容易從周遭環境或其他貓身上感染到寄生蟲。這裡列出四種最常見的體外寄生蟲。

跳蚤

蜱

耳疥蟲

秋蟎蟲

理，即使小小的不適也可能威脅到視力。

各種耳部問題都可能對貓造成影響，從外傷到可能導致平衡失調的內耳疾病都是。此外，遺傳性疾病也可能會讓貓耳聾。

貓天生就知道要靠自我理毛來維持毛皮健康，但皮膚病仍可能讓貓遭受感染。很容易注意到的皮屑、毛髮油膩等症狀，需要立刻就醫處理。

貓的消化系統分解食物後會釋出營養物質，再由身體細胞轉化為能量。與進食、消化或排出廢物有關的任何問題，都可能對貓的整體健康帶來衝擊。

貓要是呼吸急促、費力或有雜音，必須立刻就診，這些永遠是需要特別關注的症狀，原因可能是休克、胸部受傷或氣道阻塞，但也說不定是其他因素所導致，如氣喘、肺炎或中毒。

如果你的貓受傷了，送醫之前你可能需要幫牠進行急救（見304-305頁）。

健康檢查與檢驗

確實讓愛貓定期接受健康檢查是一項好習慣，老貓可能一年需要檢查兩次。獸醫可以從檢查牠的耳朵、眼睛、牙齒、牙齦、心跳、呼吸和體重，以及用觸摸來感覺全身有無異常狀況，藉此評估貓的健康。為了診斷某些疾病，獸醫可能會建議讓貓接受額外的檢查。

遺傳性疾病（見296-297頁）可能與某些品種有關，其中部分疾病有篩檢試驗可用。

肌肉骨骼系統方面的問題包括骨折及韌帶撕裂等，但貓也可能罹患關節炎。如果獸醫懷疑你的貓有肌肉骨骼問題，牠可能需要接受掃描或X光檢查。

貓的心臟、血管或紅血球出問題可能導致牠虛弱無力甚至虛脫。

驗血

獸醫可能會抽血檢測一系列症狀背後的潛在疾病（例如自發性痙攣導致的癲癇發作），或是診斷糖尿病。

點耳滴劑

獸醫可能會開立耳滴劑來治療感染。點耳滴劑時，先捧住貓的頭部，讓需要治療的一耳朝上。擠壓耳滴劑，點進耳內後再按摩耳根。

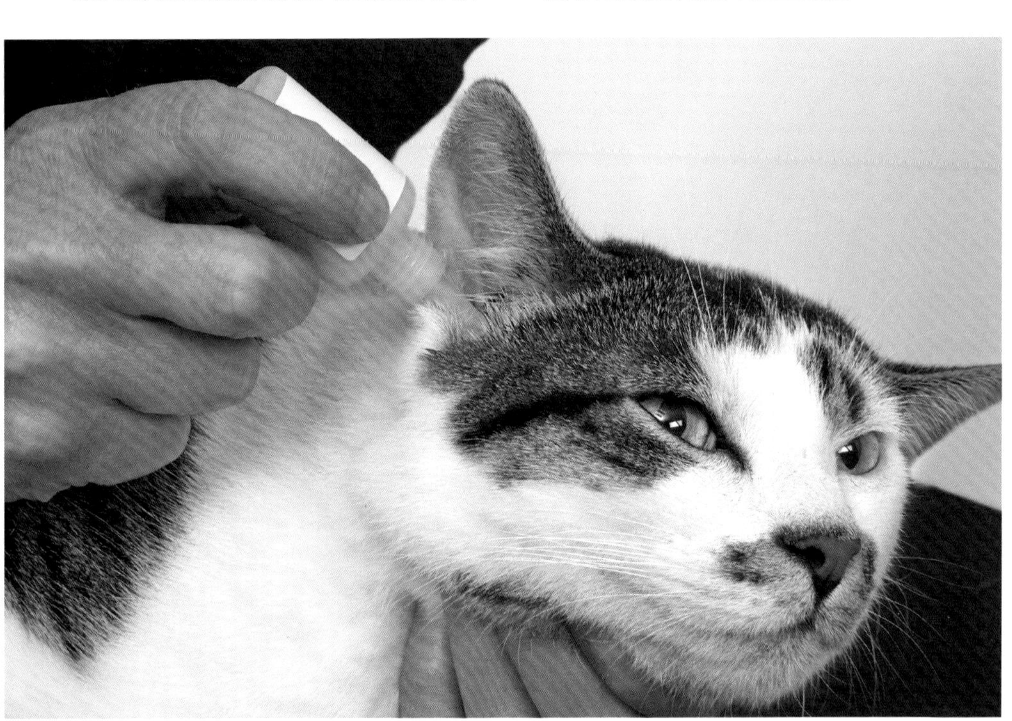

便祕用藥

緩解便祕用的瀉藥可能是貼布、凝膠或液體，你可以用手指或注射器餵貓吃藥。只能讓貓服用獸醫開立的處方藥物。

荷爾蒙是體內掌控特定功能的化學物質，由腺體製造後經血液運送到身體各處。任何的荷爾蒙過量或不足都可能引發疾病，例如糖尿病和甲狀腺機能亢進。

受傷的貓的照護方式

檢查貓有無斷骨和開放性傷口或出血，但盡量不要移動牠。務必小心。如果感覺到劇烈疼痛，即使最可愛的寵物也可能會咬你或攻擊你。

若貓骨折了或有嚴重傷口，讓牠躺在毯子上，受傷部位朝上，然後輕輕把傷口包起來。切勿自行嘗試用夾板固定斷骨。

如果你的貓大量失血，要把出血部位抬高到高於心臟，可能的話，用一塊布墊著直接加壓止血。

一手放在牠肩膀下，另一手放在臀部下，小心抱起後把牠放到托架上。

過熱
太陽直射到溫室、暖房或裝有大窗的屋裡時，這些空間可能會變得非常熱。困在裡面的貓就有可能中暑，所以一定要讓貓有較涼爽的地方可以去。

急救

如果你的貓受傷了，在牠能接受獸醫看診前，你可能需要為牠急救。傷口大量出血需要獸醫立即處理，被其他動物咬傷或抓傷也是（因為可能造成感染）。出發前記得要先打電話通知獸醫。

用紗布墊或將乾淨的布以乾淨冷水浸溼後，墊在傷口上加壓止血。不要使用衛生紙，因為會黏住傷口。如果兩分鐘後仍然無法止血，用清潔乾燥的紗布墊（或布）蓋住傷口包紮起來。

凡是非常大量的出血或嚴重傷口，即使所使用的急救材料在獸醫救治前已被血液浸溼，仍應讓它們留在原位，因為若把傷口附著物拿掉可能會使出血更嚴重，所以請留給獸醫處理。眼部傷口則要用紗布墊蓋住後以膠帶固定。

如果你發現貓失去了意識，要先確保牠的呼吸道暢通，然後用聽和看的，來檢查牠的呼吸，並用一根手指在後腿內側靠近腹股溝的股動脈處，感覺牠的

休克治療
貓在休克時可能會失去體溫。在獸醫診斷前先用毯子或外套鬆鬆地將牠裹住。

正常生命徵象

體溫	攝氏38-39度
脈搏	每分鐘110-180次
呼吸	每分鐘20-30次
微血管回充填時間*	低於兩秒

*以手指輕輕按壓牙齦後，牙齦從泛白恢復為粉紅色所需時間

脈搏。如果貓沒有呼吸，設法進行人工呼吸，從牠的鼻孔輕輕吹氣進入肺部。如果沒有心跳，兩次人工呼吸之間進行胸外按壓30下，按壓速度為每秒兩下。按照這個方式持續急救10分鐘。10分鐘後若無起色，救回的機會就十分渺茫。

小傷口

小的割傷和擦傷可以在家自己處理。先找到出血處、毛皮潮溼、結痂或愛貓異常頻繁地舔舐的部位。

用食鹽水溶液沾溼棉花球後，輕輕拭去血液和灰塵。將一茶匙食鹽加入500毫升潔淨溫水內攪拌均勻，就是食鹽水溶液。用鈍頭剪刀剪掉傷口周圍的毛髮。

皮膚上的小傷口有時會伴隨範圍較大的內傷。檢查有無發燙、腫脹或傷口周圍皮膚是否變色，留意是否有疼痛或休克跡象。小傷口也可能受到感染，應注意是否出現腫脹、化膿等徵兆。

燒燙傷

貓受到燒燙傷的原因，可能是起火、熱的物品表面、滾燙液體、電器用品或化學藥品灼傷等。燒燙傷的傷勢可能非常嚴重，會傷及深部組織，必須緊急由獸醫處理。

遇到燒傷或燙傷，在你自身安全無虞的前提下，先讓貓離開熱源，用乾淨冷水沖洗受傷部位至少10分鐘，然後用溼式無菌敷料敷蓋。送醫途中讓牠保持溫暖。

上了繃帶的腿
腿部傷口必須由獸醫包紮。如果你的貓肢體被包紮起來，請讓牠待在室內。如果敷料變得髒污、潮溼、鬆脫、發出異味或令牠不舒服，請帶牠回診由獸醫更換。

如果愛貓觸電了（例如因為啃咬電源線），先關掉電源，或拿掃帚的木柄把電源從牠身上移開。進行急救並立刻送醫。

如果是化學藥品灼傷，應立刻打電話給獸醫，並告知是何種化學藥品。如果獸醫建議用水沖洗，記得戴上橡膠手套以免你自己也沾上化學藥品，然後用大量清水仔細沖洗受傷部位。

螫傷和叮咬傷

如果你的貓被螫到，先讓牠遠離可能造成傷害蜜蜂或黃蜂，以免再度被螫。聯絡獸醫諮詢意見，如果後續出現呼吸困難或站不穩的情況，就應送醫。休克則應立即送醫。

處理蜜蜂螫傷，要讓傷口浸在小蘇打與溫水混合液中。若是黃蜂螫傷，則應泡在稀釋後的醋水中。

對於蚊、蠓這類小型昆蟲的叮咬傷，貓只會感到輕微不適。不過有些貓可能對蚊子叮咬嚴重過敏。如果你的貓正是如此，清晨和黃昏時最好讓牠待在室內，以免接觸到這些會飛的昆蟲。

有毒動物

貓可能會被其他的貓咬傷，但被有毒動物咬傷的後果更嚴重。這類危險從蛇、蟾蜍、蠍子到蜘蛛——因國家不同而異。除了本土毒蛇須注意，人為引進的異國爬蟲類也可能對貓造成危害。

以蝰蛇為例，被這種蛇咬傷雖然罕見，但可能導致嚴重腫脹、噁心、嘔吐和頭暈；貓可能會舔拭被咬的部位，在被咬到的皮膚上可能看得到兩個穿刺傷口。

某些蟾蜍會分泌毒素到皮膚上，使貓口內發炎，或許還會出現乾嘔狀。

你的貓如果已經受到感染，立即打電話給獸醫並告知有毒動物是哪一種（如果可以的話請拍照），讓獸醫取得正確的解毒劑。應盡快帶貓就醫。

噎到與中毒

可能讓貓噎到的東西五花八門。有些會卡

受傷與休克

貓骨折時必須立刻找獸醫診治，否則可能因內出血或其他併發症導致休克。骨折只要經過適當治療，大部分的貓都能康復，但休克會危及生命，休克時血流量降低，組織會缺乏營養。休克的症狀包括呼不規則、焦慮不安、牙齦呈現蒼白或藍色及體溫降低。貓休克時應為牠保暖，送醫途中把牠的後半身抬高，讓更多血液流往腦部。

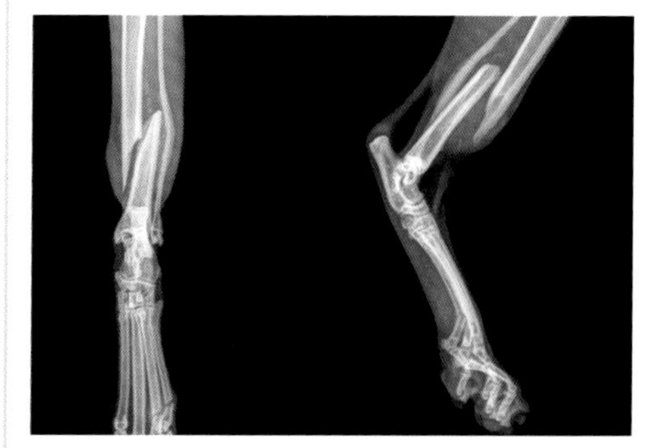

貓後肢脛骨骨折的X光片

在口腔內，例如鳥類骨頭；其他則可能卡在喉嚨（呼吸道），例如卵石。聖誕金蔥彩帶、緞帶、繩子或線都可能纏住舌頭，吞下肚的話可能會引發腸道問題。

貓被噎到時會咳嗽、流口水、做嘔吐狀，並用爪子在嘴邊亂抓。如果呼吸道受阻，貓會掙扎著想要呼吸，而且可能失去意識。

打電話給獸醫並將貓送醫。用一條毛巾裹住牠。一手扶著頭部上端，另一手扳開下顎，檢查口腔內部。如果異物很好取出，可以設法用鑷子夾出。

貓可能因為吃下獵物、有毒植物、家用化學藥品、藥物或甚至一些人類的食品而中毒。如果你認為愛貓中毒了，即使牠沒有表現出徵兆，仍應聯繫獸醫。如果你看到任何中毒徵兆，送醫時要帶著貓吞下的物品樣本。

準備病房

生病或受傷的貓必須待在室內以便監看。把貓的活動範圍限制在一個溫暖安靜的房間、甚至鐵籠裡。提供食物和飲水，貓砂盆則應遠離食物區。在地板上準備一個溫暖的睡鋪，方便牠進出；你可以用紙箱，

安全空間
鐵籠的大小應該足夠讓貓在裡面四處走動。鋪上報紙或柔軟的毛巾，放入食碗、水碗、床和貓砂盆。

即使弄髒了也方便更換。裁掉紙箱的一面，底部鋪上報紙和毯子，或許再放一只熱水瓶進去。

定期查看愛貓情況，睡鋪髒了就要更換。如果牠原本都住在室外，恢復期間請確實讓牠待在室內，並準備好能就近使用的水碗和貓砂盆。

對待你的愛貓

生病或受傷的貓可能想要獨自躲起來，設法逃離吃藥或其他治療帶來的壓力。請用輕柔、冷靜、從容和充滿自信的態度對待牠，你表現出的任何焦慮都會讓牠更緊張而拒絕合作。花時間輕聲對他說話、撫摸牠（如果牠接受的話），都會讓牠安心，這麼一來牠就不至於只把你和吃藥聯想在一起。

如果你的貓處於病後或手術、意外事故後的恢復期，你必須控制自己想撫摸和擁抱牠的渴望。療養初期牠很有可能不想被碰觸。唯有牠清楚表現希望得到你的關注時，才去撫摸牠。給牠一個溫暖的睡鋪，讓牠可以平靜地療養。

休養中的貓隻照護
在安靜的地方提供一張舒適的床，外加一個熱敷墊或裹上毛巾的熱水瓶。

給藥

只能給愛貓服用獸醫開立的處方藥物。你和貓都必須遵照獸醫的藥物指示完成整個療程，特別是抗生素，這一點非常重要。如果不確定要怎麼幫愛貓點眼藥、點耳滴劑，或是對針筒給藥的劑量（見303頁）沒把握，就請獸醫示範。

如果愛貓的藥可以跟食物一起服用的話，不妨把藥丸藏在肉丸裡，或者在藥丸外面裹上厚厚的黏性零食。如果不行，或者牠拒絕吃藥、把藥咳出來，那就必須把藥放入牠口中。此時最好旁邊有個幫手，在你塞入藥丸時幫忙把貓固定住。如果你必須用手獨自餵藥，可以用一條毛巾把牠裹住，只留頭部露出來，讓牠無法動彈。

藥水的使用也很廣泛。餵食藥水時可用醫療用塑膠滴管或無針頭的塑膠針筒，把藥灌入口內後排牙齒和臉頰之間。輕輕固定住貓的頭部，就能幫牠點眼藥或耳滴劑。滴管切勿碰觸到牠的眼睛或耳朵。

如果你的貓在家裡徹底抗拒服藥或給藥，請每天帶牠去獸醫診所，或將牠留在診所直到療程結束。

食物與照護

貓生病或嗅覺受損時，都可能對食物興趣缺缺。如果你的貓已經超過一天不吃東西，請與獸醫聯絡，尤其是如果牠體重過重，缺乏食物會對肝臟有害。讓食物退冰成室溫，或用烤箱稍微加熱，可以提升香味讓貓食慾大振。此外也可以給牠吃小塊而氣味濃烈的美味食物。如果貓的進食情況不佳，可能就須用手餵牠。

愛貓如有嘔吐或腹瀉情形，請與獸醫聯絡。為了避免脫水，每小時給牠吃一茶

錐形頸圈
愛貓手術後可能要戴幾天俗稱伊莉莎白式頸圈的錐形頸圈，以免牠舔舐傷口或抓咬傷口縫線。

匙清淡食物，例如水煮去皮雞肉或適合的處方飲食。當牠的胃部不再感到不適後，每次進食的分量可以逐漸增加，持續三到四天，然後再恢復到正常飲食。要準備冷開水，隨時讓貓喝得到。

你的貓可能需要理毛協助。尤其需要為牠擦拭眼睛的分泌物、保持鼻子和嘴部清潔，以幫助牠呼吸和嗅聞食物，腹瀉的話也要幫貓清理尾巴下方，可用食鹽水溶液蘸溼棉花球來清潔。針對皮膚搔癢或小傷口，請用食鹽水溶液浸泡患部——將一茶匙食鹽加入500毫升乾淨溫水攪拌均勻，就是食鹽水溶液。如果牠抗拒，就用毛巾裹住牠，只露出受傷部位。

手術過後

全身麻醉的貓可能會頭暈眼花一陣子。你應該在旁陪伴直到牠完全清醒。手術傷口癒合、且敷料或縫線拆掉前，讓牠待在室內。獸醫可能會讓牠戴上頸圈以免碰觸傷口，貓進食時必須幫牠拿掉頸圈。很多貓很快就能適應頸圈，但如果你的貓就是很難適應，可問問看獸醫還有哪些選擇是貓比較能忍受的，例如術後防舔衣，或是甜甜圈型的頸圈。對於四肢上的小傷口，獸醫可能會用浸泡過貓討厭的味道的「防舔」貼布覆蓋患部。每天檢查敷料或石膏數次，確保其清潔乾爽。如果愛貓看起來會痛，或者你在更換敷料時，傷口看起來腫脹或有分泌物，請與獸醫聯絡。

恢復期

比起牽涉到骨頭、韌帶或肌腱的手術，貓接受腹部或生殖器官手術的恢復時間會比較短。不過恢復期也和貓的年紀與整體健康情況，或是疾病和傷勢的嚴重程度有關。軟組織手術的切口約二到三週癒合，再過三到四週即可完全復原。骨科手術的恢復期比較長，大部分的進展集中在前二到三個月，此後還需要三個月才會完全復原。

老年貓

受到悉心呵護的寵物貓大多能活到14或15歲，偶爾甚至會出現活到20歲的情形。疾病預防的進步、對飲食的深入了解、藥物和療法的改良以及更多貓隻待在室內遠離交通危害，都是壽命延長的原因。

老年生活

寵物貓大約10歲之前，你就可能注意到牠的老化跡象：體重減輕（或增加）、視力退化、牙科疾病、活動力降低、較不講究理毛、毛髮較稀疏且無光澤。個性方面也可能變得易怒和愛吵鬧，在夜間尤其明顯。年紀大了之後，牠偶爾會因為方向感不佳而大便在貓砂盆外。

老貓需要接受較頻繁的健康檢查。例行性帶貓去看獸醫的頻率，在這階段也可增加為一年兩次。很多獸醫診所現在都有提供老貓門診，專門檢查、治療與老化相關的問題。現在已有多種療法有助於控管慢性疾病，甚至衰老現象。

食慾不佳的飲食準備
很多老貓不如年輕時那般食慾旺盛。為了確保牠的營養攝取依然健康，你可以用少量多餐和一些分外美味的零食來引誘牠。

居家照護

隨著愛貓老化，你可能必須調整牠的飲食和生活環境，讓牠盡量過得舒適健康。請獸醫推薦你應給貓什麼樣的「老年」飲食，以因應新陳代謝和消化系統的改變，提供牠合適的營養。牠或許更喜歡在白天少量多餐。如果愛貓看起來對食物不感興趣，試著用溫熱或更美味的食物去引誘牠。每兩週幫牠量體重也有幫助；老貓可能會因為活動量減少而體重增加，或因為進食困難或其他狀況而體重下降，如老貓身上常見的荷爾蒙失調——甲狀腺機能亢進。

由於愛貓身體不再那麼柔軟，牠可能需要你幫忙打理不易理毛的部位。每週輕輕梳幾次毛可以讓牠保持乾淨，感覺也更加舒爽。貓爪隨著年齡增長會變得比較硬，如果牠不太活動，爪子就會太長，因此應該定期剪趾甲，或請獸醫幫忙修剪。

如果你的貓不如以往般身手矯捷，請確保牠不需要跳躍就能使用食碗和水碗。在屋內每個樓層安靜不受干擾的地方，都應放有牠的碗和貓砂盆。利用箱子或家具當「墊腳石」，這樣牠就能一如往常地去牠最喜歡的窩著的地方或窗臺。

在家中牠喜歡睡覺的幾個地方，都擺上溫暖舒適的貓床，這樣牠就無需為了找到溫馨的角落而長途奔波。如果愛貓排便時會留下髒污，可以使用可清洗式貓床、或是鋪有報紙方便更換的紙箱。

即使你的貓還是偏好去戶外大小便，但把貓砂盆放在室內才是明智的做法。老貓往往較不熱衷出門，因為牠會想避免與其他貓打照面，或是已經沒有狩獵和探索的慾望。

即使是老貓也還是喜歡玩耍，所以請為牠準備玩具。跟愛貓玩遊戲可幫助牠保持頭腦活躍，並發揮天生的本能，只是你的動作必須比過去更加輕。

壽命比較

很多人說貓活一年相當於人活七年。但這種類比並不可靠，特別是寵物貓的壽命近幾年已有增長趨勢。此外，這種說法也沒有考慮到貓和人長到成年的速率大不相同：一歲的貓能夠繁殖並撫養小貓，發育成熟度遠遠超過七歲孩童。貓在大約滿三歲之前差不多已相當於人類的40歲出頭。此後貓的一年約等於人的三年。運用下表找出你的愛貓大概對應的「人類年齡」。

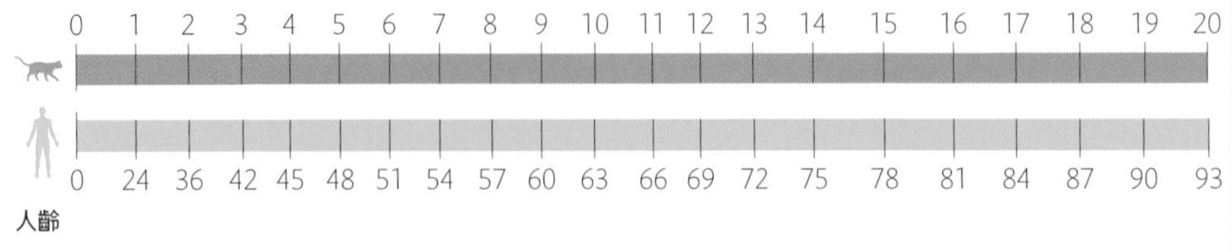

繞道而行
對於關節開始僵硬的老貓而言，上下樓梯可能十分費力。請確保家中的老年寵物在各個樓層都能使用到食碗、床鋪和貓砂盆。

警訊

你必須更加注意老貓平常的習慣有無變化。特別是發現以下改變時，務必告訴獸醫。

留意愛貓是否食慾增加，即使定時進食卻還是貪吃飢餓，但體重卻減輕。反之，如果牠明顯已經餓了，卻扭頭不吃某些食物（特別是堅硬的食物）或用爪子抓嘴，那可能是有牙齒鬆動、牙疼或吞咽困難等問題。

口渴程度增加可能會讓貓比平時更頻繁地使用貓砂盆，而且開始會去奇怪的地方喝水，例如池塘及浴缸水龍頭。老貓也可能會脫水。檢查方式是抓住頸背處然後放開。皮膚應該立刻回復原位；如果沒有，牠攝取的水分可能不足。

愛貓排便或排尿時如果全身歪扭或哭叫，或者開始在家裡製造「意外」，請立刻告訴獸醫。牠可能需要仔細檢查有無腸道或膀胱疾病。

很多老貓會出現關節僵硬或關節炎導致跑跳困難，你的貓爬樓梯時可能也會顯得很辛苦。老貓還可能因為視力衰退而撞到東西或誤判高度。

病重或表現出老年癡呆症狀的老貓可能會變得更孤僻或更有攻擊性，更常躲起來、或比以往更會喵喵叫。

飲水習慣異常
如果愛貓的飲水量比平常多，包括去喝水坑水或水龍頭的滴水，都應讓獸醫知道。過度口渴可能起因於老貓身上常見的多種疾病之一。

安樂死

對於年紀非常大或者病情很嚴重的貓，有時候最好的做法是讓牠享有既有尊嚴又平靜的結束。安樂死通常是在獸醫診所進行，但也可以選擇在家裡（須提前預約）。獸醫會從牠的前腿靜脈注射麻醉劑——確切來說，是過量的麻醉劑。過程不會讓貓疼痛，貓離世前會失去意識。可能會出現非自主運動及脫糞、脫尿現象。

你可以要求將愛貓火化或帶遺體回家。很多飼主希望能把寵物埋葬在花園裡，也許是牠生前最愛的地方。也有人會選擇葬在寵物墓園。

貓的小辭典

常見的體型

所有貓的基本身體構造都一樣，但偶爾會出現自然變異。選擇性育種已經進一步培育出某些變化型態，例如短腿和短尾的品種。

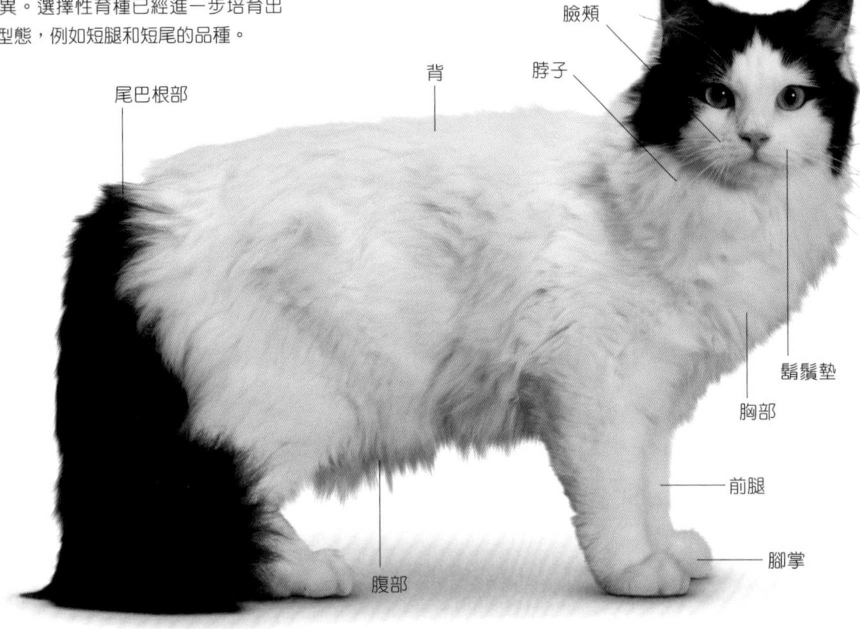

M 字斑紋（"M" mark） 虎斑貓額頭上典型的 M 字斑紋，也稱為「皺眉紋」。

丁香色（lilac） 暖粉灰色，棕色的稀釋型態。

三色（tricolour） 有時用來形容兩種毛色外加白毛。

三色貓（calico） 美國對玳瑁白斑花紋貓的稱呼。

大理石紋（marbled） 經典虎斑的變化形，大多見於混種貓的衍生品種，例如孟加拉貓。

及膝褲（breeches） 長毛貓後腿上段後側特別長的毛。

手套斑紋（mitted） 腳掌為白色的毛色花紋，也稱為襪子。

凹折（break） 見頓折（stop）條目。

半長毛（semi-longhair） 中等長度的毛皮，通常底毛極少。

巧克力色（chocolate） 淡至中等的棕色毛色。

正常色（usual） 阿比西尼亞貓的一種毛色，在美國稱為緋紅色。

白化症（albinism） 缺乏賦予皮膚、毛髮和眼睛顏色的色素。真正的白化症在貓身上非常罕見，但重點色斑紋毛皮的貓，如暹羅貓，以及銀虎斑等變異毛色的貓，愈來愈常出現局部白化症。

多趾（polydactyly） 由於基因突變而多出趾頭。又稱多趾症（polydactylism），常見於特定品種，但只有在北美洲短毛貓或北美洲妖精貓身上算是特徵，為品種標準採納。

多層色（ticked） 一種毛皮斑紋，每根毛幹上有深淺交錯的條紋，又稱為鼠灰色。也可參見虎斑（tabby）條目。

尖點色（tipped） 一種毛皮斑紋，每根毛髮只有尖端有濃烈色彩。

米克斯（"moggie"） 非純種貓的俗稱。

羽毛（feathering） 腿、腳和尾巴等部位較長的毛髮。

肉食動物（carnivore） 以肉為主食的動物。

杏眼（almond-shaped eyes） 橢圓形但眼角扁平的眼睛，可見於阿比西尼亞貓和暹羅貓等品種。

芒毛（awn hair） 略長而短硬的毛，與柔軟的絨毛共同組成底毛。

底毛（undercoat） 表毛底下的一層毛髮，通常很短且質感像羊毛。

底色（ground colour） 虎斑貓毛皮的背景色，有多種變化，棕色、紅色和銀色最為常見。

性情（temperament） 貓的性格。

虎斑（tabby） 顯性基因造成的毛皮斑紋，可分為四種：經典虎斑有寬紋或渦紋；鯖魚虎斑有「魚骨」條紋；斑點虎斑有圓點或玫瑰花紋；多層色虎斑在多層色毛皮上有淡淡的斑紋。

表毛（topcoat） 由護毛組成的外層毛皮

品種標準（breed standard）貓種協會頒定的詳細描述，界定純種貓的體型、毛皮和毛色應具備的標準。

染色體（chromosome） 細胞核內的螺旋狀結構，載有沿 DNA 股排列的基因。家貓有 38 個染色體，對稱排列成 19 對（人類有 46 個染色體，排成 23 對）。

玳瑁（tortie） 玳瑁紋（tortoiseshell）常見的簡稱。

玳瑁白斑（tortie and white） 玳瑁紋配上大比例的白毛，在美國稱為三色貓。

玳瑁虎斑（tortie-tabby） 玳瑁紋配上虎斑花紋，在美國稱為色塊虎斑（patched tabby）。

玳瑁紋（tortoiseshell） 一種毛皮斑紋，黑毛與紅毛或這兩色的稀釋色混合形成的色塊。

科（family） 分類學上的一個層級，如貓科（Family Felidae）隸屬於哺乳綱食肉目。所有動物都列於分類學階層當中，依照綱、目、科、屬、種的階層由上往下，涵蓋範圍愈小愈專一。

重點色（pointed） 一種毛皮斑紋，貓身體的毛色較淡，肢體末端（頭、尾巴和四肢）毛色較深，暹羅貓是一種典型。

重點色斑（colourpoint）見重點色（pointed）條目。

面斑（mask）貓臉部深色的色塊，通常在吻部和眼睛周圍。

家貓（domestic cat）任何學名為*Felis catus*的成員，不論純種、跨種或混種。

栗色（sorrel）紅棕色，用於形容阿比西尼亞貓和索馬利貓的毛色，在美國稱為紅色。

浮雕色（cameo）紅色或稀釋過後的奶油色，毛幹三分之二為白色覆蓋。

純種（pedigree）血統純正的品種。

鬼紋（ghost markings）單色貓毛皮上模糊的虎斑花紋，特定亮度下才會浮現。

國際貓協（TICA）全名The International Cat Association，全球性的純種貓基因登錄協會。

基因庫（gene pool）一個異品種雜交族群內所有的基因集合。

捲毛（rex coat）毛髮捲曲或呈波浪狀，如德文捲毛貓和柯尼斯捲毛貓。

捲耳（curled ear）貓耳朵向後捲曲，如美國捲耳貓。

梵紋（Van Pattern）重點色毛皮的斑紋，顏色只限於頭部和尾巴，如土耳其梵貓身上所見。

深褐色（sepia）淺底色上有深棕的多層色斑紋。

混種（hybrid）兩個不同物種產下的子代，例如孟加拉貓就是家貓（*Felis catus*）與亞洲豹貓（*Felis bengalensis*）交配所生。

眼線（mascara line）從外眼角向外延伸或環繞眼睛的深色線條。

野貓（feral cat）形容回歸到野生狀態的家貓。

陰影色（shaded）每根毛髮末段四分之一有顏色的毛皮斑紋。

單色（self）單一顏色沿著毛幹均勻分布，在美國稱為純色（solid）。

單層毛皮（single coat）毛皮只有一層，通常只有表層護毛，可見於巴厘貓和土耳其安哥拉貓等貓種。

斑點虎斑（spotted tabby）見虎斑（tabby）條目。

硬毛（wirehair）罕見的毛皮類型，由基因突變造成，毛髮尖端扭轉彎曲，形成一種粗糙有彈力的觸感，可見於美國硬毛貓。

稀釋（dilute / dilution）由稀釋基因造成的淡化版毛色，例如黑色淡化成藍色，紅色淡化成奶油色。

絨毛（down）短而柔細的毛髮，構成某些品種的底毛。

楔形（wedge）倒三角形的臉形，可見於大多數的貓，扁臉的波斯貓除外。暹羅貓和東方短毛貓等品種的楔形臉被進一步拉長。

煙色（smoke）每根毛幹根部為淺色、一半長度有顏色的毛皮斑紋。

矮壯（cobby）骨骼粗壯、肌肉厚實健壯的體型，可見於波斯貓等品種。

經典虎斑（classic tabby）見虎斑（tabby）條目。

腳環（bracelet）虎斑貓腿部深色的橫紋。

跨種雜交（crossbreed）兩個不同品種雜交。

頓折（stop）口鼻部與上半段頭部之間的凹陷，也稱為凹折。

摺耳（folded ear）貓耳朵向前向下摺起，可見於蘇格蘭摺耳貓等品種。

鼻尖（nose leather）鼻子末端無毛的區塊。顏色依毛色而有所不同，在純種貓的品種標準裡有明確規定。

寬紋虎斑（blotched tabby）經典虎斑的別稱。

歐洲貓協聯盟（FIFe）全名Fédération Internationale Féline，歐洲指標性的貓種協會聯盟。

貓迷（cat fancier）培育及展出純種貓的愛好者。

貓迷協會（CFA）全名為Cat Fancier Association，全世界最大的純種貓協會，根據地在北美洲。

貓迷管理委員會（GCCF）全名Governing Council of the Cat Fancy，英國指標性的貓種登錄協會。

貓種協會（cat registry）制定品種標準並為純種貓登錄身分的協會。

選擇育種（selective breeding）讓擁有想要特徵的動物互相交配，例如特定的毛色或斑紋。

隨機配種（random-bred）貓任意交配生下的小貓。

頸毛（ruff）比較長的毛髮在脖子和胸膛四周形成的流蘇。

簇毛（tuft）叢生的長毛，常見於腳趾之間或耳朵上。

隱性（recessive）只有從父母雙方都遺傳到才能產生作用的基因。若父母其中一方是隱性基因，配上另一方是顯性基因，那麼效果會被蓋過。在貓身上，某些眼睛的顏色和長長的毛都是展現出隱性遺傳特徵的貓經過選拔育種而成。

藍色（blue）淡至中等的灰色毛色，黑色的稀釋型態。只有藍毛的品種包括俄羅斯藍貓、科拉特貓和沙特爾貓。

雙色（bicolour）白色結合另一種顏色的毛皮斑紋。

雙層毛皮（double coat）毛皮包含一層厚而柔軟的底毛，再覆蓋一層較長的護毛所構成的保護性表毛。

雜色（parti-colour）廣稱有兩種以上顏色的毛皮花紋，通常有一色會是白色。

鞭狀（whippy）形容尾巴細長有彈性。

鬍鬚墊（whisker pads）貓口鼻部兩側的肉墊，鬍鬚整齊排列在上面。

鯖魚虎斑（mackerel tabby）見虎斑（tabby）條目。

護毛（guard hair）長度較長、末端尖細的毛髮，構成貓的表毛，具有防水功能。

變種（mutation）細胞DNA意外發生變化。基因突變對貓形成的作用包括無毛、摺耳或捲耳、捲毛和沒有尾巴。

顯性（dominant）遺傳自父母其中一方的基因，能蓋過遺傳自另一方的隱性基因的作用。例如虎斑毛皮的基因就是顯性基因。

索引

主條目以**粗體字**表示

六畫

七畫

八畫

九畫

十畫

十一畫

十二畫

十三畫

十四畫

十五畫

十六畫

十七畫

謝誌

感謝下列人士為本書內容提供協助：

Suparna Sengupta, Vibha Malhotra for editorial assistance; Shubhdeep Kaur, Deepak Negi for picture research;Jacqui Swan, Chhaya Sajwan, Ganesh Sharma, Narender Kumar, Neeraj Bhatia, Niyati Gosain, Rakesh Khundongbam, Cybermedia for design assistance; Saloni Talwar for work on the Jacket; Photographer Tracy Morgan, Animal Photography, and her assistants Susi Addiscot and Jemma Yates; Anthony Nichols, Quincunx LaPerms, for help and advice on some of the cat breeds. Caroline Hunt for proofreading;
and Helen Peters for the index.

感謝以下飼主提供愛貓給我們拍照：

Valerie and Rose King, Katsacute Burmese and Rose Valley: Australian Mist Cats (www.katsacute.co.uk); Liucija Januskeviciute, Sphynx Bastet: Bambino cats (www.sphynxbastet.co.uk); Chrissy Russell, Ayshazen: Burmese and Khao Manee cats (www.ayshazencats.co.uk); Anthony Nichols, Quincunx: LaPerm cats (www.quincunxcats.co.uk), Karen Toner: Munchkin Longhair and Shorthair, Kinkalow, and Pixibob cats (Kaztoner@aol.com); Fiona Peek, Nordligdrom: Norwegian Forest cats (www.nordligdrom.co.uk); Russell and Wendy Foskett, Bulgari Cats: Savannah cats (www.bulgaricats.co.uk); Maria Bunina, Musrafy Cats: Kurilian Bobtail – Longhair and Shorthair, and Siberian cats (www.musrafy.co.uk); Suzann Lloyd, Tansdale Pedigree Cats: Turkish Van and Vankedisi cats (www.tansdale.co.uk).

圖片出處

感謝下列人士與機構授予本書圖片使用權：

(Key: a-above; b-below/bottom; c-centre; f-far; l-left; r-right; t-top)

2-3 Getty Images: o-che / Vetta. **4-5 Alamy Images:** Vincenzo Iacovoni. **6-7 Corbis:** Mother Image / SuperStock. **8 Dreamstime.com:** Nico Smit / Jeff Grabert (br). **9 Dreamstime.com:** Mirekphoto (tl). **FLPA:** Terry Whittaker (cr). **Getty Images:** Daryl Balfour / Gallo Images (ca). **Science Photo Library:** Art Wolfe (crb). **10 Science Photo Library:** Natural History Museum, London (cr). **11 Dorling Kindersley:** Jon Hughes and Russell Gooday (br); Natural History Museum, London (tc). **12 Science Photo Library:** Mark Hallett Paleoart (tr). **13 FLPA:** Ariadne Van Zandbergen. **14 Corbis:** Brooklyn Museum (tr); The Gallery Collection (b). **15 Alamy Images:** World History Archive / Image Asset Management Ltd. (tr). **Getty Images:** Gustavo Di Mario / The Image Bank (bl). **16-17 Corbis:** Terry Whittaker / Frank Lane Picture Agency. **19 Corbis:** Hulton-Deutsch Collection (cl). **http://nocoatkitty.com/:** (br). **20 Alamy Images:** Sorge / Caro (crb); Terry Harris (bl). **21 Alamy Images:** Larry Lefever / Grant Heilman Photography (tr); ZUMA Press, Inc. (cr). **Photoshot:** NHPA (bl). **22-23 SuperStock:** Robert Harding Picture Library. **24 Dorling Kindersley:** Christy Graham / The Trustees of the British Museum (r). **25 Alamy Images:** BonkersAboutAsia (br). **The Bridgeman Art Library:** Walker Art Gallery, National Museums Liverpool (tr). **Dorling Kindersley:** Museo Tumbas Reales de Sipan (c). **27 Alamy Images:** Mary Evans Picture Library (bl). **Mary Evans Picture Library:** (r). **28 Getty Images:** Universal History Archive / Universal Images Group (bl). **29 123RF.com:** Neftali77 (tc). **Getty Images:** British Library / Robana / Hulton Fine Art Collection (br). **30 Alamy Images:** Mary Evans Picture Library (tr); Pictorial Press Ltd (bl). **31 Alamy Images:** Mark Lucas (br). **Getty Images:** Tore Johnson / TIME & LIFE Images (tr). **PENGUIN and the Penguin logo are trademarks of Penguin Books Ltd:** (bl). **32 Alamy Images:** Collection Dagli Orti / The Art Archive (cr). **The Bridgeman Art Library:** Utagawa Kuniyoshi / School of Oriental & African Studies Library, Uni. of London (bl). **Dorling Kindersley:** (tr). **33 The**

…ridgeman Art Library: Marguerite Gerard / Musee Fragonard, Grasse, France (tr). **Corbis:** (bl); Blue Lantern Studio (crb). **34 akg-images:** Franz Marc / North Rhine-Westphalia Art Collection (tl). **Getty Images:** Henri J.F. Rousseau / The Bridgeman Art Library (br).
35 Corbis: Found Image Press.
36-37 Getty Images: DEA Picture Library.
38 Alamy Images: AF archive (crb, bl). **39 The Advertising Archives:** (cra). **Alamy Images:** AF archive (bc). **40-41 Alamy Images:** Oberhaeuser / Caro. **40-41 Getty Images:** Christophe LEHENAFF (c).**46-47 Corbis:** Tim Macpherson / cultura. **49 Dorling Kindersley:** Natural History Museum, London (cla). **Dave Woodward:** (bc). **56-57 Alamy Images:** Juniors Bildarchiv GmbH. **65 Alamy Images:** Blickwinkel (br). **Dorling Kindersley:** Jerry Young (bl). **66 Getty Images:** Mehmet Salih Guler / Photodisc (b). **67 Alamy Images:** ZUMA Press, Inc. (cb). **Dreamstime.com:** Jura Vikulin (br). **68-69 Alamy Images:** Phongdech Kraisriphop. **70 Alamy Images:** Juniors Bildarchiv GmbH. **72 Alamy Images:** Arco Images / De Meester, J. **73 Dreamstime.com:** Isselee (c). **SuperStock:** Biosphoto (cl). **75 Corbis:** Luca Tettoni / Robert Harding World Imagery (tc). **77 Larry Johnson:** (cra, b, tr).
80-81 Animal Photography: Alan Robinson. **84 Alamy Images:** Tierfotoagentur / R. Richter (ca). **SuperStock:** Biosphoto (cr). **85 Dreamstime.com:** Sheila Bottoms.
88 Ardea: Jean-Michel Labat (cla, tr); Jean Michel Labat (b). **89 Alamy Images:** Tierfotoagentur (cra, tr, b).
92-93 SuperStock: imagebroker.net. **97 Animal Photography:** Alan Robinson (cra, tr, b). **98 Alamy Images:** Top-Pet-Pics. **99 Alamy Images:** Juniors Bildarchiv GmbH (c). **102–103 Kevin Workman:** (cra); (cla) (cb). **104 Taken from** *The Book of the Cat* **by Frances Simpson (1903):** (bl). **106-107 Corbis:** D. Sheldon / F1 Online. **110 Chanan Photography:** (cl, b, tr). **111 Animal Photography:** Alan Robinson (cla, tr). **Chanan Photography:** (b). **113 Animal Photography:** Tetsu Yamazaki (b). **Dreamstime.com:** Vladyslav Starozhylov (cl, tr, cra). **115 Fotolia:** Callalloo Candcy (b). **116 123RF.com:** Nailia Schwarz. **117 Animal Photography:** Sally Anne Thompson (cr). **Dreamstime.com:** Anna Utekhina (c). **119 Image courtesy of Biodiversity Heritage Library. https://www.biodiversitylibrary.org:** Taken from *Our Cats and All About Them* by Harrison Weir (tc). **122-123 Alamy Images:** Juniors Bildarchiv GmbH. **128 Alamy Images:** Juniors Bildarchiv GmbH (cra); Tierfotoagentur (tr, b). **129 Animal Photography:** Tetsu Yamazaki (cra, tr, b).
131 Petra Mueller: (cl, clb, br, tr). **133 SuperStock:** Biosphoto. **136 SuperStock:** Marka (b, cl, cra, tr).
137 Alamy Images: Tierfotoagentur / R. Richter (cl). **138 Chanan Photography:** (cla, tr). **Robert Fox:** (b). **139 Animal Photography:** Helmi Flick (cra, tr, c, b).
141 Animal Photography: Tetsu Yamazaki (cra, tr, b). **Dreamstime.com:** Sarahthexton (cl). **142 Alamy Images:** Sergey Komarov-Kohl (bc). **144 Alamy Images:** Juniors Bildarchiv GmbH. **145 Alamy Images:** Juniors Bildarchiv GmbH (cr, b). **naturepl.com:** Ulrike Schanz (bl). **Rex Features:** David Heerde (fcr).
147 Bulgari Cats / www.bulgaricats.co.uk: (cla). **148 Animal Photography:** Helmi Flick (b, tr). **SuperStock:** Juniors (cla). **149 Animal Photography:** Helmi Flick (b).
Ardea: Jean-Michel Labat (cra, tr). **150 Alamy Images:** Idamini (cra). **Barcroft Media Ltd:** (bl). **152 Animal Photography:** Helmi Flick (cra, b, tr). **153 Animal Photography:** Helmi Flick (cra, tr, b). **155 Fred Pappalardo / Paul McSorley:** (cr). **156 Alamy Images:** Life on white (clb). **The Random House Group Ltd:** EBury press (bc). **158 Animal Photography:** Helmi Flick (cla, tr, b). **159 Animal Photography:** Tetsu Yamazaki (cl, tr, b). **160 Animal Photography:** Alan Robinson (cra). **161 Animal Photography:** Helmi Flick (cra, tr, b). **162 Dreamstime.com:** Elena Platonova (tr, b); Nelli Shuyskaya (cla). **163 Animal Photography:** Helmi Flick (cla, b, tr). **164 Animal Photography:** Sally Anne Thompson. **165 Alamy Images:** Creative Element Photos (ca). **Taken from** *An Historical and Statistical Account Of The Isle Of Man*: (cl).
167 Dave Woodward: (cla, b, tr).
168–169 Robert Pickett: (ftr, cra, cb).**170 Fotolia:** Artem Furman (cla, tr, b). **171 Fotolia:** eSchmidt (cla, tr, b). **172 Alamy Images:** Tierfotoagentur (cla, tr, b). **173 FLPA:** S. Schwerdtfeger / Tierfotoagentur (b, cla, tr).
176 Animal Photography: Helmi Flick (cl). **Dreamstime.com:** Oleg Kozlov (cr). **177 Dreamstime.com:** Sikth. **179 Dreamstime.com:** Jagodka (cla). **180 Alamy Images:** Juniors Bildarchiv GmbH (tr, b); Tierfotoagentur (cla). **181 Animal Photography:** Tetsu Yamazaki (cla, tr, b). **183 Dorling Kindersley:** Tracy Morgan. **184-185 Dorling Kindersley:** Tracy Morgan-Animal Photography. **184 Alamy Images:** Top-Pet-Pics. **187 Image courtesy of Biodiversity Heritage Library. http://www.biodiversitylibrary.org:** Taken from *Cats and All About Them*, by Frances Simpson (tc).
188 Chanan Photography: (b, tr, cla). **193 Alamy Images:** Juniors Bildarchiv GmbH (b). **Dreamstime.com:** Petr Jilek (cla, tr). **195 Chanan Photography:** (b, cla, tr). **197 Dreamstime.com:** Isselee (cla, tr, b). **199 Chanan Photography:** (b, tr, cra). **200-201 Dreamstime.com:** Stratum. **202 Alamy Images:** Petra Wegner. **203 123RF.com:** Vasiliy Koval (c). **Getty Images:** Martin Harvey / Photodisc (cr).
208 Chanan Photography: (tr, cra, b). **210 Alamy Images:** Petographer (clb). **212 Alamy Images:** PhotoAlto. **213 Corbis:** Maurizio Gambarini / epa (cra). **214 123RF.com:** Aleksej Zhagunov (cra). **Press Association Images:** Tony Gutierrez / AP (bl).
217 Animal Photography: Tetsu Yamazaki (cla, tr, b). **218 Dreamstime.com:** Nataliya Kuznetsova (cr). **Photoshot:** MIXA (ca). **219 Getty Images:** Lisa Beattie / Flickr Open. **220 Alamy Images:** Petra Wegner (cra, tr, b). **221 Animal Photography:** Tetsu Yamazaki (cla, tr, b). **223 Alamy Images:** Juniors Bildarchiv GmbH (c). **Caters News Agency:** (cra). **224-225 Corbis:** Envision.
231 Image courtesy of Biodiversity Heritage Library. https://www.biodiversitylibrary.org: Taken from *Our Cats and All About Them*, by Harrison Weir (cr). **232 Animal Photography:** Tetsu Yamazaki (cra, b, tr). **Dreamstime.com:** Jagodka (cla). **235 Alamy Images:** Idamini (cra, tr, b). **236 Animal Photography:** Helmi Flick (cra, tr, b). **239 Dreamstime.com:** Eugenesergeev (tr); Isselee (br).
240 Alamy Images: Idamini (cla, tr, b). **241 Chanan Photography:** (cla, tr, b). **245 www.ansonroad.co.uk:** (tr). **247 Animal Photography:** Helmi Flick (tr, b); Tetsu Yamazaki (cra).
248 Animal Photography: Tetsu Yamazaki (cla, tr, b). **249 Olga Ivanova:** (cla, tr, b).
251 Alamy Images: Tierfotoagentur / L. West (ca). **Corbis:** Rachel McKenna / cultura (cra). **252 Dreamstime.com:** Nataliya Kuznetsova (cr). **253 Dreamstime.com:** Ijansempoi. **54-255 Corbis:** Silke Klewitz-Seemann / imagebroker. **256 Fotolia:** Tony Campbell (tr). **257 Alamy Images:** imagebroker (br). **258 Dorling Kindersley:** Kitten courtesy of The Mayhew Animal Home and Humane Education Centre (br). **Dreamstime.com:** Joyce Vincent (bl). **259 Getty Images:** Marcel ter Bekke / Flickr (b). **260 Dreamstime.com:** Celso Diniz (b). SuperStock: Biosphoto (tr). **261 Corbis:** Michael Kern / Visuals Unlimited (fbr). **Dorling Kindersley:** Rough Guides (bc/ Fireworks); Jerry Young (br). **Getty Images:** Imagewerks / Imagewerks Japan (bc). **262 Dorling Kindersley:** Kitten courtesy Of Betty (tr). **Dreamstime.com:** Stuart Key (b). **264–265 Shutterstock.com:** Natasha Zakharova (bc). **266-267 Corbis:** C.O.T / a.collectionRF / amanaimages.
268 Getty Images: Fuse (bl).
269 Photoshot: Juniors Tierbildarchiv (cra).
270 Alamy Images: Juniors Bildarchiv GmbH (b). **271 Dreamstime.com:** Llareggub (tr). **272 Alamy Images:** Tierfotoagentur / R. Richter (tl). Corbis: Splash News (cra).
273 Alamy Images: Juniors Bildarchiv GmbH (crb). **274 Alamy Images:** Bill Bachman (bl). **275 Alamy Images:** Juniors Bildarchiv GmbH (crb).
280–281 Shutterstock.com: Joanna Zaleska (bl). **282 Alamy Images:** Tierfotoagentur / R. Richter (tr). **283 Alamy Images:** Juniors Bildarchiv GmbH (tr). **Dorling Kindersley:** Kitten courtesy of Betty (tl). **284 Dorling Kindersley:** Kitten courtesy of Helen (ca). **Dreamstime.com:** Miradrozdowski (bl). **286-287 Alamy Images:** Arco Images / Steimer, C.
288–289 Ardea: John Daniels / ardea.com (bl). **Getty Images /iStock:** Daria Kulkova (br). **290 Alamy Images:** Juniors Bildarchiv GmbH (b). **291 Alamy Images:** Juniors Bildarchiv GmbH (tr); Rodger Tamblyn (tl).
294-295 Corbis: Mitsuaki Iwago / Minden Pictures. **296 Alamy Images:** Juniors Bildarchiv GmbH (b).
300 Fotolia: Callalloo Candcy (bl). **301 Alamy Images:** Graham Jepson (tl). **Fotolia:** Kirill Kedrinski (tr).
302 Alamy Images: FB-StockPhoto (bl).
303 Alamy Images: Nigel Cattlin (tc/Tick); R. Richter / Tierfotoagentur (bl). **Corbis:** Bill Beatty / Visuals Unlimited (tc); Dennis Kunkel Microscopy, Inc. / Visuals Unlimited (tc/Ear Mite). **Dreamstime.com:** Tyler Olson (tr). **304–305 Dreamstime.com:** Vriesela (br). **306 Alamy Images:** FLPA (tc). **307 Getty Images:** Danielle Donders - Mothership Photography / Flickr Open (t).
308 Dreamstime.com: Brenda Carson (ca).
309 Fotolia: Urso Antonio (bl). **Getty Images:** Akimasa Harada / Flickr (t). **310 Animal Photography:** Tetsu Yamazaki

譯者簡介

韓絜光

臺大外文系畢業，專職人文科普書籍與字幕翻譯。譯有《遇見我最愛的地方》、《沸騰的河流》、《足球帝國》和《最後一次相遇，我們只談喜悅》等書。喜歡讀歷史、看末日電影及觀察街上的貓咪。照顧過一對玳瑁貓和虎斑貓姊妹，叫阿珠阿花，本書希望獻給她們。

孫曉卿

東海大學外文系畢業，從事英中口筆譯工作逾十五年，人生至今五分之一的時光曾有四隻中型犬日夜相伴，近來則與街貓建立了若即若離的關係。樂於透過口筆譯形式傳達知識，譯作包括《世界名犬飼養與選購——大型犬》、《新撒旦時代》、《SOHO 別當打卡的豬》、《跟愛麗絲說悄悄話》等。